辽宁省"十二五"普通高等教育本科省级规划教材

普通高校本科计算机专业特色教材精选·算法与程序设计

C语言程序设计（第4版）

主　编　马靖善
　　　　秦玉平

副主编　冯佳昕
　　　　刘福德

U0283346

清华大学出版社
北　京

内 容 简 介

本书共 8 章。第 1~7 章介绍 C 语言的基本语法、数据类型、函数与程序的设计方法及文件操作。第 8 章介绍 C 程序的常见错误和调试方法。

本书对常规的 C 语言教材的体系结构做了适当调整,将指针部分的内容分散到各个相应的章节中分别进行介绍,使读者可以很容易地理解指针的概念,很自然地掌握各种指针的用法。本书内容循序渐进,结构清晰,层次分明,通俗易懂,通过大量例题验证语法和说明程序设计方法。为了使读者更好地掌握各章节的知识,每章的最后均配有大量的精选习题。

与本书配套的《C 语言程序设计(第 4 版)学习与实验指导》已同步出版。

本书可作为高等学校计算机相关专业及公共计算机课程的教材,也可作为自学者的参考教材。

图书在版编目(CIP)数据

C 语言程序设计/马靖善,秦玉平主编. —4 版. —北京:清华大学出版社,2020.9 (2024.8 重印)

普通高校本科计算机专业特色教材精选·算法与程序设计

ISBN 978-7-302-55674-9

Ⅰ. ①C… Ⅱ. ①马… ②秦… Ⅲ. ①C 语言—程序设计—高等学校—教材 Ⅳ. ①TP312.8

中国版本图书馆 CIP 数据核字(2020)第 100814 号

责任编辑:郭 赛
封面设计:常雪影
责任校对:徐俊伟
责任印制:丛怀宇

出版发行:清华大学出版社

网　　址:https://www.tup.com.cn,https://www.wqxuetang.com
地　　址:北京清华大学学研大厦 A 座　　　　邮　编:100084
社 总 机:010-83470000　　　　　　　　　　邮　购:010-62786544
投稿与读者服务:010-62776969,c-service@tup.tsinghua.edu.cn
质量反馈:010-62772015,zhiliang@tup.tsinghua.edu.cn
课件下载:https://www.tup.com.cn,010-83470236

印 装 者:三河市龙大印装有限公司
经　　销:全国新华书店
开　　本:185mm×260mm　　印　张:19.5　　字　数:464 千字
版　　次:2005 年 10 月第 1 版　2020 年 9 月第 4 版　　印　次:2024 年 8 月第 5 次印刷
定　　价:59.00 元

产品编号:088627-02

出版说明

INTRODUCTION

我国高等学校计算机教育近年来发展迅猛，应用所学计算机知识解决实际问题，已经成为当代大学生的必备能力。

时代的进步与社会的发展对高等学校计算机教育的质量提出了更高、更新的要求。现在，很多高等学校都在积极探索符合自身特点的教学模式，涌现出一大批非常优秀的精品课程。

为了适应社会需求，满足计算机教育的发展需要，清华大学出版社在大量调查研究的基础上，组织编写了本套教材。我们从全国各高校的优秀计算机教材中精挑细选了一批很有代表性且特色鲜明的计算机精品教材，把作者对各自所授计算机课程的独特理解和先进经验推荐给全国师生。

本套教材特点如下。

（1）编写目的明确。本套教材主要面向普通高校的计算机专业学生，使学生通过本套教材，学习计算机科学与技术方面的基本理论和基本知识，接受应用计算机解决实际问题的基本训练。

（2）注重编写理念。本套教材的作者均为各校相应课程的主讲教师，有一定的经验积累，且编写思路清晰，有独特的教学思路和指导思想，其教学经验具有推广价值。

（3）理论与实践相结合。本套教材贯彻从实践中来到实践中去的原则，书中许多必须掌握的理论都将结合实例讲述，同时注重培养学生分析、解决问题的能力。

（4）易教易用，合理适当。本套教材编写时注意结合教学实际的课时数，把握教材的篇幅。同时，对一些知识点按照教育部高等学校计算机类专业教学指导委员会的最新精神进行合理取舍与难易控制。

（5）注重教材的立体化配套。大多数教材都将配套教学课件、习题及其解答、实验指导、教学网站等辅助教学资源，方便教学。

随着本套教材的陆续出版，我们相信能够得到广大读者的认可和支持，为我国计算机教材建设和计算机教学水平的提高，以及计算机教育事业的发展做出应有的贡献。

清华大学出版社

前 言

FOREWORD

党的二十大报告提出"实施科教兴国战略，强化现代化建设人才支撑"。深入实施人才强国战略，培养造就大批德才兼备的高素质人才，是国家和民族长远发展的大计。为贯彻落实党的二十大精神，筑牢政治思想之魂，编者在牢牢把握这个原则的基础上编写了本书。

C语言是一种结构化程序设计语言，兼有高级语言的特点和低级语言的功能，其程序设计功能强大，既可用于编写应用软件，也可用于设计和制作系统软件。C语言是一门较为通用的语言，得到了越来越广泛的应用，已经成为计算机程序设计的入门语言。

本次再版在保持前三版的写作风格和特色的基础上，主要做了以下改进。

（1）由于Turbo C已基本不用，Windows 7以上的操作系统不支持Visual C++ 6.0，因此删除了Turbo C上机操作指导，增加了Visual C++ 2010环境下的C语言上机操作简介。

（2）由于C语言中的图形处理函数不能在Visual C++中使用，因此删除了C语言绘图的相关内容。

（3）为了强化编程训练，增加了常见错误和程序调试的相关内容，归纳总结了初学者常犯的错误，介绍了程序调试的方法。

（4）对部分内容进行了补充与修改，更易于读者理解；对部分习题进行了更新，使其更具有针对性；对部分例题的程序代码进行了优化，使其更简明易读。

（5）所有例题和习题都已在Visual C++ 2010环境下调试通过。

本书共分为8章，详细介绍了C语言的基本语法规则和功能实现。其中，第1章为C语言概述，介绍C语言的简单发展历史、基本特点、32个关键字和语句的分类以及上机操作指导。第2章为C语言的基本语法规则，介绍数据类型、运算符、表达式和基本输入/输出函数。第3章为控制语句与预处理命令，介绍分支语句、循环语句和编译预处理命令。第4章为数组，介绍一维数组与二维数组的定义和使用以及常用字符串操作。 第 5 章为函数，介绍函数的定义、调用、命令行参数的使用、全局变量和局部变量等。 第 6 章为结构体、共用体和枚举，介绍结构体、共用体和枚举类型、变量的定义和使用、链表的基本操作等。 第 7 章为文件系统，介绍缓冲区系统文件的常用处理方法。 第 8 章为常见错误和程序调试，介绍初学者常犯错误和程序调试方法。

本书根据作者多年的教学经验编写而成，书中对常规的 C 语言教材的体系结构做了适当调整，主要是将指针部分的内容分散到各个相应的章节中分别进行介绍，这样可以使读者很容易地理解指针的概念，很自然地掌握各种指针的用法。 本书内容循序渐进，结构清晰，层次分明，通俗易懂，并通过大量例题验证语法和说明程序设计方法。为了使读者更好地掌握各章节的知识，每章的最后均配有大量的精选习题。 通过学习和解题练习，读者既能迅速掌握 C 语言的基础知识，又能快速学会 C 语言的编程技巧，提高解决实际问题的能力。

2009 年，本书被评为辽宁省精品教材；2014 年，本书被评为"辽宁省'十二五'普通高等教育本科省级规划教材"。

本书的第 1 章和第 7 章由冯佳昕编写；第 2 章、第 3 章和第 8 章由秦玉平编写；第 4 章～第 6 章由马靖善编写；附录由刘福德编写；各章的习题由秦玉平编写。 本书由大连理工大学王秀坤担任主审。

本书配有《C 语言程序设计（第 4 版）学习与实验指导》，由清华大学出版社出版发行。

在本书的编写过程中，作者参考了大量有关 C 语言程序设计的书籍和资料，在此对这些参考文献的作者一并表示感谢。

由于编者水平有限，书中难免存在错误和不当之处，恳请广大读者批评指正。

本书受辽宁省"兴辽英才计划"教学名师项目(XLYC1906015)资助。

本书的课件和源代码均可在清华大学出版社官方网站下载。

编　者
2020 年 4 月

目 录

CONTENTS

第 **1** 章

C 语言概述

C语言是结构化程序设计语言,具有表达能力强、目标程序效率高、可移植性好等优点。C语言有 32 个关键字和 5 种语句形式,可以在 Visual C++ 环境中编辑、编译和运行 C 语言程序。

1.1　C 语言功能简介

C语言是一种面向过程的程序设计语言,它功能强大,被广泛应用于底层开发。使用C语言编写的程序,其代码质量和运行速度仅次于使用汇编语言编写的程序。汇编语言是编写底层代码的最好选择,但它的命令不易记忆,并且涉及很多计算机硬件知识,非专业人员很难掌握。汇编语言是面向机器的,在不同类型的机器上,汇编代码会有很大的不同,其可移植性较差。高级语言是面向用户的,基本独立于计算机种类和结构,在形式上接近于算术语言和自然语言,学起来较为简单,并且所有的高级语言的可移植性都非常好。然而,一般的高级语言所生成的代码质量都不高,运行速度比汇编语言慢得多。C语言作为一种高级语言,它不但具有高级语言简单易学和可移植性好的特点,又具有汇编语言生成代码质量高的优点。因此,C语言具有较强的生命力和广泛的应用前景,常用于编写系统软件和应用软件。

1.1.1　C 语言的发展

早期的计算机都使用机器语言和汇编语言编写程序代码,第二代计算机才有了高级语言。1960 年出现的 ALGOL-60 对其后的高级语言的发展起到了很好的推进作用,它是一种面向问题的语言,但其过于抽象,难以描述系统,因此没有得到真正的推广。1963 年,英国剑桥大学推出了 CPL (Combined Programming Language)语言,它比 ALGOL-60 更接近于硬件,但其规模较大,难以实现和学习。1967 年,英国剑桥大学的 Matin Richards 对 CPL 进行了简化,推出了 BCPL(Basic Combined Programming

Language)语言。1970年,由贝尔实验室的K.Thompson所开发的B语言又是对BCPL的进一步简化,且更接近于硬件;B语言取BCPL中的第一个字母命名,并且用来编写UNIX操作系统。但B语言过于简单、功能有限,所以它没有流行起来。1972—1973年,贝尔实验室的D.M.Ritchie在B语言的基础上设计了C语言,取BCPL中的第二个字母命名。

C语言既保持了BCPL和B语言语法精练、接近于硬件的优点,又克服了它们过于简单、无数据类型等缺点。最初的C语言只是为描述和实现UNIX操作系统提供一种工作语言而设计的。1973年,K.Thompson和D.M.Ritchie两人合作把原来用汇编语言编写的UNIX操作系统中90%以上的代码用C语言重写,即UNIX 5;后来他们虽然又对C语言做了多次改进,但主要还是用在贝尔实验室内部。直到1975年,在用C语言编写的UNIX 6公布后,C语言才引起业内人士的广泛关注。1978年以后,C语言已先后移植到大、中、小型计算机和微机上,已独立于UNIX操作系统。

以1978年发表的UNIX 7中的C编译程序为基础,Brian W.Kernighan和Dennis M.Ritchie(合称K&R)合著了影响深远的著作 *The C Programming Language*,该书介绍的C语言成为后来被广泛使用的C语言的基础,称为标准C。随后相继出现了很多C语言版本,如Microsoft C、Turbo C、Quick C、Borland C等,它们在语法上基本相同,但在函数数量和功能上却有较大区别,使用时要注意区分。1983年,美国国际标准化协会(ANSI)根据C语言问世以来的各种版本对C的发展和扩充制定了新的标准,称为ANSI C。1988年,K&R按照ANSI C重写了 *The C programming Language*。1990年,国际标准化组织(International Standard Organization,ISO)接受以87 ANSI C作为ISO C的标准(ISO 9899-1990),目前流行的C编译系统都是以ISO C为基础的。

高级语言发展到现在,面向对象的程序设计方法越来越受到人们的青睐。比如,Visual FoxPro(VFP)、Visual Basic(VB)、Visual C++ (VC++)、C++、Turbo C++、Borland C++、Java、J++、Power Builder(PB)等。其中,功能比较强大的还是C++语言,而这个面向对象的语言是以C语言为基础的。只有学好C语言,才能学习和掌握C++。VC++、Borland C++、Turbo C++等都属于C++语言的编程环境,其中,VC++和Borland C++的功能与编程环境深受广大程序设计人员的青睐。

在DOS操作系统时代,Turbo C是被广泛使用的一种C语言程序开发工具。但随着计算机及其软件的发展,操作系统已从DOS发展到Windows。Visual C++是Windows操作系统环境下最流行的一种可视化编程工具,它可以编辑、编译、连接和运行C语言程序。为此,很多高校都用Visual C++作为C语言上机实验环境。另外,从2008年开始,全国计算机等级考试中C语言的开发环境也由Turbo C 2.0更换为Visual C++ 6.0,并在2018年升级为Visual C++ 2010,因此,本书以Visual C++ 6.0/2010作为编程环境。

1.1.2 C语言的特点

C语言之所以能够在众多高级语言中脱颖而出,成为高级语言中的佼佼者,主要是因为它有着优于其他高级语言的特点。

1. 语言简洁紧凑,使用方便灵活

C语言共有32个关键字和9种控制语句,程序书写形式自由,主要用小写字母表示。

2. 数据类型丰富

C 语言数据类型包括整型、实型、字符型以及枚举、结构体、共用体、数组、指针、空类型。其中,整型、实型、字符型还有多种类型。使用这些数据类型可以表示各种各样的数据结构(如链表、树、栈等)。指针类型是 C 语言中最具特点的一种数据类型,它使用起来非常灵活自如、飘逸潇洒,把 C 语言的功能特点发挥得淋漓尽致。但是,由于指针在运用上非常灵活,因此它也是初学者最难以驾驭的类型。

3. 运算符多样

C 语言中的运算符包含的范围非常广泛,共有 13 类、44 个运算符。除包括算术运算符、关系运算符、逻辑运算符等常规运算符之外,还有指针运算符、地址运算符、位运算符、自增自减运算符、条件运算符、复合赋值运算符,甚至连圆括号、方括号、逗号、小数点等都是运算符,这使得 C 语言的运算符种类极为丰富,表达式类型多样化,能够实现各种各样的高级和低级运算。

4. 函数是程序的主体

C 语言中每一项功能的完成都是由函数实现的,既可以由 C 系统中已提供的功能函数实现,也可以由用户自定义函数实现。函数是 C 程序的基本单位。

5. 语法检查不严格,程序书写自由度大

例如,数组下标不做超界检查;整型、字符型、逻辑型量可以通用;一个物理行可以写多个语句,一个语句也可以分写在连续的多个物理行上。对于这些规则,初学者要熟练掌握。

6. 允许直接访问物理地址

C 语言含有位运算和指针运算,能够直接对内存进行访问操作,可以实现汇编语言的大部分功能,即直接对硬件进行操作。因此,C 语言既具有高级语言的功能,又兼有汇编语言(低级语言)的大部分功能,有时也称之为“中间语言”或“中级语言”。可以说,C 语言是高级语言中的低级语言。

7. 生成的目标代码质量高

C 语言比一般的高级语言生成的目标代码的质量高出约 20%,但还是比汇编语言低 10%~20%,这在高级语言中已经是出类拔萃了。

8. 可移植性好

同其他高级语言一样,C 语言程序不用做大的修改就可以移植到其他类型的机器上。

1.1.3　C 语言的 32 个关键字和语句形式

1. 32 个关键字

(1) 程序控制语句关键字(12 个)

```
if      else    for     do      while   continue
switch  break   case    default goto    return
```

(2) 类型定义说明关键字(12 个)

```
int     char    float   double  long    short
signed  unsigned enum    struct  union   void
```

（3）存储类别定义说明关键字（4 个）

```
auto  register  static  extern
```

（4）常量、变量定义和自定义类型关键字（3 个）

```
const  volatile  typedef
```

（5）字节测试关键字（1 个）

```
sizeof
```

2. 语句形式

（1）控制语句

```
if(~)~else~                  /* 分支语句 */
switch(~) { case…;}          /* 多分支语句 */
for(~;~;~)~                  /* for 循环语句 */
while(~)~                    /* while 循环语句 */
do~while(~);                 /* do while 循环语句 */
continue;                    /* 无条件进行下一次循环语句 */
break;                       /* 无条件结束当前层循环或跳出 switch 语句 */
goto~                        /* 无条件跳转到程序指定处语句 */
return~                      /* 函数调用结束返回语句 */
```

（2）函数调用语句

```
函数名([实参表达式表]);        /* 带有方括号的内容表示可省略 */
```

（3）表达式语句

```
表达式;
```

（4）空语句

```
; 或 {}                       /* 不进行任何操作 */
```

（5）复合语句（分程序）

```
{~}
```

（6）注释语句

```
/* 注释部分不参加程序编译和运行 */
/* ~* /                       /* 块注释,在可插入空格的地方 */
//~                           /* 行注释,在行尾 */
```

其中，"～"代表表达式、语句、标号或注释信息。

1.1.4 程序的三种基本结构与流程图简介

1966 年，Bohra 和 Jacopini 提出了程序的三种结构，即顺序结构、分支结构和循环结构。流程图是用一些图框表示程序或算法运行走向的一种图示。用图形表示算法或程序的走向更加直观形象、容易理解。美国国家标准化协会(ANSI)规定了一些常用的流程图符号,已被程序工作者普遍采用。常用流程图符号如图 1.1 所示。

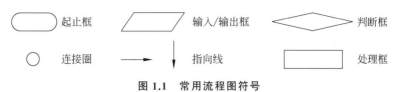

图 1.1　常用流程图符号

1. 三种基本结构及其流程图

(1) 顺序结构

程序由上而下依次执行每个语句的程序结构称为顺序结构,与其对应的流程图见图 1.2。

(2) 分支结构

程序从上至下顺序执行的过程中遇到两条或两条以上的执行路径,依据给定的条件从中选择一条执行路径,这种程序结构称为分支结构,与其对应的流程图见图 1.3 和图 1.4。

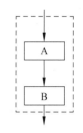

图 1.2　顺序结构

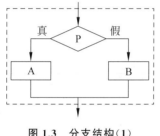
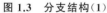

图 1.3　分支结构(1)

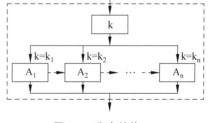

图 1.4　分支结构(2)

(3) 循环结构

程序从上至下顺序执行的过程中遇到一个程序段,在给定条件成立时,反复执行这个程序段,直到条件不成立为止,这种程序结构称为循环结构,与其对应的流程图见图 1.5 和图 1.6。

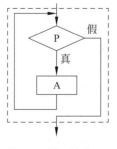

图 1.5　循环结构(1)

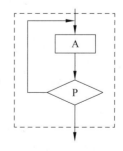

图 1.6　循环结构(2)

【例 1.1】 根据年份 year 判断当年是否为闰年的流程图(见图 1.7)。

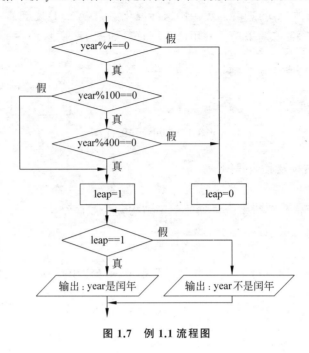

图 1.7 例 1.1 流程图

【例 1.2】 判断一个整数 m 是否为素数的流程图(见图 1.8)。

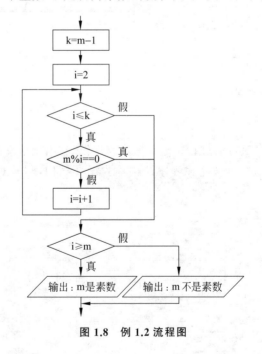

图 1.8 例 1.2 流程图

2. N-S 图简介

1973 年,美国学者 I.Nassi 和 B.Shneiderman 提出了一种新的流程图形式,称为 N-S

结构化流程图,简称 N-S 图,三种结构的 N-S 流程图见图1.9。

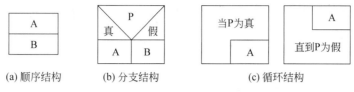

(a) 顺序结构   (b) 分支结构   (c) 循环结构

图 1.9 N-S 结构化流程图

【例 1.3】 将例 1.1 改造成 N-S 图(见图 1.10)。

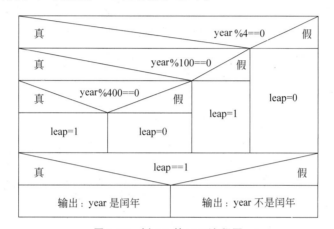

图 1.10 例 1.1 的 N-S 流程图

【例 1.4】 将例 1.2 改造成 N-S 图(见图 1.11)。

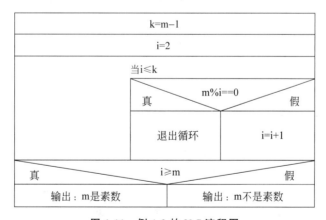

图 1.11 例 1.2 的 N-S 流程图

用流程图描述算法和程序的走向还有许多其他方式,在此不一一介绍。根据流程图,编程人员可以很容易地编写程序,所以流程图设计得好坏会直接影响编程的质量。由于初学者处在掌握 C 语言语法和练习的阶段,所涉及的程序一般不会很大或很难,所以不必先画出程序流程图再进行编程。

1.2　Visual C++ 6.0 环境下 C 语言上机操作简介

Microsoft Visual C++ 6.0(简称VC++ 6.0)为用户提供了一套良好的可视化集成开发环境,用户可以在该环境中编辑、编译、连接和运行 C 语言程序。下面介绍VC++ 6.0中有关 C 语言的上机操作。

1.2.1　启动 VC++ 6.0

双击VC++ 6.0 图标,或在"开始"菜单的"程序"中选择 Microsoft Visual C++ 6.0 选项,即可启动VC++ 6.0,启动后的VC++ 6.0 界面如图 1.12 所示。

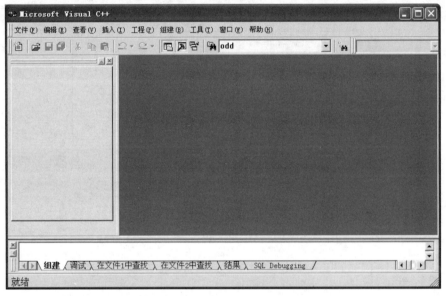

图 1.12　VC++ 6.0 界面

1.2.2　新建或打开 C 语言源文件

VC++ 6.0 支持单个源程序文件的独立编译,也支持只有一个源文件程序的连接和运行。创建一个 C 语言源程序文件的步骤如下。

第 1 步:单击图 1.12 中的"文件(F)"菜单项,出现如图 1.13所示的下拉标签,在下拉标签中选择"新建(N)"选项,出现如图 1.14 所示的"新建"对话框。

第 2 步:在"新建"对话框中单击"文件"选项卡,打开如图 1.15所示的界面,在"文件"选项卡中选择C++ Source File选项,在"文件名[N]"栏中输入新建的源程序文件名称(如 mycfile.c),在"位置(C)"栏中选择文件存储的位置,单击"确定"按钮,出现如图 1.16所示的VC++ 源文件编辑界面。

注意:输入文件名时不要忘记输入扩展名"c",若不输入,则系统默认为"cpp",VC++ 6.0 将会按照C++ 语言规则进行编译。

图 1.13　"文件"菜单栏

图 1.14　"新建"对话框

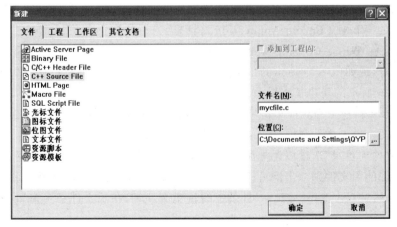

图 1.15　"文件"选项卡

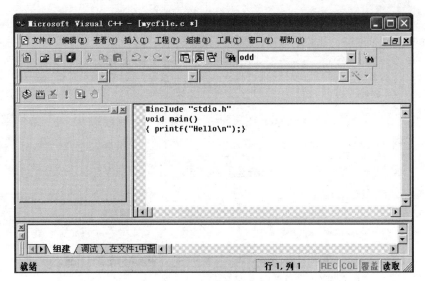

图 1.16　源程序编辑界面

第 3 步：在VC++6.0 源文件编辑界面中输入源文件代码并保存。

若 C 语言源文件已经存在，则在图 1.13 中选择"打开(O)"选项，到指定文件夹中查找指定的 C 语言源程序文件，双击即可将其调入源程序编辑界面。

1.2.3　创建或打开工程

在 C 语言中，由多个源文件组成的程序需要建立工程，否则程序无法运行。VC++6.0创建工程的步骤如下。

第 1 步：在"文件"菜单栏(图 1.13)中选择"新建(N)"选项，出现如图 1.14 所示的"新建"对话框。

第 2 步：在"新建"对话框中单击"工程"选项卡，打开如图 1.17 所示的界面，在"工程"选项卡中选择 Win32 Console Application 选项，在"工程名称[N]"栏中输入新建的工程名称(如 mysubject)，在"位置[C]"栏中选择工程存储的位置，单击"确定"按钮，出现如图 1.18所示的 Win32 Console Application 对话框。

第 3 步：在 Win32 Console Application 对话框中选择"一个空工程[E]"选项，单击"完成"按钮，出现如图 1.19 所示的"新建工程信息"对话框，单击对话框中的"确定"按钮，出现如图 1.20 所示的新建工程界面。

第 4 步：在新建工程界面单击项目工作区右下角的 FileView 选项卡，在项目工作区出现文件视图。单击文件视图结点中的"＋"号，出现文件目录。右击 Source Files 目录，选择"添加文件到目录"选项以添加源文件。若添加已有的源文件，则到指定的文件夹中找到需要添加的源文件并双击即可；若新建源文件，则先输入新建源文件名称(不要忘记扩展名"c")，然后双击 Source Files 目录中的新建文件名，在源文件编辑窗口编辑源文件并保存即可。

工程文件的扩展名是"DSP"。若工程文件已经存在，则在文件菜单栏(图 1.13)中选择

图 1.17　"工程"选项卡

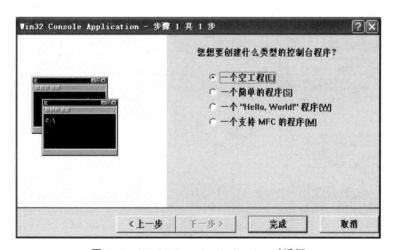

图 1.18　Win32 Console Application 对话框

"打开(O)"选项,到指定文件夹中查找指定的工程文件并双击,即可将其调入工程界面。

1.2.4　程序的调试与运行

　　创建单源文件程序或工程后,在"组建(B)"菜单中选择"组建"选项,或单击工具栏中的"组建"按钮🔲对程序进行编译和连接。若源程序有错误,则在调试输出区显示错误所在行和错误类型,修改后再重新进行编译和连接。编译和连接通过后,再到"组建"菜单中选择"执行"选项,或单击工具栏中的"执行"按钮❗运行程序。若程序运行有错误,则再返回"编辑"窗口进行修改,若得到正确的运行结果,则运行成功。例如,程序 mycfile.c 的运行结果如图 1.21 所示。程序运行后,可以对程序进行分析或编写下一个程序。

图 1.19 "新建工程信息"对话框

图 1.20 新建工程界面

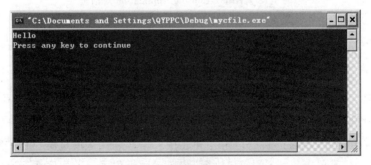

图 1.21 程序运行结果界面

注意：每次只可以运行一个程序，不能同时编辑和运行多个程序。

1.3　Visual C++ 2010 环境下 C 语言上机操作简介

Visual C++ 2010(简称 VC++ 2010)就是 Visual C++ 10.0，也可以编辑、编译、连接和运行 C 语言程序，但它与 VC++ 6.0 又有所不同。下面介绍 VC++ 2010 中有关 C 语言的上机操作。

1.3.1　启动 VC++ 2010

双击 VC++ 2010 图标，或在"开始"菜单的"程序"中选择 Microsoft Visual C++ 2010 Express 选项，即可启动 VC++ 2010，启动后的 VC++ 2010 起始界面如图 1.22 所示。

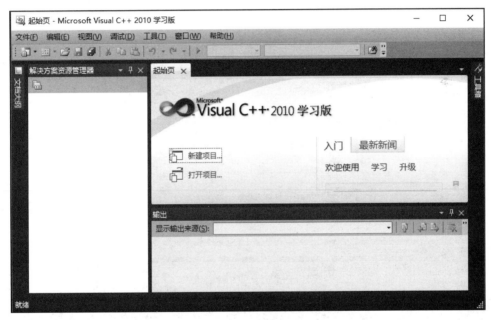

图 1.22　VC++ 2010 起始界面

1.3.2　创建或打开项目

VC++ 2010 不能单独编译一个 c 文件，这些文件必须依赖于某一个项目，因此必须创建一个项目。创建项目的步骤如下。

第 1 步：在 VC++ 2010 的起始界面(图 1.22)中选择"新建项目"选项，或在图 1.23 所示的"文件"菜单中选择"新建"选项，再在"新建"选项下拉标签中选择"项目"选项，出现如图 1.24 所示的"新建项目"对话框。

第 2 步：在"新建项目"对话框的左栏中选择 Visual C++ 选项，在中间栏中选择 Win32 控制台应用程序选项，在下面的"名称"栏中输入项目名称(如 mysubject)，在"位置"栏中选择项目存储的位置，最后单击"确定"按钮，出现如图 1.25 所示的"Win32 应用

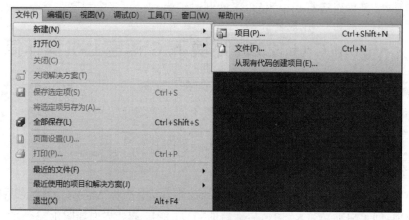

图 1.23   VC++ 2010 文件菜单

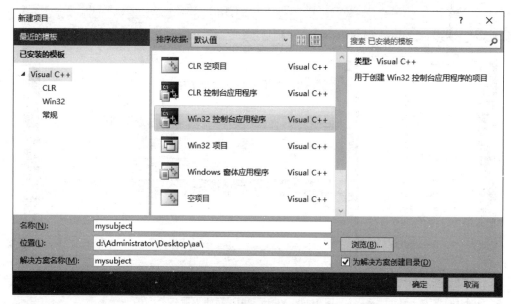

图 1.24   "新建项目"对话框

程序向导"对话框。

第 3 步：单击"Win32 应用程序向导"对话框(图 1.25)中的"下一步"按钮，出现如图 1.26 所示的"Win32 应用程序向导"对话框，在"附加选项"中选择"空项目"选项，其他项默认，单击"完成"按钮，出现如图 1.27 所示的"解决方案资源管理器"对话框。

第 4 步：在"解决方案资源管理器"对话框(图 1.27)中右击项目名称(如 mysubject)，在下拉标签中选择"添加"选项。若添加已有源文件，则在"添加"选项的下拉标签中选择"现有项"选项，到指定文件夹中找到需要添加的源文件并双击；若新建源文件，则在"添加"选项的下拉标签中选择"新建项"选项，出现图 1.28 所示的"添加新项"对话框。

第 5 步：在"添加新项"对话框(图 1.28)的左栏中选择 Visual C++ 选项，在中间栏中选择C++ 文件(.cpp)选项，在下面的"名称"栏中输入源文件名称(如 Hello.c，不要忘记输

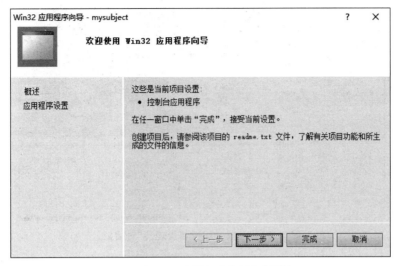

图 1.25　"Win32 应用程序向导"对话框(1)

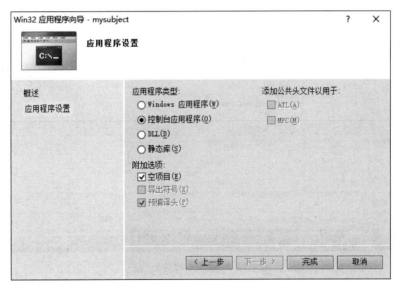

图 1.26　"Win32 应用程序向导"对话框(2)

入文件的扩展名"c"),"位置"栏保持默认,单击"添加"按钮,出现如图 1.29 所示的源文件编辑界面。

第 6 步:在源文件编辑界面(图 1.29)中输入源代码并保存。

项目文件的扩展名是"vcxproj"。若打开已有项目,则在起始界面(图 1.22)中选择"打开项目"选项,或在"文件"菜单(图 1.23)中选择"打开"选项,再在"打开"选项的下拉标签中选择"项目/解决方案"选项,到指定文件夹中查找指定的项目文件,双击即可调入项目界面。

图 1.27 "解决方案资源管理器"对话框

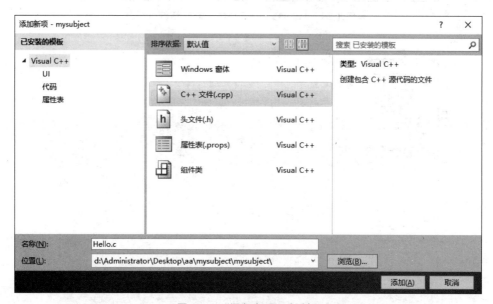

图 1.28 "添加新项"对话框

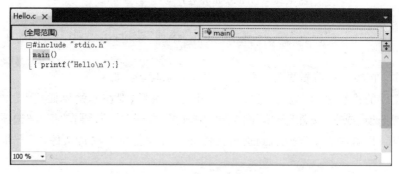

图 1.29 源文件编辑界面

1.3.3　程序的调试与运行

对编辑好的程序,按 Ctrl＋F5 键,或单击工具栏中的"运行"按钮 ▶ 进行编译、连接、运行。如果有错误,则根据提示信息进行修改;如果程序没有错误,则显示 C 语言程序的运行结果。例如,程序 Hello.c 的运行结果如图 1.30 所示。

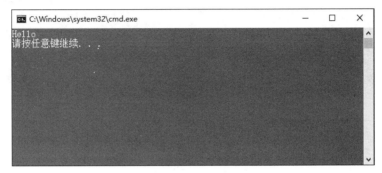

图 1.30　程序运行结果界面

1.4　简单的 C 程序介绍

下面介绍几个简单的 C 程序,从中分析 C 程序的特性。

【例 1.5】　计算表达式 $1-\dfrac{1}{2}+\dfrac{1}{3}-\dfrac{1}{4}+\cdots+\dfrac{1}{99}-\dfrac{1}{100}$ 的值。

【分析】　本问题要计算的是 100 个分数的和,其中分子都是 1,分母从 1 递增至 100,奇数项的值为正,偶数项的值为负。只要计算出每一项的值,然后进行累加即可,这个问题的关键在于解决符号的问题。

【算法】

① 初始化各量:n＝1,用于循环计数,同时参与每一项的计算;s＝0,用于累加计算出的各项,得到最终所求。

② 计算中间项:若 n 为奇数,则 t＝1/n;否则 t＝−1/n。

③ 累加各项:s＝s＋t。

④ 重复②和③,直到 n＞100,s 即为所求和值。

【流程图】　见图 1.31。

【程序】

```c
#include "stdio.h"
#define N 100
void main()
{ int n=1; float s=0.0,t;
  while(n<=N)
  { if(n%2!=0) t=1.0/n;
```

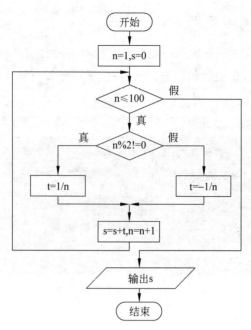

图 1.31　例 1.5 流程图

```
        else t=-1.0/n;
        s=s+t;
        n=n+1;
    }
    printf("s=%f\n",s);
}
```

【运行结果】

s=0.688172

　　该程序只有一个源文件。使用VC++ 6.0时,无须创建工程,先按照 1.2.2 节的操作步骤建立源程序文件,再按照 1.2.4 节的操作步骤编译、连接、运行程序。使用VC++ 2010时,需要创建项目,先按照 1.3.2 节的操作步骤创建项目,再按照 1.3.3 节的操作步骤编译、连接、运行程序。

　　本书在后面的各例中将省略分析、流程图和算法,请读者自己考虑。

【例 1.6】　计算圆的面积。

```
#include "stdio.h"                          /* 文件包含 */
#define PI 3.1415926                        /* 宏定义 */
void main()                                 /* 主函数 */
{ float area(float x);                      /* 函数引用说明 */
  float r,s;                                /* 变量定义 */
  printf("Input radius:");                  /* 提示信息 */
  scanf("%f",&r);                           /* 键盘输入半径值 */
```

```
    s=area(r);                          /*函数调用*/
    printf("Radius:%.4f\tArea:%.4f\n",r,s);   /*输出结果*/
}
float area(float x)                     /*定义计算面积函数*/
{ float y;
  y=PI*x*x;
  return y;                             /*返回计算结果*/
}
```

【运行结果】

```
Input radius:10↙
Radius:10.0000        Area:314.1593
```

带下画线的信息表示用户从键盘输入的信息,"↙"表示按 Enter 键,本书后面的数据输入与此相同,不再说明。

该程序只有一个源文件,其上机操作同例 1.5。

【例 1.7】 输入若干行字符串,输出最长的字符串。

```
/*C源程序文件 FILE1.C,查找最长串并输出*/
#include "stdio.h"
#define MAXLINE 80
int max;                  /*定义一个全局变量*/
char line[MAXLINE];       /*定义一个全局字符数组,存放输入串*/
char longest[MAXLINE];    /*定义一个全局字符数组,存放最长串*/
extern int getline(void); /*外部函数引用说明,getline()在 FILE2.C 中定义*/
void copy(void);          /*函数引用说明,copy()在本文件中定义*/
void main()               /*主函数 main()*/
{ int len;
  max=0;                  /*最长串长的初始值*/
  while((len=getline())>0) /*获取输入串的长度并放在变量 len 中*/
    if(len>max)
    { max=len;            /*更新最长串长*/
      copy();             /*更新最长串*/
    }
  if(max>0)
    puts(longest);        /*输出最长串*/
}
void copy(void)           /*复制最长串函数*/
{ int i;
  for(i=0;(longest[i]=line[i])!='\0';i++);
}
/*C源程序文件 FILE2.C,从键盘获取字符串并返回串长*/
#define MAXLINE 80
#include "stdio.h"
```

```
extern int max;                  /* 全局变量引用说明,max 在 FILE1.C 中定义 */
int getline(void)                /* 获取输入串函数 */
{ int c,i;
  extern char line[];            /* 全局字符数组引用说明,line[]在 FILE1.C 中定义 */
  for(i=0;i<MAXLINE-1&&(c=getchar())!='\n';i++)
    line[i]=c;
  line[i]='\0';
  return i;                      /* 返回串长值 */
}
```

【运行结果】

```
China↙
Japan↙
English↙
American↙
Italian↙
German↙
Korean↙
↙
American                         /* 最长串被输出 */
```

该程序由两个源文件组成。使用VC++ 6.0时,需要创建工程,先按照1.2.3节的操作步骤创建工程,再按照1.2.4节的操作步骤编译、连接、运行程序。使用VC++ 2010时,先按照1.3.2节的操作步骤创建项目,再按照1.3.3节的操作步骤编译、连接、运行程序。

从上面的程序大概可以看出以下几点。

(1) 一个 C 程序可以由多个文件构成,每个文件可以由多个函数构成。每个函数完成一个特定的功能,一般由一组语句构成。

(2) 一个 C 程序中有且必须有一个主函数,名为 main。

(3) 程序中用到的各种量需要先定义后使用,有时还需要加上变量引用说明和函数声明等。

(4) 由"♯"开头的行称为宏定义或文件包含,末尾无分号。像这样的语句及后面要介绍的条件编译,都是 C 语言中的编译预处理命令,而不是真正的语句。语句必须以分号结束。

(5) C 语言标识符区分字母大小写,系统关键字都由小写字母构成。用户自定义的变量名、函数名等标识符一般也使用小写字母。宏名通常用大写字母表示,以区别于变量名。标识符的命名字符集是:大小写字母、数字、下画线。规则为:不能以数字开头,名称要尽量有一定的意义,做到"见名知义"。

本章主要介绍了 C 语言关键字、语句形式和 C 程序上机操作环境。后面各章将对 C 语言语法规则和程序设计方面的知识进行深入探讨。

需要说明的是:在进行程序设计时,每个程序员都有自己的一套独特方法,不能要求千篇一律,但总的原则是能完成指定的功能并且算法效率较高。以后各章将给出一些例题,虽然每个例题只给出了一种解决方法,但读者一定要考虑还有没有其他方法可以解决这些问题,这样才能培养出符合自己特点的程序设计风格。

习　　题

1. 为什么说 C 语言是中级语言?

2. C 程序、C 文件和函数的关系如何?

3. 写出最小的 C 程序和含有语句的最小 C 程序。

4. 如何给 C 源程序加注释?

5. C 语言中,表达式和表达式语句的关系如何?

6. 在 Visual C++ 编程环境下,为什么 C 语言源程序文件的扩展名一定为"c"?

7. 在VC++ 6.0 环境下编写 C 语言程序时,是否必须创建工程?

8. 在VC++ 2010 环境下编写 C 语言程序时,是否必须创建项目?

9. 在VC++ 6.0/2010 环境下编辑调试例 1.5。

10. 在VC++ 6.0/2010 环境下编辑调试例 1.7。

第 2 章   基本语法规则

CHAPTER

　　C语言源程序由标识符、数据、关键字等基本语法成分构成。其中的标识符取名、数据运算和数据输入/输出等都有相应的语法规则。若不符合规则,则程序无法通过编译,从而不能运行。

2.1   常量、变量和指针

　　数据是程序的必要组成部分,也是程序处理的对象。C语言提供的数据类型如下。

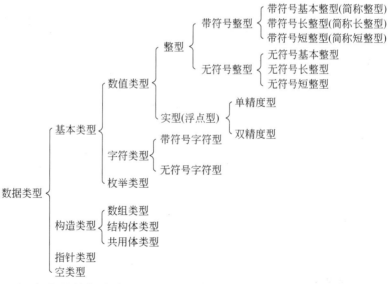

　　C语言中的数据有常量和变量之分,它们分别属于上述类型。本节主要介绍基本类型(枚举类型除外)数据和指针类型数据,其他类型数据将在后续章节中分别介绍。

2.1.1   标识符

　　标识符是一个字符序列,在程序中用来标识常量名、变量名、函数名、数组名和类型名等。标识符又分为系统标识符和用户标识符,其中,系统标识符是系统预先定义的,如 1.1.3 节中的 32 个关键字。用户标识符是用户自己定义的。C 语言标识符的取名规则是:

(1) 标识符只能由大小写英文字母(A～Z,a～z)、数字(0～9)和下画线(_)组成;

(2) 第一个字符不能为数字。

ANSI C 标准没有规定标识符的长度(字符个数),但各个 C 语言编译系统都有自己的规定。VC++ 环境下的 C 语言对标识符长度没有限制。

如:a_b、_ab、a123 是合法的标识符,1ab、♯ab、a%b 是不合法的标识符。

说明:

(1) C 语言中的标识符区分英文字母的大小写,如 a1 和 A1 是两个不同的标识符;

(2) 用户不能定义与关键字同名的标识符;

(3) 在定义标识符时,为了增加程序的可读性,应尽量做到"见名知义",并且尽量不用下画线开头,因为 C 语言系统内部使用了一些以下画线开头的标识符。

2.1.2　常量和变量

1. 常量

在程序执行过程中,其值不能被改变,即不能进行赋值运算的量称为常量。C 语言中,常量的表示形式有两种:一种是字面常量或直接常量,这种常量的数据类型一般从字面上就可以判断,如 12、－10 为整型常量,3.14、－8.9 为实型常量,'a'、't'为字符常量,"China"、"USA"为字符串常量;另一种是符号常量,即用一个标识符代表一个常量,一般为宏名或枚举元素。

【例 2.1】 计算以 r 为半径的圆的周长、圆的面积和球的体积。

```
#include "stdio.h"
#define PI 3.1415926          /*宏定义,PI 是宏名*/
void main()
{ float r,l,s,v;
  printf("r="); scanf("%f",&r);
  l=2*PI*r;
  s=PI*r*r;
  v=4.0/3*PI*r*r*r;
  printf("l=%f  s=%f  v=%f\n",l,s,v);
}
```

【运行结果】

```
r=3↙
l=18.849556   s=28.274334   v=113.097336
```

在程序中用 ♯ define 定义的 PI 是一个符号常量,在程序中出现的 PI 代表 3.1415926,在程序的执行过程中,PI 不能被赋值。

习惯上,符号常量用大写字母表示,以便与其他标识符相区别。使用符号常量可以提高程序的可读性,并使程序便于修改和维护。有关♯define 命令的详细用法请参见 3.3 节。

2. 变量

在程序执行过程中,其值可以被改变,即可以进行赋值运算的量称为变量。变量通常用来保存程序运行过程中的数据输入、中间结果和最终结果。C 语言中,变量必须先定义后使用。变量定义的一般形式为:

类型标识符 变量名

其中,类型标识符表示变量的数据类型,可以是任意数据类型(若定义的不是指针变量,则不能使用 void),如整型、实型和字符型等。变量名要符合标识符的取名规则。

严格地说,变量除了有数据类型外,还有存储类别(自动型、静态型、寄存器型和外部型),相关内容将在第 5 章介绍。

变量可以定义在函数内部、外部和函数参数表中。在函数内部或函数外部定义变量时,要在末尾加分号(;),如

```
int  a;
```

定义了一个整型变量,变量名为 a。

在函数内部或函数外部定义变量时,可以同时定义多个同类型的变量,变量名之间用逗号隔开,如

```
int a,b,c;
```

在函数参数中定义变量时,不允许在末尾加分号,且一次只能定义一个变量,详见第 5 章。若有足够的连续内存空间,则同时定义的多个变量所分配的内存空间也连续,否则不连续。

说明:

(1) 变量必须"先定义后使用",如果没有定义或说明而使用变量,则编译时系统会给出错误信息。

(2) 每一个变量被指定为一确定类型,编译时编译程序会根据变量的类型为其分配相应字节的内存单元,同时检查该变量所进行的运算是否合法。

(3) 区分变量名和变量值。变量被定义后,变量名是固定的,但变量的值可以随时被改变。变量值存放在为变量分配的内存单元中。在程序运行的每一时刻,被使用的变量都有其当前值。即使变量从没被赋值,也有一个不确定的值(静态型变量和外部型变量除外),其值是变量分配到的内存单元的原有值。

(4) 在函数内部或函数外部定义变量时,可以为变量赋初值,称为变量的初始化。可以对全部变量初始化,也可以对部分变量初始化。对变量初始化的目的是为了使某些变量在程序开始执行时就具有确定的值。如:

```
int a1=10,b1=100;
```

是对全部变量初始化,a1、b1 都为整型变量,初值分别为 10 和 100。

```
float a2=3.14,b2;
```

是对部分变量初始化,a2、b2 都为单精度实型变量,只对变量 a2 初始化,其值为 3.14,b2 没有初始化,其值为分配到的内存单元的原有值。

注意:若静态型变量和外部型变量没有初始化,则其值是固定的,数值型为 0,字符型为空('\0')。

如果对同时定义的两个整型变量 a、b 都初始化为 100,必须对每个变量分别初始化,即

```
int a=100,b=100;
```

不能写成

```
int a=b=100;
```

另外,对变量初始化只是表示变量的初值,不表示在整个程序中它的值不变。

(5) 同一个变量不能在同一个作用域内重复定义,因为编译程序不能为同一个作用域中已分配内存单元的变量重新分配内存单元。

(6) 变量具有存储类别,根据变量定义的位置和形式的不同,变量可以分为自动型、静态型、外部型和寄存器型。

C 语言中的变量有整型变量、实型变量、字符型变量、指针型变量、结构体型变量、共用体型变量、枚举型变量等。

2.1.3 整型数据

1. 整型常量

整型常量就是整数,包括正整数、负整数和 0。

C 语言中,整型常量可以用以下三种形式表示。

(1) 十进制整数:有效数码为 0~9,如正整数 20。

(2) 八进制整数:有效数码为 0~7,且以 0 开头,如 020 表示八进制数 20,等价于十进制数 16;−020 表示八进制数 −20,等价于十进制数 −16。

(3) 十六进制整数:有效数码为 0~9 和 a~f(或 A~F),且以 0x 开头,如 0x20 表示十六进制数 20,等价于十进制数 32;−0x20 表示十六进制数 −20,等价于十进制数 −32。

2. 整型变量

C 语言中,整型变量分为带符号整型和无符号整型。带符号整型又分为带符号基本整型(简称整型)、带符号短整型(简称短整型)、带符号长整型(简称长整型)三种。无符号整型又分为无符号基本整型(简称无符号整型)、无符号短整型和无符号长整型三种。在 VC++ 环境中,其类型标识符、内存中分配的字节数和值域见表 2.1。

在类型标识符中,带有方括号的内容可以省略。根据变量的定义形式,可以定义整型变量。如

```
short int i1=10;        /* i1 为短整型变量,初值为 10,在内存中占 2 个连续字节 */
long l1,l2;             /* l1 和 l2 为长整型变量,在内存中各占 4 个连续字节 */
unsigned u1;            /* u1 为无符号整型变量,在内存中占 4 个连续的字节 */
```

表 2.1　整型变量类型

符　号	类　型　名	类型标识符	分配字节数	值　域
带符号	整型	[signed] int	4	$-2^{31} \sim 2^{31}-1$
	短整型	[signed] short [int]	2	$-2^{15} \sim 2^{15}-1$
	长整型	[signed] long [int]	4	$-2^{31} \sim 2^{31}-1$
无符号	无符号整型	unsigned [int]	4	$0 \sim 2^{32}-1$
	无符号短整型	unsigned short [int]	2	$0 \sim 2^{16}-1$
	无符号长整型	unsigned long [int]	4	$0 \sim 2^{32}-1$

说明：

(1) 在 VC++ 环境中，把长整型变量作为整型变量处理，把无符号长整型变量作为无符号整型变量处理。

(2) 在一个整型常量的后面加上字母 l 或 L，则认为是长整型常量，如 0l、123l、345L。

(3) 在 VC++ 环境中，如果整型常量的范围是 $-2^{31} \sim 2^{31}-1$，则认为其类型是整型或长整型，可以把它赋给整型或长整型变量；如果整型常量的范围是 $-2^{15} \sim 2^{15}-1$，可以把它赋给短整型变量。

在赋值时，如果不是值域范围的值，在编译时不会出错，但得不到原值，这种现象称为溢出。

2.1.4　实型数据

1. 实型常量

实型常量也称浮点数，即带小数点的数。

C 语言中，实型常量只使用十进制，有以下两种表示形式。

(1) 十进制小数形式。由正负号、数字 0～9 和小数点组成，如

3.14　　　0.8　　　0.0　　　 −36.625　　　 +100.00

其中，正号"+"可以省略。若整数部分为 0，则整数部分可以省略，但小数点不能省略。若小数部分为 0，则小数部分可以省略，但小数点不能省略。如 0.8 与.8 等价，100.00 与 100.等价。

(2) 指数形式(或称科学记数法)。由正负号、数字 0～9、小数点和字母 e(或 E)组成，组织形式为 $\pm m e \pm n$ 或 $\pm m E \pm n$。

它表示 $\pm m \times 10^{\pm n}$，其中，m 为整型数或实型数，n 为整型数，m 和 n 缺一不可，即使 m 是 1 或 n 是 0 也不能省略，格式中的"+"可以省略。如 3.14e5、123e−4、1e5、.89e9、0.78e−6 都是正确的，而 e3、123e4.0、.e5、4.5e、e 均是错误的。

2. 实型变量

C 语言中，实型变量分为单精度型和双精度型两种，其类型标识符、内存中分配的字节数、有效数字位数和值域见表 2.2。

表 2.2　实型变量类型

类 型 名	类型标识符	分配字节数	有 效 位 数	值域(绝对值)
单精度实型	float	4	6~7	$-3.4\times10^{38}\sim3.4\times10^{38}$
双精度实型	double	8	15~16	$-1.7\times10^{308}\sim1.7\times10^{308}$

根据变量的定义形式,可以定义实型变量,如

```
float f1,f2;      /* f1 和 f2 为单精度实型变量,在内存中各占 4 个连续字节 */
double d1=3.4;    /* d1 为双精度实型变量,初值为 3.4,在内存中占 8 个连续字节 */
```

C 语言中的实型常量在内存中以双精度形式存储,所以一个实型常量既可以赋给一个单精度实型变量,也可以赋给一个双精度实型变量,系统会根据变量的类型自动截取实型常量中相应的有效位数字。

2.1.5　字符型数据

1. 字符常量

C 语言中,用一对单引号括起来的一个字符称为字符常量,如'a'、'7'、'#'等。一个字符常量的值就是该字符的 ASCII 码。如字符常量'a'的 ASCII 码为 97,字符常量'A'的 ASCII 码为 65。由此可知,'a'和'A'是两个不同的字符常量。

除了以上形式的字符常量外,C 语言中还使用一种特殊形式的字符常量,即以反斜杠"\"开头的字符或数字,称为转义字符,用来表示一些难以用一般形式表示的字符。常用的转义字符见表 2.3。

表 2.3　常用转义字符

转义字符	功 能	转义字符	功 能
\n	换行	\'	单引号字符"'"
\b	退格	\"	双引号字符\""""
\t	横向跳格(即到下一个制表位置)	\\	反斜杠字符"\"
\r	回车(光标回到该行开头)	\ddd	1~3 位八进制数所代表的字符
\a	响铃	\xhh	1~2 位十六进制数所代表的字符
\v	纵向跳格	\0	空操作字符(ASCII 码为 0)
\f	走纸换页		

转义字符开头的"\"不代表一个斜杠字符,其含义是将后面的字符或数字转换成另外的意义。转义字符仍然是一个字符,对应于一个 ASCII 码值,如'\n'代表"换行"符,其 ASCII 码值为 10(字符的 ASCII 码详见附录 A)。

2. 字符变量

C 语言中,字符型变量分为带符号字符型(简称字符型)和无符号字符型两种,其类型标识符、内存中分配的字节数和 ASCII 码范围见表 2.4。

表 2.4　字符变量类型

类　型　名	类型标识符	分配字节数	ASCII 码
带符号字符型	[signed] char	1	$-128 \sim 127$
无符号字符型	unsigned char	1	$0 \sim 255$

在类型标识符中,带有方括号的内容可以省略。根据变量的定义形式,可以定义字符型变量,如

```
char c1,c2,c3;           /* c1、c2 和 c3 为字符型变量,在内存中各占 1 字节 */
unsigned char ch1,ch2;   /* ch1 和 ch2 为无符号字符型变量,在内存中各占 1 字节 */
```

在对字符变量赋值时,可以把字符常量(包括转义字符)赋给字符变量,如

```
c1='a';
c2='\376';
```

3. 字符数据和整型数据的关系

把一个字符常量赋给一个字符变量,实际上并不是把字符常量本身存放到为变量所分配的内存单元,而是将该字符常量对应的 ASCII 码值存放到为变量所分配的内存单元。既然字符数据在内存中以 ASCII 码值形式存储,它的存储形式与整型数的存储形式相类似。因此,在 C 语言中,字符型数据和整型数据之间可以通用。

(1) 字符常量与其对应的 ASCII 码值通用。

(2) 带符号字符变量与值在$-128 \sim 127$之间的整型变量通用。

(3) 无符号字符变量与值在$0 \sim 255$之间的整型变量通用。

一个字符型数据既可以以字符形式输出,也可以以整数形式输出。以字符形式输出时,需要先将存储单元中的 ASCII 码值转换成相应字符后再输出。以整数形式输出时,直接将 ASCII 码值作为整型数输出。字符型数据可以进行算术运算,也是对它的 ASCII 码值进行算术运算。

【例 2.2】　字符型数据和整型数据关系举例。

```
#include "stdio.h"
void main()
{ int i=65; char ch='A';
  printf("i=%d ch=%c\n",i,ch);      /* 输出: i=65 ch=A */
  printf("i=%c ch=%d\n",i,ch);      /* 输出: i=A ch=65 */
  i='A';                            /* 把字符常量赋给整型变量 */
  ch=65;                            /* 把整型常量赋给字符变量 */
  printf("i=%d ch=%c\n",i,ch);      /* 输出: i=65 ch=A */
  printf("i=%c ch=%d\n",i,ch);      /* 输出: i=A ch=65 */
}
```

2.1.6　字符串常量

C 语言中,用一对双引号括起来的一个字符序列称为字符串常量,字符序列可以是零

个、一个或多个字符。字符序列中第一个'\0'之前的字符个数称为字符串的长度,如

```
"china"      长度为 5
"abc\0de"    长度为 3
"a"          长度为 1
"□□"         空格串,长度为 2        /*"□"代表一个空格*/
""           空串,长度为 0
```

说明:

(1) 在存储字符串常量时,除了存储双引号中的字符序列外,系统还会自动在最后一个字符的后面加上一个转义字符'\0'。

(2) '\0'是 ASCII 码值为 0 的空字符,C 语言规定用'\0'作为字符串的结束标志,以便系统据此判断字符串是否结束。

(3) 区别'A'和"A",前者为字符常量,后者是以'\0'结束的字符串常量。

(4) 字符串常量中的字符可以是转义字符,但它只代表一个字符,如字符串"ab\n\\cd\t"的长度是 7,而不是 10。

(5) 不能将字符串常量赋给字符变量,如下面对字符变量 c1 和 c2 的赋值是错误的。

```
c1="a";
c2="china";
```

C 语言中没有专门的字符串变量,如果字符串需要保存,则用字符数组存放,即用一个字符型数组存放一个字符串,这将在第 4 章介绍。

2.1.7　变量及指针

内存中的每个字节都有一个确定其位置的地址。每个变量在编译时都在内存分配连续的一定字节数的存储单元,不同类型的变量在内存分配的存储单元的大小不同,如字符型变量分配一个字节,短整型变量分配两个连续字节,单精度实型变量分配四个连续字节,双精度实型变量分配八个连续字节。变量分配的存储单元的第一字节的地址就是该变量的地址。

编译程序在对源程序进行编译时,每遇到一个变量,就为它分配存储单元,同时记录变量的名称、数据类型和地址。

如有定义:char c; short int i=3; float f;,若为变量分配的内存如图 2.1 所示,则记录下来的变量与地址对照表如表 2.5 所示。

图 2.1　变量分配内存示意图

对于赋值运算 i=i*2,它的实际操作过程是:在变量与地址对照表中找到变量 i,取出 i 的地址 3001,参考数据类型,从地址 3001 开始的由两个字节组成的存储单元中取出整数 3,与 2 相乘得 6,然后在变量与地址对照表中找到变量 i 的地址 3001,参考数据类型,将结果 6 存入从地址 3001 开始的由两个字节组成的存储单元中。

表 2.5 变量与地址对照表

变量名	数据类型	地址
c	char	2001
i	short int	3001
f	float	4001

由上述操作可知,通过变量名查询变量的地址,再根据变量的数据类型从变量对应地址的内存单元中取出数据或向变量对应地址的内存单元中存放数据。由于地址起到寻找操作对象的作用,就像一个指向对象的指针,所以把地址称为指针。

由于变量的存储位置是系统分配的,用户不能改变变量的存储位置,所以变量的指针是地址常量,其值可以通过取地址符"&"得到,一般格式为:& 变量名。如 &c 的值为 2001,&i 的值为 3001,&f 的值为 4001。

1. 指针变量的定义和初始化

上面介绍了指针常量,在 C 语言中可以定义指针变量。指针变量是一种特殊的变量,它所分配的内存单元不是用来存放普通的数据,而是用来存放变量的地址。指针变量定义的一般形式为

类型标识符 ＊变量名

如

```
int  * p1;
```

p1 是一个指针变量,用来存放整型变量的地址。

在函数内和函数外可以同时定义多个指针变量,也可以同时定义普通变量和指针变量。如

```
int * p1, * p2,a1;
```

其中,a1 是普通变量,用来存放整型数;p1 和 p2 是指针变量,用来存放整型变量的地址。

可以对指针变量初始化,如

```
int a=10, * p=&a;
```

等价于

```
int a=10, * p; p=&a;
```

把变量 a 的地址赋给指针变量 p,此时称指针变量 p"指向"整型变量 a。如果要把一个变量的指针初始化给一个指针变量,则该变量必须在指针变量定义之前定义。下面的初始化是错误的:

```
int * p1=&a, a;
```

其道理很简单,变量只有定义后才被分配一定的内存单元。

注意：定义指针变量时的数据类型是指针变量要指向的变量的数据类型，也就是说，定义为某种数据类型的指针变量只能用来指向该类型的变量。

2. 指针变量的引用

访问指针变量所指向的变量使用间接访问运算符"*"，其一般格式为

＊指针变量名

【例 2.3】 指针变量引用举例。

```
#include "stdio.h"
void main()
{ int   a=10;
  int   * p;                /*定义指针变量 p*/
  p=&a;                     /*指针变量 p 指向变量 a*/
  printf("%d  %d",a,* p);   /*用指针变量 p 访问变量 a,* p 的值就是变量 a 的值*/
}
```

【运行结果】

10 10

说明：

(1) 定义变量时，变量名前加"*"，表示该变量为指针变量，使用指针变量时，指针变量名前加"*"，表示该指针变量所指向的变量。如例 2.3 第 4 行的"* p"表示定义指针变量 p，p 前面的"*"只表示 p 为指针变量；第 6 行 printf()函数中的"* p"则代表 p 所指向的变量，即变量 a。

(2) 指针变量在使用前一定要赋予一定的地址值，如果指针变量在使用前没有赋值，其值不确定，使用时容易出错，严重时会造成系统瘫痪。

(3) 不能将普通类型数据(0 除外)直接赋给指针变量。例如，若 p 是指针变量，则下面的赋值是不合法的。

p=100;

(4) 指针变量赋值时，类型一定要匹配，不能将一个指针直接赋给与其类型不同的指针变量。例如，若有定义：

```
int a, * p1=&a;
float * p2;
```

则下面的赋值是不合法的。

p2=p1;

若想赋值，则必须通过强制类型转换，如

p2=(float *)p1;

其原因是：不同类型的指针变量访问的存储单元的大小不同，如 char 型指针为一个字

节,short int 型指针为连续两个字节,float 型指针为连续四个字节,double 型指针为连续八个字节。另外,不同类型数据的存储格式也不相同。

（5）在 C 语言中,可以定义空类型的指针变量,空类型的类型标识符为 void,如

```
void  * p;
```

p 为空类型的指针变量,仅表示 p 指向内存的某个位置,而它所指向的内存单元的大小和数据存储格式没有指定。若想使用 void 型的指针变量,必须通过强制类型转换。

2.2　运算符与表达式

C 语言中,运算符包含的范围很广泛,除了一般高级语言中使用的算术运算符、关系运算符和逻辑运算符外,C 语言还提供了位运算符、自加自减运算符,并且把括号、赋值和强制类型转换等都作为运算符处理。C 语言中运算符的种类见表 2.6。

表 2.6　运算符种类

名　　称	运　算　符
算术运算符	+　-　*　/　%　++　--
关系运算符	>　>=　<　<=　==　!=
逻辑运算符	&&　||　!
位运算符	&　|　^　~　<<　>>
赋值运算符	=　+=　-=　*=　/=　%=　&=　|=　^=　<<=　>>=
条件运算符	?　:
逗号运算符	,
指针运算符	&　*
求字节数运算符	sizeof
类型转换运算符	(类型标识符)
取成员运算符	.　->
下标运算符	[　]
圆括号	(　)

学习运算符和表达式时,需要掌握以下内容:

- 运算符的功能;
- 运算符要求运算对象的个数;
- 运算符要求运算对象的数据类型;
- 运算符的优先级;
- 运算符的结合方向;
- 表达式值的数据类型。

　　根据运算符要求的运算对象的个数,C语言中的运算符分为单目运算符、双目运算符和三目运算符。只有一个运算对象的运算符称为单目运算符,有两个运算对象的运算符称为双目运算符,有三个运算对象的运算符称为三目运算符。

　　C语言中的运算符除了有确切的含义及确定的表示形式外,还有运算的优先顺序和结合规则。在对表达式求值时,根据运算符的优先级从高到低进行运算。如果一个运算对象两侧的运算符的优先级相同,则按照C语言规定的运算符"结合方向"处理。若规定先算左侧的运算符,则称此运算符的结合方向为左结合;若规定先算右侧的运算符,则称此运算符的结合方向为右结合。C语言中所有运算符的优先级、结合方向以及运算对象的个数见表2.7。

表 2.7　运算符的优先级和结合性

优先级	运 算 符	含 义	结合方向	运算对象个数
1	() [] -> .	圆括号 下标运算符 取成员运算符 取成员运算符	左结合	
2	! ~ ++ -- - (类型标识符) * & sizeof	逻辑非运算符 按位取反运算符 自加运算符 自减运算符 取负运算符 类型转换运算符 间接访问运算符 取地址运算符 求字节数运算符	右结合	1
3	* / %	乘法运算符 除法运算符 取余运算符	左结合	2
4	+ -	加法运算符 减法运算符	左结合	2
5	<< >>	按位左移运算符 按位右移运算符	左结合	2
6	<　<=　>　>=	关系运算符	左结合	2
7	== !=	等于运算符 不等于运算符	左结合	2
8	&	按位与运算符	左结合	2
9	^	按位异或运算符	左结合	2

续表

优先级	运　算　符	含　　义	结合方向	运算对象个数
10	|	按位或运算符	左结合	2
11	&.&.	逻辑与运算符	左结合	2
12	‖	逻辑或运算符	左结合	2
13	?:	条件运算符	右结合	3
14	=　+=　-=　*=　/=　%=　>>=　<<=　&=　^=　|=	赋值运算符	右结合	2
15	,	逗号运算符	左结合	2

2.2.1　算术运算符和算术表达式

1. 算术运算符

C 语言中的算术运算符分为双目运算符和单目运算符。

（1）双目算术运算符

- ＋　加法运算符；
- －　减法运算符；
- ＊　乘法运算符；
- ／　除法运算符；
- ％　取余（模）运算符。

注意：在使用除法运算符时，若分子和分母的类型同为整型，则其结果为整型，舍去小数部分，如 7/2 的结果为 3，而 7.0/2 的结果为 3.5。在使用取余运算符时，分子和分母的类型必须同为整型，否则运算非法，如 7%2 的值为 1，而 7.0%2 则是非法的。余数的符号与分子相同。

（2）单目运算符

- ＋　取正运算符，常省略；
- －　取负运算符，作用是取操作对象的负数；
- ＋＋　自加运算符，作用是使变量的值增 1；
- －－　自减运算符，作用是使变量的值减 1。

＋＋和－－既可作为变量的前缀，又可作为变量的后缀，如

```
++i;        /*先将i的值加1,然后使用i*/
i++;        /*先使用i,然后将i的值加1*/
```

＋＋i 和 i＋＋的作用都相当于 i＝i＋1，但＋＋i 是先执行 i＝i＋1，然后再使用 i 的值；而 i＋＋是先使用 i 的值，然后再执行 i＝i＋1。

```
--i;        /*先将i的值减1,然后使用i*/
```

```
i--;          /* 先使用 i,然后将 i 的值减 1 */
```

——i 和 i——的作用都相当于 i=i−1,但——i 是先执行 i=i−1,然后再使用 i 的值;而 i——是先使用 i 的值,然后再执行 i=i−1。

【例 2.4】　自加和自减运算符应用举例。

```
#include "stdio.h"
void main()
{ int i,j,k;
  i=3;
  printf("i=%d\n",++i);        /* 输出: i=4 */
  i=3;
  printf("i=%d\n",i++);        /* 输出: i=3 */
  i=3;
  k=++i;                       /* 等价于 i=i+1;k=i; */
  printf("i=%d k=%d\n",i,k);   /* 输出: i=4,k=4 */
  i=3;
  k=i++;                       /* 等价于 k=i;i=i+1; */
  printf("i=%d k=%d\n",i,k);   /* 输出: i=4,k=3 */
  i=3;
  k=(++i)+(++i)+(i++);         /* 等价于 i=i+1;i=i+1; k=i+i+i;i=i+1; */
  printf("i=%d k=%d\n",i,k);   /* 输出: i=6,k=15 */
  i=3;
  k=(i++)+(++i)+(i++);         /* 等价于 i=i+1;k=i+i+i;i=i+1;i=i+1; */
  printf("i=%d k=%d\n",i,k);   /* 输出: i=6,k=12 */
  i=3;
  j=5;
  k=(++i)*j;                   /* 等价于 i=i+1; k=i*j; */
  printf("i=%d k=%d\n",i,k);   /* 输出: i=4,k=20 */
  i=3;j=5;
  k=(i++)*j;                   /* 等价于 k=i*j;i=i+1; */
  printf("i=%d k=%d\n",i,k);   /* 输出: i=4,k=15 */
}
```

注意：自加运算符和自减运算符只能用于变量,不能用于常量和表达式,如 4++和 ++(a+b)都是错误的。

2. 算术表达式

在 C 语言中,用算术运算符和圆括号将运算对象连接起来的,并且符合 C 语言语法规则的式子称为算术表达式,如

```
12/3+78*6-(10+65%14)
-b/(2*a)
b++/--a
```

单个的常量和变量都是算术表达式,而且是最简单的算术表达式,算术表达式的值是

数值型。

3. 优先级

－（取负）、＋＋和－－的优先级相同，＊、/和％的优先级相同，＋（加）和－（减）的优先级相同。三组运算符的优先级从高到低的顺序为：－（取负）、＋＋、－－ → ＊、/、％ → ＋、－，如＋＋a＋b/5 等价于（＋＋a）＋（b/5）。

4. 结合方向

－（取负）、＋＋和－－的结合方向为右结合，＋、－、＊、/和 ％的结合方向为左结合。

C 语言规定，当运算符＋＋、－－和运算符＋、－进行混合运算时，应自左向右尽可能多地组合运算符，如

```
i+++j 等价于(i++)+j
i---j 等价于(i--)-j
-i++ 等价于-(i++)
-i-- 等价于-(i--)
-i+++j 等价于-(i++)+j
-i---j 等价于-(i--)-j
```

【例 2.5】 算术运算符结合方向举例。

```
#include "stdio.h"
void main()
{ int i,j,k;
  i=6;
  j=4;
  k=i+++j;                    /* 相当于 k=(i++)+j;,等价于 k=i+j;i=i+1; */
  printf("i=%d j=%d k=%d\n",i,j,k);    /* 输出：i=7 j=4 k=10 */
  i=6;
  j=4;
  k=-i+++j;                   /* 相当于 k=-(i++)+j;,等价于 k=-i+j;i=i+1; */
  printf("i=%d j=%d k=%d\n",i,j,k);    /* 输出：i=7 j=4 k=-2 */
  i=6;
  j=4;
  k=i---j;                    /* 相当于 k=(i--)-j;,等价于 k=i-j;i=i-1; */
  printf("i=%d j=%d k=%d\n",i,j,k);    /* 输出：i=5 j=4 k=2 */
  i=6;j=4;
  k=-i---j;                   /* 相当于 k=-(i--)-j;,等价于 k=-i-j;i=i-1; */
  printf("i=%d j=%d k=%d\n",i,j,k);    /* 输出：i=5 j=4 k=-10 */
  i=6;
  k=-i++;                     /* 相当于 k=-(i++);,等价于 k=-i;i=i+1; */
  printf("i=%d k=%d\n",i,k);           /* 输出：i=7 k=-6 */
  i=6;
  k=-i--;                     /* 相当于 k=-(i--);,等价于 k=-i;i=i-1; */
  printf("i=%d k=%d\n",i,k);           /* 输出：i=5 k=-6 */
}
```

5. 算术运算中的类型转换

（1）自动类型转换

在 C 语言中，整型、实型和字符型数据可以同时出现在表达式中进行混合运算。字符型数据在运算时使用其对应的 ASCII 码，如 3.14＋18/4＋'a'是一个合法的算术表达式。在进行计算时，不同类型的数据先自动转换成同一类型，然后进行计算。转换的规则是：若为字符型，则必须先转换成整型，即其对应的 ASCII 码；若为单精度型，则必须先转换成双精度型；若运算对象的类型不相同，则将低精度类型转换成高精度类型。精度从高到低的顺序是：double→long→unsigned→int。

根据算术运算符的优先级、结合方向和类型自动转换规则，表达式 3.14＋18/4＋'a'的运算过程如下：

① 18/4 的结果为 4(得表达式 3.14＋4＋'a')；

② 将 4 转换成双精度实型，3.14＋4.0 的结果为 7.14(得表达式 7.14＋'a')；

③ 先将'a'转换成整型(97)，再将 97 转换成双精度实型，7.14＋97.0 的结果为 104.14，即表达式的值为 104.14，类型为双精度实型。

（2）强制类型转换

在 C 语言中，可以通过强制类型转换将一个表达式的值转换成所需的类型，强制类型转换的一般形式是

(类型标识符)(表达式)

如

```
(int)(x+y)              /* 将 x+y 的值转换成整型 */
(int)x+y                /* 将 x 的值转换成整型 */
(double)5               /* 将整型数 5 转换成双精度实型 */
```

说明：

① 类型标识符必须用圆括号括起来。

② 强制类型转换只是得到一个所需类型的中间值，原来说明的数据类型并没有改变。

③ 由高精度类型转换成低精度类型可能会降低精度。

【例 2.6】 强制类型转换举例。

```
#include "stdio.h"
void main()
{ float x=3.14;
  int k;
  k=(int)(x);               /* 不能写成 k=int(x); */
  printf("k=%d\n",k);       /* 输出：k=3(是 x 的整数部分) */
  printf("x=%f\n",x);       /* 输出：x=3.140000(x 的类型不变) */
}
```

2.2.2　关系运算符和关系表达式

1. 关系运算符

C 语言提供了六个关系运算符：

- ＞　大于运算符；
- ＞＝　大于或等于运算符；
- ＜　小于运算符；
- ＜＝　小于或等于运算符；
- ＝＝　等于运算符；
- ！＝　不等于运算符。

关系运算符都是双目运算符,用于两个运算对象的比较。

注意：不能将＜＝写成＝＜,也不能将＞＝写成＝＞。

2. 关系表达式

用关系运算符将两个运算对象连接起来的式子称为关系表达式。运算对象可以是常量,可以是变量,也可以是表达式,如

```
3>2      b*b-4*a*c>=1e-6      x==y      a%b!=0
```

关系表达式的值应该是逻辑值,即"真"或"假",但 C 语言中没有逻辑类型数据,C 语言规定用数值 0 代表关系运算结果为"假",用数值 1 代表关系运算结果为"真"。所以关系表达式的值只能是 1 或 0,其数据类型为整型。

设有定义：int a＝3,b＝2,c＝1;,则 a＞b 的值为 1,c＝＝a 的值为 0。

3. 优先级

＞、＞＝、＜和＜＝的优先级相同；＝＝和！＝的优先级相同,两组运算符优先级从高到低的顺序是：＞、＞＝、＜、＜＝→＝＝、！＝。

关系运算符的优先级低于算术运算符,如 a＋b＞c＋d 等价于(a＋b)＞(c＋d)。

4. 结合方向

关系运算符的结合方向都为左结合,即运算符优先级相同时自左向右运算,如 a＞b＞c 等价于(a＞b)＞c。

根据运算符的优先级和结合方向,表达式 3＝＝4＋1＞2!＝5 的求解过程如下：

(1) 算术运算 4＋1 的结果为 5(得表达式 3＝＝5＞2!＝5)；

(2) 关系运算 5＞2 的结果为 1(得表达式 3＝＝1!＝5)；

(3) 关系运算 3＝＝1 的结果为 0(得表达式 0!＝5)；

(4) 关系运算 0!＝5 的结果为 1,即表达式的值为 1。

在使用关系运算符时,应避免对实型数据作相等或不相等的判断。

例如：1.2345＊5-6.1725＝＝0 的结果为 0,可改为 fabs(1.2345＊5-6.1725)＜1e-6)。

2.2.3　逻辑运算符和逻辑表达式

1. 逻辑运算符

C 语言提供了三个逻辑运算符：

- && 逻辑与运算符；

- || 逻辑或运算符；

- ! 逻辑非运算符。

其中，"&&"和"||"是双目运算符，"!"是单目运算符。

2. 逻辑表达式

用逻辑运算符将运算对象连接起来的式子称为逻辑表达式。运算对象一般为关系表达式或逻辑量(常量或变量)，如 x>10||x<100,x==y&&a!=b,5&&b。

如果 a、b 为运算对象，则逻辑运算符的运算规则为：

(1) 若 a、b 都为真，则 a&&b 为真，否则为假；

(2) 若 a、b 都为假，则 a||b 为假，否则为真；

(3) 若 a 为真，则!a 为假；若 a 为假，则!a 为真。

在判断一个量(常量或变量)是"真"还是"假"时，C语言规定以 0 代表"假"，以非 0 代表"真"。由此可知：3>2&&4>3 的结果为 1,3<4&&4>5 的结果为 0,3<4||4>5 结果为 1,!(3>2) 的结果为 0。

3. 优先级

三个逻辑运算符的优先级从高到低的顺序为：! → && → ||。

"!"的优先级高于算术运算符，"&&"和"||"的优先级低于关系运算符。例如：3>2 +1&&4<2+1 等价于(3>(2+1))&&(4<(2+1))。

4. 结合方向

"&&"和"||"的结合方向为左结合，"!"的结合方向为右结合。例如：a>b&&c> d&&e>f 等价于((a>b)&&(c>d))&&(e>f),!!!(a>b)等价于!(!(!(a>b)))。

根据运算符的优先级和结合方向，表达式 5<3&&'a'||5<4-!0 的求解过程为：

(1) 关系运算 5<3 的结果为 0(得表达式 0&&'a'||5<4-!0)；

(2) 逻辑运算 0&&'a'的结果为 0(得表达式 0||5<4-!0)；

(3) 逻辑运算 !0 的结果为 1(得表达式 0||5<4-1)；

(4) 算术运算 4-1 的结果为 3(得表达式 0||5<3)；

(5) 关系运算 5<3 的结果为 0(得表达式 0||0)；

(6) 逻辑运算 0||0 的结果为 0，即表达式的值为 0。

注意：在逻辑表达式的求解过程中，并不是所有的逻辑运算都被执行，只有在必须执行下一个逻辑运算才能求出表达式的值时，才执行该运算。

例如：计算表达式 a&&b&&c 的值时，只有 a 的值为真时才判断 b 的值，只有 a&&b 的值为真时才判断 c 的值。若 a 的值为假，则整个表达式的值肯定为假，无须判断 b 和 c;若 a 的值为真，而 b 的值为假，则整个表达式的值肯定为假，无须判断 c,见图 2.2。

再如：计算表达式 a||b||c 的值时，只有 a 的值为假时才判断 b 的值，只有 a||b 的值为假时才判断 c 的值。若 a 的值为真，则整个表达式的值肯定为真，无须判断 b 和 c;若 a 的值为假，而 b 的值为真，则整个表达式的值肯定为真，无须判断 c,见图 2.3。

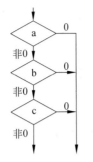

图 2.2　逻辑与运算过程

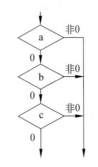

图 2.3　逻辑或运算过程

【**例 2.7**】　逻辑运算应用举例。

```c
#include "stdio.h"
void main()
{ int a=1,b=2,c=3,d=4,m=1,n=1;
  (m=a>b)&&(n=c>d);
  printf("m=%d n=%d\n",m,n);        /*输出：m=0  n=1*/
}
```

由于 a>b 的值为 0，使 m＝0，而 n＝c>d 没有被执行，因此 n 的值不是 0，仍保持原值 1。

2.2.4　位运算符

1. 位运算符

C 语言提供了六个位运算符：

- &　按位与运算符；
- |　按位或运算符；
- ^　按位异或运算符；
- ～　按位取反运算符；
- <<　左移运算符；
- >>　右移运算符。

其中，"～"是单目运算符，其他是双目运算符。

位运算是指对二进制位进行的运算，运算对象只能是整型或字符型数据，不能用于其他类型的数据。位运算结果的数据类型为整型。

（1）按位与运算符 &

参加运算的两个运算量的对应位都为 1，则该位的结果为 1，否则为 0，如

若有定义

```c
unsigned short a=023,b=032;
```

则 a&b 的值为 022，其运算过程为

```
            0000000000010011   （八进制无符号数 023）
  (&)       0000000000011010   （八进制无符号数 032）
            0000000000010010   （八进制无符号数 022）
```

按位与运算常用于取一个数中的某些指定位,如取整型数 a 的低 8 位,用 a 和 0377 进行按位与运算即可。

（2）按位或运算符|

参加运算的两个运算量的对应位都为 0,则该位的结果为 0,否则为 1,如

若有定义

unsigned short a=023, b=032;

则 a|b 的值是 033,其运算过程为

```
            0000000000010011   （八进制无符号数 023）
  (|)       0000000000011010   （八进制无符号数 032）
            0000000000011011   （八进制无符号数 033）
```

按位或运算常用于将一个数中的某些位置 1,如将整型数 a 的低 8 位全置 1,用 a 和 0377 进行按位或运算即可。

（3）按位异或运算符^

参加运算的两个运算量的对应位相同,则该位的结果为 0,否则为 1,如

若有定义

unsigned short a=023, b=032;

则 a^b 的值是 011,其运算过程为

```
            0000000000010011   （八进制无符号数 023）
  (^)       0000000000011010   （八进制无符号数 032）
            0000000000001001   （八进制无符号数 011）
```

按位异或运算常用于将一个数中的某些位翻转,即 0 变 1 和 1 变 0,如将整型数 a 的低 8 位翻转,用 a 和 0377 进行按位异或运算即可。另外,可以不用中间变量实现两个整型变量值的交换,如交换整型变量 a 和 b 的值,可以用下列程序段实现。

a=a^b; b=b^a; a=a^b;

（4）按位取反运算符~

该运算符用来将一个二进制数按位取反,即 1 变 0 和 0 变 1,如

若有定义

unsigned short a=023;

则~a 的值是 0177754,其运算过程为

```
  (~)       0000000000010011   （八进制无符号数 023）
            1111111111101100   （八进制无符号数 0177754）
```

注意:取反运算符"~"和取负运算符"-"的作用不同,取反运算符是将一个二进制

数按位取反,取负运算符是得到一个数的相反数。

（5）左移运算符<<

该运算符用来将一个数的各二进制位全部左移若干位,左边移出的位丢失,右边空出的位补 0,如

若有定义

```
unsigned short a=023;
```

则 a<<2 表示将 a 的各二进制位左移两位,其值是 0114,运算过程为

　　　　　　（<<）　0000000000010011　（八进制无符号数 023）
　　　　　　　　　　0000000001001100　（八进制无符号数 0114）

当左移没有溢出时,左移一位相当于该数乘以 2,左移 n 位相当于该数乘以 2^n。

（6）右移运算符>>

该运算符用来将一个数的各二进制位全部右移若干位。右移运算分为算术右移和逻辑右移两种。算术右移是指右边移出的位丢失,左边空出的位补原来最左边的位的值,即原来最左边位的值为 0,左边空出的位就补 0;原来最左边位的值为 1,左边空出的位就补 1。逻辑右移是指右边移出的位丢失,左边空出的位补 0。VC++ 环境中的右移运算是算术右移,如

若有定义

```
unsigned short a=023;
```

则 a>>2 表示将 a 的各二进制位右移两位,其值是 04,运算过程为

　　　　　　（>>）　0000000000010011　（八进制无符号数 023）
　　　　　　　　　　0000000000000100　（八进制无符号数 04）

右移一位相当于除以 2,右移 n 位相当于除以 2^n。

2. 优先级

“<<”和“>>”的优先级相同,位运算符的优先级从高到低的顺序是:～ → <<、>> → & → ^ → |。

“～”的优先级高于算术运算符;“<<”和“>>”的优先级低于算术运算符,高于关系运算符;“&”“^”和“|”的优先级低于关系运算符,高于逻辑运算符“&&”和“||”。

3. 结合方向

“～”的结合方向是右结合,其他位运算符的结合方向为左结合。

【例 2.8】 位运算符应用举例。

```
#include "stdio.h"
void main()
{ unsigned short a=023;
  unsigned short b=032;
  printf("a&b=%ho\n",a&b);          /*输出: a&b=22*/
  printf("a|b=%ho\n",a|b);          /*输出: a|b=33*/
  printf("a^b=%ho\n",a^b);          /*输出: a^b=11*/
```

```
    printf("~ a=%ho\n",~ a);              /* 输出：~ a=177754 */
    printf("a<<2=%ho\n",a<<2);            /* 输出：a<<2=114 */
    printf("a>>2=%ho\n",a>>2);            /* 输出：a>>2=4 */
    a=a^b;                                /* 交换 a、b 值 */
    b=b^a;
    a=a^b;
    printf("a=%#ho,b=%#ho\n",a,b);        /* 输出：a=032,b=023 */
}
```

2.2.5 赋值运算符和赋值表达式

1. 赋值运算符

C语言提供了一个基本赋值运算符和10个复合赋值运算符。

• 基本赋值运算符：＝。

• 复合赋值运算符：＋＝，－＝，＊＝，/＝，％＝，&＝，|＝，^＝，<<＝，>>＝。

赋值运算符都是双目运算符，可以实现对变量的赋值运算。

2. 赋值表达式

（1）基本赋值表达式

基本赋值表达式的一般形式为

变量名＝表达式

其求解过程是：先计算赋值运算符右侧表达式的值，然后将其赋给赋值运算符左侧的变量。

（2）复合赋值表达式

复合赋值表达式的一般形式为

变量名 op＝表达式

其中，$op \in \{+,-,*,/,\%,\&,|,^,<<,>>\}$，其含义为：变量名＝变量名 op(表达式)，表示将变量和表达式进行指定的 op 运算，然后将结果赋给变量。

如

$x*=y+8$ 等价于 $x=x*(y+8)$

赋值表达式的值就是被赋值的变量的值，赋值表达式的值的类型就是被赋值的变量的类型。若赋值运算符右侧表达式值的类型与赋值运算符左侧变量的类型不一致，则 C 语言编译系统会自动将赋值运算符右侧表达式的值转换成左侧变量的类型，然后赋值给变量。

例如：设有定义 int a;，则表达式 a＝2*3.4 的类型为整型，其值为 6。

3. 优先级

赋值运算符的优先级相同，它比除逗号运算符以外的其他运算符的优先级都低。

例如：设有定义 int f;，则 f＝2＋3&&4>!2 等价于 f＝((2＋3)&&(4>(!2)))。

4. 结合方向

赋值运算符的结合方向都是右结合,例如:

a=b=c=10　等价于　a=(b=(c=10))

a+=a-=a＊a　等价于　a+=(a-=a＊a)

设有定义 int a=12;,则根据运算符的优先级和结合方向,表达式 a+=a-=a＊a 的求解步骤是:先计算表达式 a-=a＊a,它相当于 a=a-(a＊a),由此可得 a=-132,即变量 a 的值是-132。由于表达式 a-=a＊a 的值就是变量 a 的值,所以表达式 a-=a＊a 的值是-132。然后计算表达式 a+=-132,它相当于 a=a-132,由此可得 a=-264,即变量 a 的值是-264。由于表达式 a=a-132 的值就是变量 a 的值,所以表达式 a=a-132 的值是-264,即表达式 a+=a-=a＊a 的值是-264。

【例 2.9】 赋值运算符应用举例。

```
#include "stdio.h"
void main()
{ int a,b,c;
  float f;
  printf("%d,%d,%d,%d\n",a,b,c,a=b=c=10);      /＊输出:10,10,10,10＊/
  printf("%d,%d,%d,%d\n",a,b,c,a=(c=3)+(b=7)); /＊输出:10,7,3,10＊/
  printf("%d,%.1f,%d\n",a,f,a=f=3/2);          /＊输出:1,1.0,1＊/
  printf("%d,%.1f,%.1f\n",a,f,f=a=3.0/2);      /＊输出:1,1.0,1.0＊/
  a=4;  printf("%d,%d\n",a,a+=++a);            /＊输出:10,10＊/
  a=12; printf("%d,%d\n",a,a+=a-=a＊a);        /＊输出:-264,-264＊/
}
```

运行结果分析:

a=b=c=10 等价于 a=(b=(c=10)),a、b、c 的值均为 10,表达式的值为 10。在 VC++ 环境中,由于函数参数的传递顺序为自右向左,所以传递完"a=b=c=10"这个参数后,a、b、c 的值均为 10,下同。

对于表达式 a=(c=3)+(b=7),先求解 c,再求解 b,最后求解 a。表达式 c=3 的值为 3,表达式 b=7 的值为 7,所以 a 值为 10,即表达式的值为 10。

a=f=3/2 等价于 a=(f=3/2),3/2 的值为 1,f 的值为 1.0,a 的值为 1,即表达式的值为 1。

f=a=3.0/2 等价于 f=(a=3.0/2),3.0/2 的值为 1.5,a 的值为 1,f 的值为 1.0,即表达式的值为 1.0。

a+=++a 等价于 a=a+(++a),a 的值为 10,即表达式的值为 10。

a+=a-=a＊a 等价于 a=(a+(a=(a-a＊a))),a 的值为-264,即表达式的值为-264。

注意:赋值表达式中的赋值运算符的左侧必须是变量,不能是常量和表达式,如 x+y=10 和 6=a+b 都是错误的。另外,自加自减运算的实质是赋值运算,这就是为什么自加自减运算只能用于变量,而不能用于常量和表达式的原因。

2.2.6 逗号运算符和逗号表达式

C 语言提供了一个特殊的运算符,即逗号运算符",",逗号运算符是双目运算符,其优先级是 C 语言的所有运算符中最低的,结合方向为左结合。逗号表达式是一系列由逗号隔开的表达式组成,一般形式为

表达式 **1**,表达式 **2**[,表达式 **3**,…,表达式 **n**]

其中,方括号内的内容为可选项,表达式 i(1≤i≤n)的类型任意。

逗号表达式的求解过程是:从左向右依次计算每个表达式的值。逗号表达式的值就是"表达式 n"的值,逗号表达式的值的类型就是"表达式 n"的值的类型。

【例 2.10】 逗号表达式求解过程举例。

```
#include "stdio.h"
void main()
{ int a,x;
  printf("%d %d %d\n",a,x,(x=a=3,++a,a+=4,a>5)); /*输出:8 3 1*/
  printf("%d %d %d\n",a,x,x=(a=3,++a,a+=4,a>5)); /*输出:8 1 1*/
}
```

运行结果分析:

表达式 x=a=3,++a,a+=4,a>5 是逗号表达式,其求解过程如下。

先求解 x=a=3,得 a 的值为 3,x 的值为 3;然后求解++a,得 a 的值为 4;再求解 a+=4,得 a 的值为 8;最后求解 a>5,得 1;整个逗号表达式的值为 1。

表达式 x=(a=3,++a,a+=4,a>5)是赋值表达式,其求解过程如下。

先求解逗号表达式 a=3,++a,a+=4,a>5,由逗号表达式的求解过程得 a 的值为 8,逗号表达式的值为 1,所以 x 的值为 1,整个赋值表达式的值为 1。

注意:在程序中,并不是所有逗号都是逗号运算符,如定义变量时变量名之间的逗号和函数参数之间的逗号都不是逗号运算符,而是分隔符。另外,在许多情况下,使用逗号表达式的目的并非一定是想得到和使用整个赋值表达式的值,而是想分别得到各个表达式的值。逗号表达式常用于 for 循环语句,详见 3.2 节。

2.2.7 条件运算符和条件表达式

1. 条件运算符

C 语言提供了一个条件运算符(?:),它是 C 语言独有的运算符,并且是 C 语言中唯一的一个三目运算符。

2. 条件表达式

条件表达式的一般形式为

表达式 **1**?表达式 **2**:表达式 **3**

其中,表达式 i (1≤i≤3)的类型任意,表达式 1 一般为关系表达式或逻辑表达式,表达式 2 和表达式 3 一般为同类型表达式。

条件表达式的求解过程是：先求解表达式 1,若表达式 1 的值不为 0,则求解表达式 2,表达式 2 的值就是条件表达式的值;若表达式 1 的值为 0,则求解表达式 3,表达式 3 的值就是条件表达式的值,整个求解过程见图 2.4。

例如：

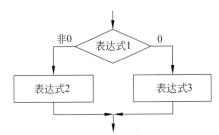

图 2.4　条件表达式求解过程

```
3>2?3+2:3*2            该表达式的值为 5
'a'>'b'?3!=0:7==8       该表达式的值为 0
```

条件表达式中的三个表达式值的类型可以不同,条件表达式值的类型取表达式 2 值的类型和表达式 3 值的类型中的精度较高者。

例如：条件表达式 3＞2?1:1.5 的值为 1.0,则其类型为双精度实型。

3. 优先级

条件运算符的优先级高于赋值运算符,但低于逻辑运算符,例如：

```
3>2?3+2:3*2 等价于 (3>2)?(3+2):(3*2)
'a'>'b'?3!=0:7==8 等价于 ('a'>'b')?(3!=0):(7==8)
```

4. 结合方向

条件运算符的结合方向为右结合,例如：

```
10<9?1:6>7?2:3 等价于 10<9?1:(6>7?2:3)        /* 表达式的值为 3 */
```

注意：条件表达式中的表达式 2 和表达式 3 只有一个被求解。

【例 2.11】 条件运算符应用举例。

```
#include "stdio.h"
void main()
{ int a=1,b=2,c=3,d=4,m,n,e;
  m=1; n=1;
  printf("m=%d n=%d e=%d\n",m,n,(a+d==b+c)?(m=a>b):(n=c>d));   /* m=0 n=1 e=0 */
  m=1; n=1;
  printf("m=%d n=%d e=%d\n",m,n,(a+d!=b+c)?(m=a>b):(n=c>d));   /* m=1 n=0 e=0 */
}
```

运行结果分析：

(a+d==b+c)?(m=a>b):(n=c>d)是条件表达式,其求解过程为：先求解表达式(a+d==b+c),其值为真,然后求解表达式(m=a>b),得 m 的值为 0,整个条件表达式的值为 0;表达式(n=c>d)没有被求解,n 的值仍然为 1。

(a+d!=b+c)?(m=a>b):(n=c>d)是条件表达式,其求解过程为：先求解表达式(a+d!=b+c),其值为假,然后求解表达式(n=c>d),得 n 的值为 0,整个条件表达式的值为 0;表达式(m=a>b)没有被求解,m 的值仍然为 1。

2.2.8 求字节数运算符

C 语言提供的求字节数运算符是 sizeof,它是一个单目运算符,其优先级高于双目算术运算符,该运算符的格式为

sizeof(类型标识符)

或

sizeof 表达式

求字节数运算符用来求任何类型的变量或表达式的值在内存中占用的字节数,其值是一个整型数。

使用该运算符可以验证各种类型的变量和表达式的值在内存中占用的字节数。

【例 2.12】 求字节数运算符应用举例。

```
#include "stdio.h"
void main()
{ char c; int i;
  float f; double d;
  printf("%d\n",sizeof(char));                /*输出:1*/
  printf("%d\n",sizeof(c));                   /*输出:1*/
  printf("%d\n",sizeof(int));                 /*输出:4*/
  printf("%d\n",sizeof(i));                   /*输出:4*/
  printf("%d\n",sizeof(float));               /*输出:4*/
  printf("%d\n",sizeof(f));                   /*输出:4*/
  printf("%d\n",sizeof(double));              /*输出:8*/
  printf("%d\n",sizeof(d));                   /*输出:8*/
  printf("%d\n",sizeof('a'));                 /*输出:4*/
  printf("%d\n",sizeof(10));                  /*输出:4*/
  printf("%d\n",sizeof(1.0));                 /*输出:8*/
  printf("%d\n",sizeof(3.14+18/4+'a'));       /*输出:8*/
  printf("%d\n",sizeof(3>2>1));               /*输出:4*/
  printf("%d\n",sizeof(5>2&&2||8<4-!0+!7));   /*输出:4*/
  printf("%d\n",sizeof(023^032));             /*输出:4*/
  printf("%d\n",sizeof(f=3/2));               /*输出:4*/
  printf("%d\n",sizeof((c='a',i=4,f=3.14)));  /*输出:4*/
  printf("%d\n",sizeof(3>2?1.5:1));           /*输出:8*/
}
```

运行结果分析:

在 VC++ 环境中,一个整型变量在内存占 4 字节,整型常量在内存中以基本型的形式存储,所以 sizeof(int)、sizeof(i) 和 sizeof(10) 的值都为 4。

系统自动将'a'转换成整型(97),所以 sizeof('a') 的值是 4。

实型常量在内存中以双精度形式存储,所以 sizeof(1.0) 和 sizeof(3.14+18/4+'a'))

的值都为 8。

关系表达式值、逻辑表达式值和位运算结果的数据类型都为整型,所以 sizeof(3＞2＞1)、sizeof(5＞2&&2||8＜4－!0＋!7))和 sizeof(023~032)的值都为 4。

逗号表达式的值的类型由最后一个表达式的值的类型决定,f＝3.14 的类型是单精度实型,所以 sizeof((c='a',i＝4,f＝3.14))的值为 4。

条件表达式的值的类型取表达式 2 的值的类型和表达式 3 的值的类型中的精度较高者,所以 sizeof(3＞2?1.5:1)的值为 8。

2.2.9　指针运算符

指针是一种数据类型,C 语言提供了两个指针专门运算符:

- & 　取地址运算符;
- * 　间接访问运算符。

这两个运算符都是单目运算符。运算符“&”的运算对象必须是变量,其功能是返回这个运算对象的地址。运算符“*”的运算对象必须是地址,其功能是访问这个地址中的内容。这两个运算符互为逆运算,它们的优先级相同,均高于双目算术运算符;结合方向为右结合,例如

```
int a=10, * p;
```

&a 表示变量 a 的地址,若有赋值语句

```
p=&a;
```

则 a、* p 和 * &a 等价,其值都为 10。

2.3　基本输入/输出函数

C 语言本身并不提供数据输入/输出语句,输入/输出操作都是由函数实现的。C 语言的标准库函数中提供了一些输入/输出函数,这些函数都是针对系统隐含指定的输入/输出设备(如键盘是输入设备,显示器是输出设备)而言的。本节将介绍其中两组最基本的输入/输出函数:字符输入/输出函数 getchar()和 putchar()以及格式输入/输出函数 scanf()和 printf()。

使用输入/输出函数时,在源程序中须有文件包含 ♯ include "stdio.h"或 ♯ include ＜stdio.h＞。有关文件包含详见 3.3 节。

2.3.1　字符输出函数

一般调用格式为

putchar(参数)

其中,参数可以是任意类型表达式,一般为算术表达式。

功能:向显示器输出一个字符。

　　返回值：如果输出成功,则返回值就是输出的字符,否则返回 EOF(−1)。
　　例如：

```
putchar('a')              / * 输出字符 a * /
putchar(65)               / * 输出 ASCII 码为 65 的字符 A * /
putchar('a'+2)            / * 输出字符 c * /
putchar('\n')             / * 输出一个换行符 * /
```

说明：

　　(1) putchar()函数有且只有一个参数,即调用一次只能输出一个字符。

　　(2) putchar()函数可以输出转义字符。

【例 2.13】 字符输出函数应用举例。

```
# include "stdio.h"
void main()
{ char a,b,c;
  a='o';b='u';c='t';
  putchar(a); putchar(b);
  putchar(c); putchar('\n');
  putchar(65);putchar('\t');
  putchar('B');putchar(a-10);
}
```

【运行结果】

```
out
A□□□□□□□Be(□代表空格)
```

2.3.2　字符输入函数

　　一般调用格式为

```
getchar()
```

　　功能：从键盘读入一个字符。

　　返回值：如果读入成功,则返回值就是读入的字符,否则返回 EOF(−1)。

　　说明：

　　(1) 从键盘上输入的字符不能带有单引号,输入以按 Enter 键结束;

　　(2) 调用一次只能接收一个字符,即使从键盘上输入多个字符,也只接收第一个;空格和转义字符都作为有效字符接收;

　　(3) 接收的字符可以赋给字符型变量或整型变量,也可以不赋给任何变量,而是作为表达式的一部分;

　　(4) 函数 getchar()是无参函数。

　　【例 2.14】 字符输入函数应用举例。

```
# include "stdio.h"
void main()
```

```
{ char ch1,ch2,ch3;
  ch1=getchar();
  ch2=getchar();
  ch3=getchar();
  putchar(ch1);
  putchar(ch2);
  putchar(ch3);
}
```

运行时,若从键盘上输入:

C↙G↙(↙代表按 Enter 键),则第一个 getchar()接收的是 C,第二个 getchar()接收的是 Enter,第三个 getchar()接收的是 G,输出结果为

```
C(输出 ch1 的值)
G(输出 ch3 的值)
```

输出结果之所以是两行,是因为在它们中间输出了一个换行,即 putchar(ch2)的输出结果。

对于 getchar()函数,C 语言中还有两个重要的变形函数 getche()和 getch(),它们的区别是:

(1) getchar()从键盘上读入一个字符,屏幕显示该字符,需要按 Enter 键结束输入;

(2) getche()从键盘上读入一个字符,屏幕显示该字符,不需要按 Enter 键结束输入;

(3) getch()从键盘上读入一个字符,屏幕不显示该字符,不需要按 Enter 键结束输入。

下面的程序可以对三个函数的区别进行验证。

【例 2.15】　验证函数 getchar()、getche()和 getch()的区别。

```
#include "stdio.h"
#include "conio.h"              /*VC++中的 getche()和 getch()在头文件 conio.h 中*/
void main()
{ char ch;
  putchar(getchar());          /*等价于 ch=getchar();putchar(ch);*/
  getchar();                   /*读出键盘缓冲区中的回车*/
  ch=getche();
  putchar(ch);
  putchar(getch());            /*等价于 ch=getch();putchar(ch);*/
}
```

2.3.3　格式输出函数

一般调用格式为

printf("格式控制字符串"[,输出表列])

功能:按指定格式输出"输出表列"中各个表达式的值。

返回值:输出成功,返回输出字节数;否则返回 EOF(−1)。

输出表列：要输出的数据,可以没有。当有两个或两个以上输出项时,要用逗号分隔,输出表列中的输出项为表达式(常量和变量是特殊的表达式)。

格式控制字符串：由普通字符和格式说明符两部分组成。普通字符即需要原样输出的字符,包括转义字符;格式说明符以"％"开始,以一个格式字符结束,中间可以插入附加格式说明符,作用是将输出的数据转换为指定的格式输出,其一般形式为

％[附加格式说明符]格式字符

printf()函数的格式字符和常用的附加格式说明符分别见表 2.8 和表 2.9。

表 2.8　printf()函数格式字符

格式字符	说　　　明
d、i	按十进制带符号形式输出整数(正数前无＋号,负数前有－号)
o	按八进制无符号形式输出整数(无前导 0)
x、X	按十六进制无符号形式输出整数(无前导 0x),其中,X 表示按大写字母输出十六进制数
u	按无符号十进制形式输出整数
c	按字符形式输出一个字符
s	输出字符串
f	按小数形式输出单精度实数,默认 6 位小数
e、E	按标准指数形式输出单精度实数,隐含 6 位小数,共 13 位,其中,E 表示按大写字母 E 的格式输出实数
g	按％f 和％e 格式中输出宽度较小者输出(不输出无意义的 0)

表 2.9　printf()函数常用的附加格式说明符

附加格式说明符	说　　　明
l	在 d、i、o、x、X、u 前,指定输出精度为 long 型
	在 f、e、E、g 前,指定输出精度为 double 型
h(只能用于短整型)	在 d、i、o、x、X、u 前,指定输出精度为 short 型
m(代表一个整数)	按宽度 m 输出,若 m＞数据长度,则左补空格,否则按实际位数输出
－m(代表一个整数)	按宽度 m 输出,若 m＞数据长度,则右补空格,否则按实际位数输出
.n(代表一个整数)	在 f 前,指定输出 n 位小数
	在 e 或 E 前,指定输出 n 位小数
	在 s 前,指定截取字符串前 n 个字符
♯	在八进制数或十六进制数前显示前导 0 或 0x

在 VC++环境中,按％f 格式输出实型数据时,整数部分全部输出,小数部分保留 6 位;按％e 格式输出实型数据时,输出占 13 位,其中,整数部分占 1 位,小数部分占 6 位,

指数部分占 5 位,小数点占 1 位,如

```
printf("%f\n",123.4);                     /* 输出结果为: 123.400000 */
printf("%e\n",123.4);                     /* 输出结果为: 1.234000e+002 */
printf("%g\n",123.4);                     /* 输出结果为: 123.4 */
```

【例 2.16】　格式输出函数应用举例。

```
#include "stdio.h"
void main()
{ char ch='A'; int a=1234;
  float b=123.4562222;
  printf("ch=%c\n",ch);                   /* 输出: ch=A */
  printf("ch=%3c\n",ch);                  /* 输出: ch=□□A */
  printf("a=%6d\n",a);                    /* 输出: a=□□1234 */
  printf("a=%2d\n",a);                    /* 输出: a=1234 */
  printf("a=%#o\n",a);                    /* 输出: a=02322 */
  printf("a=%#x\n",a);                    /* 输出: a=0x4d2 */
  printf("b=%f\n",b);                     /* 输出: b=123.456223 */
  printf("b=%8.2lf\n",b);                 /* 输出: b=□□123.46 */
  printf("b=%-8.2f\n",b);                 /* 输出: b=123.46□□ */
  printf("b=%.2f\n",b);                   /* 输出: b=123.46 */
  printf("b=%e\n",b);                     /* 输出: b=1.234562e+002 */
  printf("b=%8.2e\n",b);                  /* 输出: b=1.23e+002 */
  printf("b=%-8.2le\n",b);                /* 输出: b=1.23e+002 */
  printf("b=%.2e\n",b);                   /* 输出: b=1.23e+002 */
  printf("str=%s\n","china");             /* 输出: str=china */
  printf("str=%8.3s\n","china");          /* 输出: str=□□□□□chi */
  printf("str=%-6.3s\n","china");         /* 输出: str=chi□□□ */
  printf("str=%.6s\n","china");           /* 输出: str=china */
}
```

说明:

(1)格式字符一定要小写(e、x 除外),否则将不被认为是格式字符,而是作为普通字符处理,如

```
printf("%D",123);                /* 输出结果: D */
```

(2)格式说明与输出项从左向右一一对应,两者的个数可以不相同,若输出项个数多于格式说明个数,则输出项右边多出的部分不被输出;若格式说明个数多于输出项个数,则格式控制字符串中右边多出的格式说明部分将输出与其类型对应的随机值,如

```
printf("%d  %d",1,2,3);          /* 输出结果:1  2 */
printf("%d  %d  %d",1,2);        /* 输出结果:1  2  不确定值 */
```

(3)格式控制字符串可以分解成几个格式控制字符串,如

```
printf("%d%d\n",1,2);  等价于  printf("%d""%d""\n",1,2);
```

(4)在格式控制字符串中,两个连续的％只输出一个％,如

```
printf("%f%%",1.0/6);                    /* 输出结果: 0.166667% */
```

(5)格式说明与输出的数据类型要匹配,否则得到的输出结果可能是不正确的。

【例 2.17】 格式说明与输出项的对应问题。

```
#include "stdio.h"
void main()
{ short int a=-1,b=10;
  float c=3.14;
  printf("a=%hd\n",a);                    /* 输出: a=-1 */
  printf("a=%hu\n",a);                    /* 输出: a=65535 */
  printf("a=%ho\n",a);                    /* 输出: a=177777 */
  printf("a=%hx\n",a);                    /* 输出: a=ffff */
  printf("b=%hd c=%.2f\n",b,c);           /* 输出: b=10 c=3.14 */
}
```

2.3.4 格式输入函数

一般调用格式为

scanf("格式控制字符串",地址表列)

功能:按指定的格式从键盘读入数据,并存入地址表列指定的内存单元中。

返回值:返回输入数据的个数。

地址表列:由若干个地址组成的表列,可以是变量的地址或其他地址形式。C 语言中变量的地址通过取地址运算符"&"得到,表示形式为:& 变量名。如变量 a 的地址为 &a。

格式控制字符串:同 printf()函数类似,由普通字符和格式说明符组成。普通字符即需要原样输入的字符,包括转义字符。格式说明符与 printf()函数相似。scanf()函数格式字符和常用的附加格式说明符分别见表 2.10 和表 2.11。

表 2.10 scanf()函数格式字符

格 式 字 符	说　　明
d、D、i、I	按十进制带符号形式输入整数
u、U	按十进制无符号形式输入整数
o、O	按八进制无符号形式输入整数
x、X	按十六进制无符号形式输入整数
c	按字符形式输入单个字符
s	输入字符串,以非空格开始,字符串尾部自动加'\0'
f	按小数形式输入单精度型实数
e、E	按标准指数形式输入单精度型实数

表 2.11   scanf()函数常用的附加格式说明符

附加格式字符	说 明
h	在 d、D、i、I、u、U、o、O、x、X 前,指定输入为 short 型整数
l	在 d、D、i、I、u、U、o、O、x、X 前,指定输入为 long 型整数
	在 f、e、E 前,指定输入为 double 型实数
m(代表一个整数)	指定输入数据所占宽度(列数)
*	表示输入项在读入后不赋给相应的变量

【例 2.18】 格式输入函数应用举例。

```
#include "stdio.h"
void main()
{ char ch1,ch2,ch3;
  int a,b;
  unsigned c;
  double x,y;
  scanf("%c%c%c",&ch1,&ch2,&ch3);        /* 输入: A□↙ */
  printf("%c%c%d\n",ch1+32,ch2,ch3);     /* 输出: a□10(换行的 ASCII 码值为 10) */
  scanf("a=%d,b=%d",&a,&b);              /* 输入: a=3,b=4↙ */
  printf("a+b=%d a*b=%d\n",a+b,a*b);     /* 输出: a+b=7 a*b=12 */
  scanf("%ld",&c);                       /* 输入: 65535↙ */
  printf("c=%#x\n",c);                   /* 输出: c=0xffff */
  scanf("%lf,%lf",&x,&y);                /* 输入: 3.14,8.9↙ */
  printf("%lf\n",x>y?x:y);               /* 输出: 8.900000 */
  scanf("%d%c%lf",&a,&ch1,&x);           /* 输入: 1234w12.234 */
  printf("a=%d ch1=%c x=%.2lf\n",a,ch1,x); /* 输出: a=1234 ch1=w x=12.00 */
}
```

说明:

(1) 格式控制字符串中的普通字符必须原样输入,如例 2.18 中的语句

```
scanf("a=%d,b=%d",&a,&b);
```

输入时应用如下形式

a=3,b=4↙

(2) 地址表列中的每一项必须为地址,如例 2.18 中的语句

```
scanf("a=%d,b=%d",&a,&b);
```

不能写成

```
scanf("a=%d,b=%d",a,b);
```

虽然在编译时不会出错,但是得不到正确的输入。

（3）在使用%c 格式输入字符时,空格和转义字符都作为有效字符输入,如例 2.18 中的语句

```
scanf("%c%c%c",&ch1,&ch2,&ch3);          /*输入: A□↙*/
```

将字符 A 送给变量 ch1,空格送给变量 ch2,回车送给变量 ch3。

（4）输入数据时不能指定精度,如例 2.18 中的语句

```
scanf("%lf,%lf",&x,&y);
```

不能写成

```
scanf("%8.3lf,%.4lf",&x,&y);
```

（5）输入数据时,遇到空格符、回车符、跳格符（Tab）、位宽或非法输入时结束,如例 2.18中的语句

```
scanf("%d%c%lf",&a,&ch1,&x);          /*输入: 1234w12h.234*/
```

变量 a 的值为 1234,变量 ch1 的值为 w,变量 x 的值为 12.00。

由于遇到空格符时数据输入结束,所以用 scanf()函数不能输入含有空格的字符串。

（6）在格式控制字符串中尽量不写普通字符,更不要写转义字符,以免给输入数据造成不必要的麻烦。

2.7　程序举例

【例 2.19】 阅读程序,写出运行结果。

```
#include "stdio.h"
void main()
{ int x=1,y=2,z=3;
  x=y++<=x||x+y!=z;
  printf("%d,%d\n",x,y);
}
```

【运行结果】

```
1, 3
```

【例 2.20】 阅读程序,写出运行结果。

```
#include "stdio.h"
void main()
{ int a,b,c=1;
  int x=5,y=10;
  a=(--y==x++)?-y:++x;
  b=y++;
  c+=x+y;
```

```
        printf("a=%d,b=%d,c=%d\n",a,b,c);
}
```

【运行结果】

a=7,b=9,c=18

【例 2.21】　阅读程序,写出运行结果。

```
#include "stdio.h"
void main()
{ int a=1,b=2;
  b=a-b;
  a=a-b;
  b=a+b;
  printf("a=%d,b=%d\n",a,b);
}
```

【运行结果】

a=2,b=1

【例 2.22】　阅读程序,写出运行结果。

```
#include "stdio.h"
void main()
{ unsigned char a=65,b=32,c;
  a=a^b;
  c=(b^a)>>2;
  printf("c=%d\n",c);
}
```

【运行结果】

c=16

【例 2.23】　阅读程序,写出运行结果。

```
#include<stdio.h>
void main()
{ int a=0,b=0,c=0;
  ++a&&b++&&++c;
  printf("%d,%d,%d\n",a,b,c);
  a+=b*=c%=a+b;
  printf("%d,%d,%d\n",a,b,c);
}
```

【运行结果】

1,1,0

1,0,0

【例 2.24】 用指针变量把从键盘输入的任意三个整型数按从小到大的顺序输出。

```c
#include "stdio.h"
void main()
{ int a,b,c,* pa=&a,* pb=&b,* pc=&c,* p;    /* 定义整型变量和整型指针变量 */
  scanf("%d%d%d",pa,pb,pc);                 /* 用指针变量接收输入数据 */
  if(* pa>* pb)              /* 比较 pa 和 pb 指向的数,使 pa 指向小数,pb 指向大数 */
    p=pa,pa=pb,pb=p;         /* 这里使用的是逗号表达式 */
  if(* pa>* pc)              /* 比较 pa 和 pc 指向的数,使 pa 指向小数,pc 指向大数 */
    p=pa,pa=pc,pc=p;         /* 至此,pa 指向的数是 3 个数中的最小数 */
  if(* pb>* pc)              /* 比较 pb 和 pc 指向的数,使 pb 指向小数,pc 指向大数 */
    p=pb,pb=pc,pc=p;         /* 至此,pc 指向的数是 3 个数中的最大数 */
  printf("%-5d%-5d%-5d\n",* pa,* pb,* pc);    /* 按由小到大的顺序输出 3 个数 */
}
```

【运行结果】

4 3 5 ↙
3   4   5

习　　题

1. 单项选择题

(1) 下列选项中,合法的 C 语言用户标识符是(　　　)。

　　① if　　　　　　② 1_ab　　　　　　③ ♯ab　　　　　　④ CHAR

(2) C 语言中,合法的长整型常量是(　　　)。

　　① 0L　　　　　　② 'a'　　　　　　③ 0.012345　　　　　　④ 2.134e12

(3) 字符串常量"ab\\c\td\376"的长度是(　　　)。

　　① 7　　　　　　② 12　　　　　　③ 8　　　　　　④ 14

(4) 设 m,n,a,b,c,d 的值均为 0,执行(m＝a＝＝b)||(n＝c＝＝d)后,m、n 的值是(　　　)。

　　① 0,0　　　　　　② 0,1　　　　　　③ 1,0　　　　　　④ 1,1

(5) 设有定义:int a＝5,b;,则下列表达式中值不为 2 的是(　　　)。

　　① b＝a/2　　② b＝6－(－－a)　　③ b＝a%2　　④ b＝a>3?2:4

(6) 下列运算符中,优先级最高的是(　　　)。

　　① <=　　　　　　② =　　　　　　③ %　　　　　　④ & &

(7) 设有定义:int x,a,b;,则执行完语句 x＝(a＝3,b＝a－－);后,x,a,b 的值依次是(　　　)。

　　① 3,3,2　　　　　② 3,2,2　　　　　③ 3,2,3　　　　　④ 2,3,2

(8) 设有定义:char ch='A';,则表达式 ch＝(ch>='A'& & ch<='C')?(ch＋32):ch

的值是(　　)。

　　　　① A　　　　　　　　② a　　　　　　　　③ Z　　　　　　　　④ z

　　(9) 设有定义：int a＝3,b＝4,＊c＝&a;,则下列表达式中值为 0 的是(　　)。

　　　　① a－＊c　　　　　② a－＊b　　　　　③ b－a　　　　　　④ ＊b－＊a

　　(10) 若有定义：int a,b,c;,在下列表达式中,合法的 C 语言赋值表达式是(　　)。

　　　　① a＝7＋b＝c＝7　　　　　　　　② a＝b＋＋＝c＝7

　　　　③ a＝(b＝7,c＝12)　　　　　　④ a＝3,b＝a＋5,c＝b－2

　　(11) 设有定义：char a＝3,b＝6,c;,则执行语句 c＝(a^b)<<2;后,c 的值
为(　　)。

　　　　① 034　　　　　　② 07　　　　　　　③ 01　　　　　　　④ 024

　　(12) 若有定义：float x＝1,＊y＝&x;,则执行完语句 ＊y＝x＋3/2;后,x 的值
为(　　)。

　　　　① 1　　　　　　　② 2　　　　　　　③ 2.0　　　　　　　④ 2.5

　　(13) 设有定义：int a＝3,b＝4;,语句 printf("%d,%d",(a,b),(b,a));的输出结果
是(　　)。

　　　　① 3,4　　　　　　② 4,3　　　　　　③ 3,3　　　　　　　④ 4,4

　　(14) 用语句 scanf("x＝%f,y＝%f",&x,&y);使 x,y 的值均为 1.25,正确的输入
是(　　)。

　　　　① 1.25,1.25　　　　　　　　　② 1.25□1.25

　　　　③ x＝1.25,y＝1.25　　　　　　④ x＝1.25□y＝1.25

　　(15) 若 a 是数值型,则逻辑表达式(a＝＝1)||(a!＝1)的值是(　　)。

　　　　① 1　　　　　　　② 0　　　　　　　③ 2　　　　　　　　④ 不确定的

　　(16) 下列程序中,语句"getchar();"的作用是(　　)。

```
#include "stdio.h"
void main()
{ int x;char c;
  scanf("%d",&x);
  getchar();
  scanf("%c",&c);
  printf("%d%c",x,c);
}
```

　　　　① 清除键盘缓冲区中的多余字符

　　　　② 接收一个字符,以便后续程序使用

　　　　③ 为后续的格式输出做转换

　　　　④ 无任何实际用处

　　(17) 下列语句中错误的是(　　)。

　　　　① x＝sizeof int;

　　　　② x＝sizeof 3.14;

③ printf("%d",a+1,++b,c+=1);

④ printf("%d",x--,--x);

(18) 表达式 (int)3.6 * 3 的值为(   )。

　　① 9　　　　　　② 10　　　　　　③ 10.8　　　　④ 18

(19) 若有以下定义和赋值:int i=1,j=0,p=&i,q=&j;,则下列叙述中错误的是(   )。

　　① *p= *q;等同于 i=j;

　　② *p= *q;是把 q 所指变量中的值赋给 p 所指的变量

　　③ *p= *q;将改变 p 的值

　　④ *p= *q;将改变 i 的值

(20)以下关于 C 语言的叙述中正确的是(   )。

　　① C 语言中的注释不可以夹在变量名或关键字的中间

　　② C 语言中的变量可以在使用之前的任何位置定义

　　③ 在 C 语言算术表达式的书写中,运算符两侧的操作数类型必须一致

　　④ C 语言的数值常量中夹带空格不会影响常量值的正确表示

2. 程序填空题(在下列程序中的＿＿＿＿＿处填上正确的内容,使程序完整)

(1) 下列程序的功能是交换变量 x 和 y 的值。

```c
#include <stdio.h>
void main()
{ int x=10,y=20;
  x+=y;
  y=x-y;
  _____;
  printf("\n%d,%d",x,y);
}
```

(2) 下列程序的功能是取出一个短整型数 x 的低字节的高 4 位数。

```c
#include <stdio.h>
void main()
{ short int x,y;
  scanf("%hd",&x);
  y=_____;
  printf("%hd\n",y);
}
```

(3) 下列程序的功能是将值为三位正整数的变量 x 的数值按照个位、十位、百位的顺序拆分并输出。

```c
#include <stdio.h>
void main()
{ int x=123;
```

```
    printf("%d,%d,%d\n",_____,x/10%10,x/100);
}
```

（4）下列程序的功能是输出一个单精度实型数的绝对值。

```
#include <stdio.h>
void main()
{ float x,y;
    scanf("%f",&x);
    y=_____;
    printf("%f\n",y);
}
```

（5）下列程序的功能是把从键盘上输入的字符输出。

```
_____
void main()
{ char ch;
    ch=getchar();
    printf("%c\n",ch);
}
```

3. 程序改错题（下列每段程序中各有一个错误，请找出并改正）

（1）

```
#include <stdio.h>
void main()
{ int a,b;
    float x,y,z;
    scanf("%f%f%f",&x,&y,&z);
    a=b=x+y+z;
    c=a+b;
    printf("%d,%d,%d\n",a,b,c);
}
```

（2）

```
#include <stdio.h>
void main()
{ int a=b=10;
    a+=b+5;
    b*=a+=10;
    printf("%d,%d\n",a,b);
}
```

（3）下列程序的功能是输入一个有两位小数的单精度实型数，然后输出其整数部分。

```
#include <stdio.h>
```

```
void main()
{ float x;
  long y;
  scanf("%.2f",&x);
  y=x*100/100;
  printf("%ld\n",y);
}
```

(4) 下列程序的功能是输入一个英文字符,然后输出其 ASCII 码值。

```
#include <stdio.h>
void main()
{ char ch;
  scanf("%c",ch);
  printf("%d\n",ch);
}
```

(5) 下列程序的功能是输入变量 x 的值,然后输出 2x+10 的值。

```
#include <stdio.h>
void main()
{ float x,y;
  scanf("%f",&x);
  y=2x+10;
  printf("%f\n",y);
}
```

4. 程序分析题

(1)写出下列程序的运行结果。

```
#include <stdio.h>
void main()
{ int x=3,y=3,z=1;
  printf("%d    %d\n",(++x,y++),z+2);
}
```

(2)写出下列程序的运行结果。

```
#include <stdio.h>
void main()
{ int a=1,b=0;
  printf("%d, ",b=a+b);
  printf("%d\n",a=2+b);
}
```

(3)写出下列程序的运行结果。

```
#include<stdio.h>
```

```
void main()
{ char A1,A2;
  A1='A'+'8'-'4';
  A2='A'+'8'-'5';
  printf("%c,%d\n",A1,A2);
}
```

(4) 写出下列程序的运行结果。

```
#include<stdio.h>
void main()
{ int m=1,n=2,*p=&m,*q=&n,*r;
  r=p;p=q;q=r;
  printf("%d,%d,%d,%d\n",m,n,*p,*q);
}
```

(5) 写出下列程序的运行结果。

```
#include <stdio.h>
void main()
{ int x=20;
  printf("%d   ",0<x<20);
  printf("%d\n",0<x&&x<20);
}
```

(6) 写出下列程序的运行结果。

```
#include <stdio.h>
void main()
{ char a,b,c,d;
  scanf("%c%c",&a,&b);        /*输入: 12↙34↙ */
  c=getchar();
  d=getchar();
  printf("%c%c%c%c\n",a,b,c,d);
}
```

(7) 写出下列程序的运行结果。

```
#include <stdio.h>
void main()
{ int a=1,b=1,c=1;
  b=b+c;
  a=a+b;
  printf("%d,",a<b?b:a);
  printf("%d,",a<b?a++:b++);
  printf("%d,%d",a,b);
}
```

（8）写出下列程序的运行结果。

```
#include <stdio.h>
void main()
{ int a=2,b=2,c=2;
  printf("%d\n",a/b&c);
}
```

（9）写出下列程序的运行结果。

```
#include <stdio.h>
void main()
{ int x=10,y=20, * p=&x, * q=&y;
  * p * =5, * q%= * p+50;
  printf("%d,%d\n",x,y);
}
```

（10）写出下列程序的运行结果。

```
#include <stdio.h>
void main()
{ char c1='t',c2='b',c3='\101',c4='\116';
  printf("\r123\t456%c\r456\b7\n",c1);
  printf("%c\\%c\r%c\r%c\r  \n",c1,c2,c3,c4);
}
```

5. 程序设计题

（1）输入三个单精度数，输出其中的最小值。

（2）输入两个正整型数，按等式格式输出这两个数的和、差、积、商。其中，商保留两位小数。

（3）输入三角形的三边长，输出三角形的面积。

计算面积的公式为：

$$area = \sqrt{s(s-a)(s-b)(s-c)}$$

其中，a、b、c 为三边长，$s=\dfrac{a+b+c}{2}$。

（4）利用指针交换两个变量的值。

（5）输入一个华氏温度 F，根据下列公式输出其对应的摄氏温度 C。

$$C = \frac{5}{9}(F-32)$$

第 3 章　控制语句与预处理命令

CHAPTER

结构化程序有顺序、分支和循环三种结构。针对分支结构和循环结构，C 语言提供了相应的语句。另外，为了便于程序的书写、阅读、修改及调试，C 语言还提供了编译预处理功能。

3.1　分支语句

分支结构使用分支语句实现，C 语言中提供的分支语句有两种：一种是 if 语句，另一种是 switch～case 语句。

3.1.1　if 语句

if 语句有以下四种格式：单分支格式、双分支格式、多分支格式和嵌套格式。

1. 单分支格式

一般形式为

if(表达式) 语句

执行过程：先计算 if 后面的表达式，若结果为真(非 0)，则执行后面的语句；若结果为假(0)，则不执行该语句。其流程图如图 3.1 所示。

【例 3.1】　输入一个整型数，输出该数的绝对值。

```c
#include "stdio.h"
void main()
{ int a;
  scanf("%d",&a);
  if(a<=0)
    a=-a;
  printf("%d\n",a);
}
```

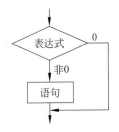

图 3.1　单分支流程图

【运行结果】

$\underline{-3}$↙
3

2. 双分支格式

一般形式为

if(表达式)　语句 1
else　语句 2

执行过程：先计算 if 后面的表达式,若结果为真(非 0),则执行语句 1;否则执行语句 2。其流程图如图 3.2 所示。

【例 3.2】　输入两个整型数,输出平方值较大者。

```
#include "stdio.h"
void main()
{ int a,b,max;
  scanf("%d%d",&a,&b);
  if(a * a>b * b)
    max=a;
  else
    max=b;
  printf("max=%d\n",max);
}
```

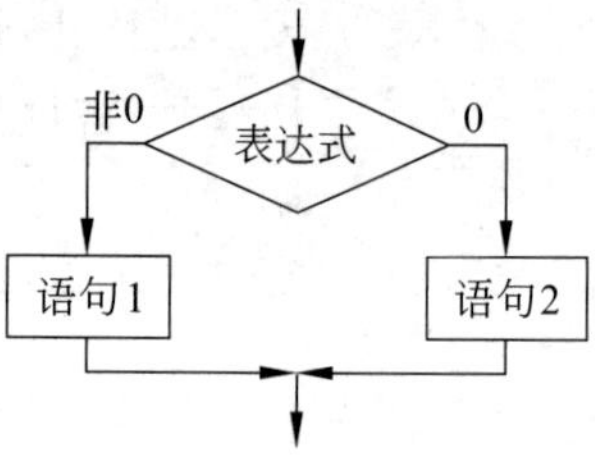

图 3.2　双分支流程图

【运行结果】

$\underline{2 - 3}$↙
max=-3

3. 多分支格式

一般形式为

if(表达式 1)　语句 1
else　if(表达式 2)　语句 2
　　　　else　if(表达式 3)　语句 3
　　　　　　　　⋮
　　　　　　　else　if(表达式 n)　语句 n
　　　　　　　　else　语句 n+1

执行过程：先计算表达式 1,若表达式 1 的结果为真(非 0),则执行语句 1,否则计算表达式 2;若表达式 2 的结果为真(非 0),则执行语句 2,以此类推;若 n 个表达式的结果都为假(0),则执行语句 n+1,其流程图如图 3.3 所示。

由执行过程可知,这 n+1 个语句中只能有一个被执行,若 n 个表达式的值都为假,则执行语句 n+1,否则执行第一个表达式值为真(非 0)的表达式后面的语句。

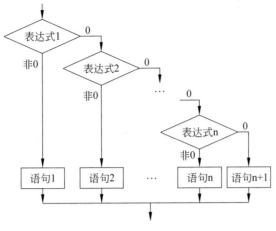

图 3.3　多分支流程图

【例 3.3】　输入一个百分制成绩,输出其对应的等级($90 \sim 100$ 为 A,$80 \sim 99$ 为 B,$70 \sim 79$ 为 C,$60 \sim 69$ 为 D,$0 \sim 59$ 为 E)。

```
#include "stdio.h"
void main()
{ int x; char y;
  scanf("%d",&x);
  if(x>=90) y='A';
  else if(x>=80) y='B';
      else if(x>=70) y='C';
          else if(x>=60) y='D';
              else y='E';
  printf("y=%c\n",y);
}
```

【运行结果】

88↙
y=B

4. 嵌套格式

if 语句可以嵌套,即在一个 if 语句中可以包含一个或多个 if 语句,其一般形式为

if(表达式 1)
　　if(表达式 2)　语句 1
　　else　语句 2
else
　　if(表达式 3)　语句 3
　　else　语句 4

在缺省花括号的情况下,if 和 else 的配对关系是:从最内层开始,else 总是与它上面

最近的且没有和其他 else 配对的 if 配对。

【例 3.4】 已知函数

$$y = \begin{cases} -1, & x < 0 \\ 0, & x = 0 \\ 1, & x > 0 \end{cases}$$

编写程序,输入 x 的值,输出 y 的值。

```c
#include "stdio.h"
void main()
{ float x; int y;
  scanf("%f",&x);
  if(x>=0)
    if(x>0) y=1;
    else    y=0;
  else y=-1;
  printf("x=%f,y=%d\n",x,y);
}
```

【运行结果】

```
-2↙
x=-2.000000,y=-1
```

思考题:例 3.4 是否还可以使用其他方法实现?

使用 if 语句时应注意以下几点:

(1) if 后面的圆括号内的表达式可以为任意类型,但一般为关系表达式或逻辑表达式;

(2) if 和 else 后面的语句可以是任意语句;

(3) if(x)与 if(x!=0)等价;

(4) if(!x)与 if(x==0)等价;

(5) if 语句的各分支格式都是 if 语句嵌套格式的特例。

3.1.2 switch~case 语句

虽然使用 if 语句可以解决多分支问题,但如果分支较多,嵌套的层次就会变多,这样会使程序冗长、可读性降低。C 语言提供了专门用于处理多分支情况的语句,即 switch~case 语句,其一般形式为

```
switch(表达式)
{ case 常量表达式 1: 语句 1 〔break;〕
  case 常量表达式 2: 语句 2 〔break;〕
                ⋮
  case 常量表达式 n: 语句 n 〔break;〕
  〔default : 语句 n+1 〔break;〕〕
}
```

switch~case 语句的执行过程是：首先计算 switch 后面的圆括号中的表达式的值，然后用其结果依次与各 case 后面的常量表达式的值进行比较，若相等，则执行该 case 后面的语句；执行时如果遇到 break 语句，就退出 switch~case 语句，转至花括号的下方，否则顺序往下执行；若与各 case 后面的常量表达式的值都不相等，则执行 default 后面的语句。

【例 3.5】 用 switch~case 语句实现例 3.3。

```c
#include "stdio.h"
void main()
{ int a;
  char y;
  scanf("%d",&a);
  switch(a/10)
  { case 10:y='A';break;
    case 9:y='A';break;
    case 8:y='B';break;
    case 7:y='C';break;
    case 6:y='D';break;
    default:y='E';break;
  }
  printf("y=%c\n",y);
}
```

【运行结果】

88↙
y=B

请读者比较例 3.3 和例 3.5。

说明：

（1）switch 后面的圆括号后不能加分号（;）。

（2）switch 后面的圆括号内的表达式的值必须为整型、字符型或枚举型。

（3）各 case 后面的常量表达式的值必须为整型、字符型或枚举型。

（4）各 case 后面的常量表达式的值必须互不相同。

（5）若每个 case 和 default 后面的语句都以 break 语句结束，则各个 case 和 default 的位置可以互换。

（6）case 后面的语句可以是任意语句，也可以为空，但 dcfault 的后面不能为空；若为复合语句，则花括号可以省略。

（7）若某个 case 后面的常量表达式的值与 switch 后面的圆括号内的表达式的值相等，则执行该 case 后面的语句，执行完后若没有遇到 break 语句，则不再进行判断，接着执行下一个 case 后面的语句；若想执行完某一语句后退出，则必须在语句的最后加上 break 语句。

（8）多个 case 可以共用一组语句。如例 3.5 中的程序段

```
case 10:y='A';break;
case 9:y='A';break;
```

可以改为

```
case 10:
case 9:y='A';break;
```

(9) switch～case 语句可以嵌套，即一个 switch～case 语句中可以含有 switch～case
语句。

(10) default 可以省略，当没有与表达式的值相匹配的常量表达式时，直接退出
switch～case 语句。

【例 3.6】 switch～case 语句的嵌套举例。

```
#include "stdio.h"
void main()
{ int x,y,a=0,b=0;
  scanf("%d%d",&x,&y);
  switch(x)
  { case 1: switch(y)
          { case 0: a++;break;
            case 1: b++;break;
          }
    case 2: a++;b++;break;
    case 3: a++;b++;
  }
  printf("a=%d,b=%d\n",a,b);
}
```

【运行结果】

```
1  0↙
a=2,b=1
```

3.2 循 环 语 句

C 语言中有三种循环语句：while 语句、do～while 语句和 for 语句，它们都用来在条
件成立时反复执行某个程序段，这个反复被执行的程序段称为循环体。循环体是否被继
续执行要依据某个条件，这个条件称为循环条件。

3.2.1 while 语句

while 语句的一般形式为

while(表达式)
    循环体

其中,表达式可以是任意类型,一般为关系表达式或逻辑表达
式,其值为循环条件。循环体可以是任意语句。

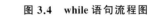

图 3.4　while 语句流程图

while 语句的执行过程如下:

(1) 计算 while 后面的圆括号中的表达式的值,若其结果
为非 0,则转到(2);否则转到(3)。

(2) 执行循环体,转到(1)。

(3) 退出循环,执行循环体下面的语句。

其流程图见图 3.4。

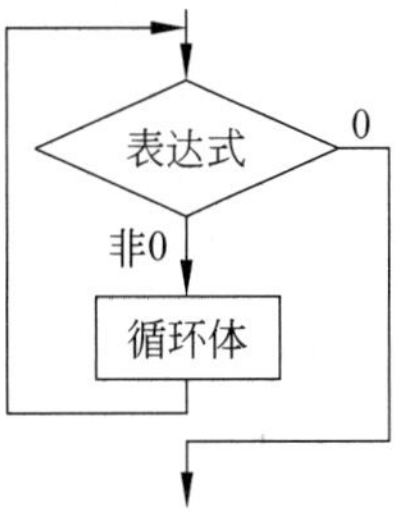

while 语句的特点是:先判断表达式,后执行循环体。

【例 3.7】　从键盘上输入 10 个整数,输出偶数的个数及偶数和。

```
#include "stdio.h"
void main()
{ int i,n=0,sum=0,a;
  i=1;                          /* 循环变量赋初值 */
  while(i<=10)                  /* 循环条件为 i<=10 */
  { scanf("%d",&a);
    if(a%2==0)
    { n++;sum+=a; }
    i++;                        /* 循环变量增值,使 i 趋于大于 10 */
  }
  printf("n=%d sum=%d\n",n,sum);
}
```

【运行结果】

1　2　3　4　5　6　7　8　9　10↙
n=5 sum=30

说明:

(1) 由于 while 语句是先判断表达式,后执行循环体,所以循环体有可能一次也不
执行。

(2) 循环体可以是任何语句。如果循环体不是空语句,则不能在 while 后面的圆括
号后加分号。

(3) 在循环体中要有使循环趋于结束的语句。如例 3.7 中的语句“i++;”。

3.2.2　do~while 语句

do~while 语句的一般形式为

do　循环体 **while(表达式);**

其中,表达式可以是任意类型,一般为关系表达式或逻辑表达式,其值为循环条件,循环体
可以是任意语句。

do~while 语句的执行过程如下:

（1）执行循环体,转到(2)。

（2）计算 while 后面的圆括号中的表达式的值,若其结果为非 0,则转到(1);否则转到(3)。

（3）退出循环,执行循环体下面的语句。

其流程图见图 3.5。

do～while 语句的特点是:先执行循环体,后判断表达式。

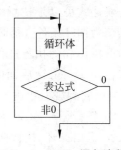

图 3.5　do～while 语句流程图

【**例 3.8**】　计算整数 n 的值,使 $1+2+3+\cdots+n$ 刚好大于或等于 500。

```c
#include "stdio.h"
void main()
{ int n=0,sum;
  sum=0;                    /* 循环变量赋初值 */
  do
  { n++;
    sum+=n;                 /* 循环变量增值,使 sum 趋于 500 */
  }while(sum<500);          /* 循环条件为 sum<500 */
  printf("n=%d sum=%d\n",n,sum);
}
```

【**运行结果**】

n=32 sum=528

说明:

（1）do～while 语句最后的分号不可少,否则将出现语法错误。

（2）循环体中要有使循环趋于结束的语句,如例 3.8 中的语句"sum＋＝n;"。

（3）由于 do～while 语句是先执行循环体,后判断表达式,所以循环体至少执行一次。

3.2.3　for 语句

for 语句的一般形式为

for(表达式 1;表达式 2;表达式 3)
　　循环体

其中,循环体可以是任意语句。三个表达式可以是任意类型,一般来说,表达式 1 用于给某些变量赋初值,表达式 2 用来说明循环条件,表达式 3 用来修正某些变量的值。

for 语句的执行过程如下:

（1）计算表达式 1,转到(2)。

（2）计算表达式 2,若其值为非 0,转到(3),否则转到(5)。

（3）执行循环体,转到(4)。

（4）计算表达式 3，转到（2）。

（5）退出循环，执行循环体下面的语句。

其流程图见图 3.6。

for 语句的特点是：先判断表达式，后执行循环体。

【例 3.9】   计算 1~100 之间的整数和。

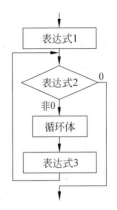

图 3.6   **for 语句流程图**

```c
# include "stdio.h"
void main()
{ int i,sum;
   sum=0;
   for(i=1;i<=100;i++)
     sum+=i;
     /* i=1 是为循环变量赋初值,i<=100 是循环条件,i++ 是修
        正循环变量 */
   printf("sum=%d\n",sum);
}
```

【运行结果】

```
sum=5050
```

在 for 语句中，表达式 1 和表达式 3 经常使用逗号表达式，用于简化程序并提高程序运行效率，这也是逗号表达式的主要用途，如例 3.9 中的程序段

```c
sum=0;
for(i=1;i<=100;i++)   sum+=i;
```

可以改写成

```c
for(i=1,sum=0;i<=100;sum+=i,i++);
```

在 for 语句中，在分号必须保留的前提条件下，三个表达式的任何一个都可以省略，因此 for 语句又有如下省略形式。

1. for(；表达式 2；表达式 3)循环体

表达式 1 省略。此时应在 for 语句之前给变量赋初值，如例 3.9 中的程序段

```c
for(i=1;i<=100;i++) sum+=i;
```

可以改写成

```c
i=1;
for(;i<=100;i++) sum+=i;
```

2. for(表达式 1；表达式 2；)循环体

表达式 3 省略。此时应在循环体中修正循环变量，如例 3.9 中的程序段

```c
for(i=1;i<=100;i++)   sum+=i;
```

可以改写成

```
for(i=1;i<=100;)  {sum+=i;i++;}
```

3. for(表达式 1；；表达式 3)循环体

表达式 2 省略。此时认为表达式 2 的值始终为真,如果循环体中不包含 break 语句或 goto 语句,则此时的循环无法终止,是死循环,是例 3.9 中的程序段

```
for(i=1;i<=100;i++)  sum+=i;
```

可以改写成

```
for(i=1;;i++)  { if(i>100) break; sum+=i; }        / * break 的功能见 3.2.5 节 * /
```

4. for(；表达式 2；)循环体

表达式 1 和表达式 3 同时省略。此时应在 for 语句之前给变量赋初值,在循环体中修正循环变量,如例 3.9 中的程序段

```
for(i=1;i<=100;i++)  sum+=i;
```

可以改写成

```
i=1;
for(;i<=100;)  {sum+=i;i++;}
```

这种情况完全等同于 while 语句。

5. for(；；表达式 3)循环体

表达式 1 和表达式 2 同时省略。此时应在 for 语句之前给变量赋初值,在循环体中用 break 语句或 goto 语句退出循环,如例 3.9 中的程序段

```
for(i=1;i<=100;i++)  sum+=i;
```

可以改写成

```
i=1;
for(; ;i++)  {if(i>100)  break; sum+=i;}
```

6. for(表达式 1；；)循环体

表达式 2 和表达式 3 同时省略。此时应在循环体中修正循环变量,在循环体中用 break 语句或 goto 语句退出循环,如例 3.9 中的程序段

```
for(i=1;i<=100;i++)  sum+=i;
```

可以改写成

```
for(i=1; ;)  { if(i>100)  break;  sum+=i; i++; }
```

7. for(；；)循环体

三个表达式同时省略。此时相当于"while(1)循环体"。应在 for 语句之前给变量赋初值,在循环体中修正循环变量,在循环体中用 break 语句或 goto 语句退出循环,如例 3.9 中的程序段

```
for(i=1;i<=100;i++)  sum+=i;
```

可以改写成

```
i=1;
for(; ;)  { if(i>100)  break;  sum+=i; i++; }
```

说明：

（1）若循环体不是空语句,则不能在 for 语句的圆括号后加分号。

（2）表达式 1 或表达式 2 省略时,其后的分号不能省略,并且不能用其他符号代替。

（3）要有使循环趋于结束的语句。

思考题： 三种循环语句是否可以相互代替？

3.2.4　循环语句的嵌套

若一种循环语句的循环体中又有循环语句,则称为循环语句的嵌套。三种循环语句可以互相嵌套,并且可以嵌套多层。

【例 3.10】 输出九九乘法表。

```
#include "stdio.h"
void main()
{ int i,j;
  for(i=1;i<=9;i++)
  { for(j=1;j<=i;j++)
      printf("%d * %d=%-4d",j,i,i * j);
    printf("\n");
  }
}
```

【运行结果】

```
1 * 1=1
1 * 2=2   2 * 2=4
1 * 3=3   2 * 3=6   3 * 3=9
1 * 4=4   2 * 4=8   3 * 4=12  4 * 4=16
1 * 5=5   2 * 5=10  3 * 5=15  4 * 5=20  5 * 5=25
1 * 6=6   2 * 6=12  3 * 6=18  4 * 6=24  5 * 6=30  6 * 6=36
1 * 7=7   2 * 7=14  3 * 7=21  4 * 7=28  5 * 7=35  6 * 7=42
1 * 8=8   2 * 8=16  3 * 8=24  4 * 8=32  5 * 8=40  6 * 8=48  7 * 8=56  8 * 8=64
1 * 9=9   2 * 9=18  3 * 9=27  4 * 9=36  5 * 9=45  6 * 9=54  7 * 9=63  8 * 9=72  9 * 9=81
```

思考题： 例 3.10 如何通过 while 语句嵌套实现？

3.2.5　break 语句和 continue 语句

1. break 语句

break 语句的一般形式为

```
break;
```

break 语句的功能：用于 switch～case 语句时，退出 switch～case 语句，程序转至 switch～case 语句下面的语句；用于循环语句时，退出循环体，程序转至循环体下面的语句。

【例 3.11】 判断输入的正整数是否为素数，如果是素数，则输出 Yes，否则输出 No。

```
#include "stdio.h"
void main()
{ int m,i;
  printf("m="); scanf("%d",&m);
  for(i=2;i<=m-1;i++)
    if(m%i==0) break;
  if(i>=m) printf("Yes");
  else printf("No");
}
```

【运行结果】

```
m=23↙
Yes
```

2. continue 语句

continue 语句的一般形式为

```
continue;
```

continue 语句的功能：结束本次循环，跳过循环体中尚未执行的部分，进行下一次是否执行循环的判断。在 while 语句和 do～while 语句中，continue 把程序控制转到 while 后面的表达式处；在 for 语句中，continue 把程序控制转到表达式 3 处。

【例 3.12】 计算 1～100 内分别能够被 2、4、8 整除的整数的个数。

```
#include "stdio.h"
void main()
{ int i,n2=0,n4=0,n8=0;
  for(i=1;i<=100;i++)
  { if(i%2)
      continue;              /*转至 i++处*/
    n2++;
    if(i%4)
      continue;              /*转至 i++处*/
    n4++;
    if(i%8)
      continue;              /*转至 i++处*/
    n8++;
  }
```

```
    printf("n2=%d n4=%d n8=%d\n",n2,n4,n8);
}
```

【运行结果】

n2=50 n4=25 n8=12

说明：

（1）break 语句只能用于循环体和 switch～case 语句中，continue 语句只能用于循环体中。

（2）用于循环体时，break 语句将整个循环终止，continue 语句只是结束本次循环。

（3）在循环嵌套的情况下使用 break 语句，只退出包含 break 语句的最内层的循环语句的循环体；在 switch～case 语句嵌套的情况下使用 break 语句，只退出包含 break 语句的最内层的 switch～case 语句。

3.2.6　goto 语句

goto 语句为无条件转移语句，其一般形式为

goto 语句标号；

其中，语句标号是一种标识符，在 goto 语句所在的函数中必须存在，并且其后必须跟一个冒号（:），冒号的后面可以为空，也可以是任意语句。语句标号表示程序在该点的地址。

goto 语句的功能：无条件地将程序控制转至语句标号处。

goto 语句的用途：一是与 if 语句一起实现循环；二是从循环嵌套的内层循环跳到外层循环外。

说明：

（1）语句标号代表程序在该点的地址，使用 goto 语句只能实现在同一个函数内跳转，可以向前跳转，也可以向后跳转，但不能实现从一个函数跳转到其他函数。

（2）只能从循环嵌套的内循环跳转到外循环，不能从外循环跳转到内循环。

（3）goto 语句使程序流程无规律、可读性差、不符合结构化原则，一般不宜采用，只有在迫不得已时才使用。

【例 3.13】　输入一组数，以 0 结束，求该组数据绝对值之和。

```
#include "stdio.h"
void main()
{ int a,sum=0;
  loop1:                    /*语句标号*/
  scanf("%d",&a);
  sum+=a>0?a:-a;
  if(a!=0) goto loop1;      /*条件成立,转至语句标号 loop1 处*/
  printf("sum=%d\n",sum);
}
```

【运行结果】

```
1  2  -3  4  -5  0↙
sum=15
```

3.3 编译预处理

编译预处理是 C 语言编译系统的一个组成部分。所谓编译预处理,就是在对 C 源程序编译之前做一些处理,生成扩展的 C 源程序。C 语言允许在程序中使用三种编译预处理命令,即宏定义、文件包含和条件编译。为了与 C 语言中的语句相区别,编译预处理命令以"♯"开头。

3.3.1 宏定义

1. 不带参数的宏定义

不带参数的宏定义的一般形式为

♯define   宏名   宏体

其中,♯define 是宏定义命令,宏名是一个标识符,宏体是一个字符序列。

功能:用指定的宏名(标识符)代替宏体(字符序列)。

如例 2.1 中的宏定义:

♯define   PI   3.1415926

该宏定义的作用是用指定的标识符 PI 代替其后面的字符序列 3.1415926,这样,在后续程序中凡是用到 3.1415926 这个字符序列的地方,都可以用 PI 代替(见例 2.1)。由此可以看出,宏定义能用一个简单的标识符代替一个冗长的字符序列,以便于程序的书写、阅读和修改,非常有实际意义。

在编译预处理时,编译程序将所有的宏名都替换成对应的宏体,用宏体替换宏名的过程称为宏展开,也称宏替换。如例 2.1 中的程序,宏替换后将变成

```
#include "stdio.h"
void main()
{ float r,l,s,v;
  printf("r="); scanf("%f",&r);
  l=2 * 3.1415926 * r;
  s=3.1415926 * r * r;
  v=4.0/3 * 3.1415926 * r * r * r;
  printf("l=%f  s=%f  v=%f\n",l,s,v);
}
```

说明:

(1) 宏名一般用大写,以便于阅读程序,但这并非规定,也可以用小写。

(2) 在宏定义中,宏名的两侧应至少各有一个空格。

（3）一个宏定义要独占一行。宏定义不是 C 语句，不能在行尾加分号，如果加了分号，在预处理时连分号一起替换。

（4）宏定义的位置任意，但一般放在函数外。

（5）取消宏定义的命令是♯undef，其一般形式为

♯undef 　*宏名*

（6）宏名的作用域为宏定义命令之后到所在源文件结束或遇到♯undef 结束。

（7）在程序中，若宏名用双引号括起来，在宏替换时不进行替换处理。

（8）宏可以嵌套定义，即在一个宏定义的宏体中可以含有前面宏定义中的宏名。在宏嵌套时，应使用必要的圆括号，否则有可能得不到所需的结果。

（9）宏替换只是进行简单的字符替换，不进行语法检查。

（10）在一个源文件中可以对一个宏名多次定义，新的宏定义的出现就是对前面同名的宏定义的取消。

【例 3.14】　不带参数的宏定义应用举例。

```
#include "stdio.h"
#define N  4                  /* 后面不能带分号 */
#define M  N+3                /* 宏嵌套,后面不能带分号 */
void main()
{ int a;
  a=M * N;                    /* 宏替换后为 a=4+3 * 4; */
  printf("N=%d,M=%d,",N,M);   /* "N=%d,M=%d,"中 N 和 M 不被替换。宏替换后为
                                   printf("N=%d,M=%d,",4,4+3); */
  printf("M * N=%d\n",a);     /* M 和 N 不被替换 */
  #undef M                    /* 取消宏定义,M 不再代表 N+3 */
  #define  M  (N+3)           /* 重新宏定义,M 代表(N+3) */
  a=M * N;                    /* 宏替换后为 a=(4+3) * 4; */
  printf("N=%d,M=%d,",N,M);   /* "N=%d,M=%d,"中 N 和 M 不被替换。宏替换后为
                                   printf("N=%d,M=%d,",4,(4+3)); */
  printf("M * N=%d\n",a);     /* M 和 N 不被替换 */
}
```

【运行结果】

```
N=4,M=7,M * N=16
N=4,M=7,M * N=28
```

2. 带参数的宏定义

带参数的宏定义的一般形式为

♯define 　*宏名***(***形参表列***)**　*宏体*

其中，♯define 是宏定义命令，宏名是一个标识符，形参表列是用逗号隔开的一个标识符序列，序列中的每个标识符都称为形式参数，简称形参。宏体是包含形参的一个字符

序列。

例如：

```
#define  s(a,b)  a>b?a:b
```

s 是宏名，a、b 是形参，a>b?a:b 是宏体。

在程序中使用带参数的宏的一般形式为

宏名(实参表列)

其中，实参表列是用逗号隔开的表达式(常量和变量是特殊表达式)。

例如

```
s(3,4)
```

编译预处理时，用宏体中的字符序列从左向右替换，如果不是形参，则保留，如果是形参，则用程序语句中相应的实参替换。这个过程称为宏展开，也称为宏替换。

例如

```
s(3,4)宏替换后为 3>4?3:4
```

在使用带参数的宏定义时，应注意以下几点。

(1) 定义带参数的宏时，宏名和右边的圆括号"("之间不能加空格，否则就成了不带参数的宏定义，如有下列宏定义：

```
#define s  (a,b)  a>b?a:b
```

则宏名为 s，宏体为 (a,b) a>b?a:b。

(2) 为了正确进行替换，一般将宏体和各形参都加上圆括号。

(3) 宏替换只进行替换，不进行计算，不进行表达式求解。若实参是表达式，则宏展开之前不求解表达式。

【例 3.15】 带参数的宏定义应用举例。

```
#include "stdio.h"
#define X 3                    /*不带参数的宏定义*/
#define Y 4                    /*不带参数的宏定义*/
#define M(a,b) a>b?a:b         /*带参数的宏定义*/
void main()
{ int val,x,y;
  scanf("%d%d",&x,&y);
  val=M(X,Y);                  /*实参为常量,宏展开后为 val=3>4?3:4*/
  printf("M=%d,",val);         /*M不被替换*/
  val=M(x,y);                  /*实参为变量,宏展开后为 val=x>y?x:y*/
  printf("M=%d,",val);         /*M不被替换*/
  val=M(x+3,y+4)*M(x+3,y+4);   /*实参为表达式,宏展开后为
                                 val=x+3>y+4? x+3:y+4*x+3>y+4? x+3:y+4*/
  printf("M=%d,",val);         /*M不被替换*/
```

```
#undef M(a,b)                       /*取消宏定义*/
#define M(a,b) ((a)>(b)?(a):(b))   /*重新宏定义*/
val=M(x+3,y+4) * M(x+3,y+4);       /*实参为表达式,宏展开后为
                                     val=((x+3)>(y+4)?(x+3):(y+4)) * ((x+3)>
                                     (y+4)?(x+3):(y+4)) */

printf("M=%d\n",val);              /*M不被替换*/
}
```

【运行结果】

<u>3   4</u>↙
M=4,M=4,M=6,M=64

3.3.2　文件包含

文件包含的一般格式为

#include　"文件名"

或

#include <文件名>

其中,♯include 是文件包含命令,文件名是被包含文件的文件名。

如在例 2.14 中使用的文件包含

```
#include "stdio.h"
```

功能：将指定的文件内容全部包含到当前文件中,替换♯include 命令的位置。

处理过程：编译预处理时,用被包含文件的内容取代该文件包含命令;编译时,将"包含"后的文件作为一个源文件进行编译。

若编译预处理前 f1.c 和 f2.c 的内容如图 3.7(a)所示,则编译预处理后 f1.c 和 f2.c 的内容如图 3.7(b)所示。

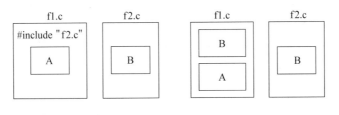

(a) 编译预处理前　　　　　　　　(b) 编译预处理后

图 3.7　文件包含的处理过程

两种文件包含格式的区别如下。

♯include　"文件名"：系统先在当前目录搜索被包含的文件,若未找到,则到系统指定的路径中搜索。

♯include ＜文件名＞：系统直接到系统指定的路径中搜索。

被包含文件的类型通常是以"h"为后缀的头文件(或称标题文件)和以"c"为后缀的源程序文件。被包含文件既可以是系统提供的,也可以是用户自己编写的。

C 语言中,常用的由系统提供的头文件及说明见表 3.1。

表 3.1　常用头文件及说明

头文件名	说　　明	头文件名	说　　明
stdio.h	标准输入/输出头文件	stdlib.h	标准库函数头文件
string.h	字符串操作函数头文件	dos.h	DOS 接口函数头文件
math.h	数学函数头文件	ctype.h	字符操作头文件
conio.h	屏幕操作函数头文件	graphics.h	图形函数头文件

说明：VC++ 环境中没有图形函数头文件 graphics.h,若在VC++ 环境中使用 C 语言图形函数,可以下载和安装 graphics.h(http://www.easyx.cn/downloads/)。

使用文件包含的目的是避免程序的重复书写,特别是能够使用系统提供的诸多可供包含的文件。

说明：

(1) 一个♯include 命令只能指定一个被包含文件。

(2) 一个♯include 命令要独占一行。

(3) 文件包含可以嵌套,即在一个被包含文件中又可以包含另一个文件。

(4) 被包含的文件必须存在,并且不能与当前文件有重复的变量、函数及宏名等。

(5) 两种格式的文件名前都可以包括路径。

(6) 文件包含可以实现文件的合并连接。

3.3.3　条件编译

条件编译是指对源程序的一部分指定编译条件,若条件满足则参加编译,否则不参加编译。一般情况下,程序清单中的程序应全部参加编译。但是在大型应用程序中,可能会出现某些功能不需要的情况,这时就可以利用条件编译选取需要的功能进行编译,以便生成不同的应用程序,供不同的用户使用。此外,条件编译还可以方便程序的逐段调试,简化程序调试工作。条件编译有以下三种形式。

形式 1：

```
#ifdef  标识符
    程序段 1
[#else
    程序段 2]
#endif
```

作用：若标识符已经被定义(一般使用♯define 命令定义),则对程序段 1 进行编译,否则对程序段 2 进行编译。其中,♯else 和后面的程序段 2 可以省略。省略时,若标识符已被定义,则编译程序段 1,否则不编译程序段 1。

形式 2:

#ifndef 标识符

　　程序段 **1**

[**#else**

　　程序段 **2**]

#endif

作用:若标识符未被定义,则对程序段 1 进行编译,否则对程序段 2 进行编译。其中,♯else 和后面的程序段 2 可以省略。省略时,若标识符未被定义,则编译程序段 1,否则不编译程序段 1。

形式 3:

#if 常量表达式

　　程序段 **1**

[**#else**

　　程序段 **2**]

#endif

作用:若表达式的值为真,则对程序段 1 进行编译,否则对程序段 2 进行编译。其中,♯else 和后面的程序段 2 可以省略。省略时,若表达式的值为真,则对程序段 1 进行编译,否则不编译程序段 1。

【例 3.16】 条件编译应用举例。

```
#include "stdio.h"
#define FLAG 1
void main()
{ int a,b,m;
  scanf("%d%d",&a,&b);
  #if FLAG
    m=a>b?a:b;
  #else
    m=a>b?b:a;
  #endif
  printf("m=%d\n",m);
}
```

【运行结果】

3　4↙

m=4

上述程序在编译时,由于开始定义的符号常量 FLAG 的值为 1,因此语句 m=a>b?a:b;参加编译,语句 m=a>b?b:a;不参加编译。如果将程序清单中的宏定义命令

#define FLAG 1 改为 #define FLAG 0,则语句 m=a>b?b:a;参加编译,语句 m=a>b?a:b;不参加编译。

3.4   程序设计举例

【例 3.17】   输入一个带符号的整型数,输出该数的位数。

```c
#include "stdio.h"
void main()
{ int x,y,m=0;
  scanf("%d",&x);          /* 在 VC++中可测 10 位,准确位 9 位 */
  y=x>=0?x:-x;
  while(y)
  { m++; y/=10; }
  printf("%d is %d bit number\n",x,m);
}
```

【运行结果】

23↙
23 is 2 bit number

【例 3.18】   利用下列公式计算 π 的近似值。

$$\frac{\pi}{4}=1-\frac{1}{3}+\frac{1}{5}-\frac{1}{7}+\cdots\pm\frac{1}{2n-1}\quad\left(\text{精度要求为}\frac{1}{2n-1}<10^{-4}\right)$$

```c
#include "stdio.h"
#include "math.h"                      /* 程序中用到了求绝对值函数 fabs() */
void main()
{ int n=1,t=1;
  float pi=0;
  while(fabs(t*1.0/n)>=1e-4)          /* 控制循环的条件是当前项的精度 */
  { pi+=t*1.0/n;                       /* 将当前项累加到 pi 中 */
    t=-t;                              /* 得到下一项的符号 */
    n+=2;                              /* 得到下一项的分母 */
  }
  printf("pi=%.2f\n",4*pi);           /* 输出 π 的近似值 */
}
```

【运行结果】

pi=3.14

注意:求实型数据的绝对值应使用 fabs()函数,求整型数据的绝对值应使用 abs()函数。

【**例 3.19**】　输出 Fibonacci 数列的前 40 项,Fibonacci 数列为

$$F_n = \begin{cases} 1, & n=1 \\ 1, & n=2 \\ F_{n-1}+F_{n-2}, & n \geq 3 \end{cases}$$

```
#include "stdio.h"
void main()
{ int i;
  long f1=1,f2=1;              /* 从第 24 项开始超出了整型数的范围,必须定义为长整型 */
  for(i=1;i<=20;i++)
  { printf("%10ld%10ld",f1,f2);        /* 按长整型格式输出两项 */
    if(i%2==0) printf("\n");           /* 保证每行输出 4 项 */
    f1=f1+f2;
    f2=f2+f1;                          /* 得到后两项 */
  }
}
```

【**运行结果**】

```
       1            1            2            3
       5            8           13           21
      34           55           89          144
     233          377          610          987
    1597         2584         4181         6765
   10946        17711        28657        46368
   75025       121393       196418       317811
  514229       832040      1346269      2178309
 3524578      5702887      9227465     14930352
24157817     39088169     63245986    102334155
```

【**例 3.20**】　输出 3～100 的素数。

```
#include "stdio.h"
void main()
{ int m,i,n=0,k;
  for(m=3;m<=100;m++)
  { k=m-1;
    for(i=2;i<=k;i++)
      if(m%i==0) break;        /* 如果 2~ m-1 有整除 m 的数,则退出循环 */
    if(i>k)                    /* 如果是素数,则输出 */
    { printf("%4d",m);
      n++;
      if(n%8==0) printf("\n"); /* 保证每行输出 8 个素数 */
    }
  }
}
```

【运行结果】

3	5	7	11	13	17	19	23
29	31	37	41	43	47	53	59
61	67	71	73	79	83	89	97

语句 k＝m−1;中的 m−1 可以改为 m/2＋1,也可以改为 sqrt(m)。若改为 sqrt(m),则在文件首部必须有文件包含命令

```
#include  "math.h"
```

【例 3.21】 从 1～12 任取 3 个互不相同的整型数,输出其和能被 6 整除的种类。

```
#include "stdio.h"
void main()
{ int i,j,k,n=0;
  for(i=1;i<=12;i++)
    for(j=i+1;j<=12;j++)
      for(k=j+1;k<=12;k++)
        if((i+j+k)%6==0) n++;
  printf("n=%d\n",n);
}
```

【运行结果】

```
n=38
```

【例 3.22】 输入一行以回车结束的字符,分别统计其中英文字母、数字和其他字符的个数。

```
#include "stdio.h"
void main()
{ int n1=0,n2=0,n3=0; char ch;
  while((ch=getchar())!='\n')
  if((ch>='a'&&ch<='z')||(ch>='A'&&ch<='Z')) n1++;
  else if(ch>='0'&&ch<='9') n2++;
       else n3++;
  printf("n1=%d,n2=%d,n3=%d\n",n1,n2,n3);
}
```

【运行结果】

as23SDF08 * &^%HGA□L↙
n1=9,n2=4,n3=5

习   题

1. 单项选择题

(1) 语句：while(!E);中的表达式!E 等价于(   )。

①　E==0　　　　②　E!=1　　　　③　E!=0　　　　④　E==1

（2）与 for(;0;)等价的是（　　　）。

①　while(1)　　　　②　while(0)　　　　③　break　　　　④　continue

（3）对于 for(表达式 1；;表达式 3),可理解为（　　　）。

①　for(表达式 1;0;表达式 3)

②　for(表达式 1;1;表达式 3)

③　for(表达式 1;表达式 1;表达式 3)

④　for(表达式 1;表达式 3;表达式 3)

（4）下列叙述中正确的是（　　　）。

①　continue 语句的作用是结束整个循环

②　只能在循环语句和 switch 语句中使用 break 语句

③　在循环体中,break 语句和 continue 语句的作用相同

④　从多层循环中退出时,只能使用 goto 语句

（5）若有定义：int x=5,y=4;,则下列语句中错误的是（　　　）。

①　while(x==y) 5;　　　　　　　②　do x++ while(x==10);

③　while(0);　　　　　　　　　④　do 2;while(x==y);

（6）若有定义：int x,y;,则循环语句 for(x=0,y=0;(y!=123)||(x<4);x++);
的循环次数为（　　　）。

①　无限次　　　　②　不确定次　　　　③　4 次　　　　④　3 次

（7）若有定义：int a=1,b=10;,则执行下列程序段后,b 的值为（　　　）。

```
do {b-=a;a++;}while(b--<0);
```

①　9　　　　　　　②　-2　　　　　　　③　-1　　　　　　　④　8

（8）下列叙述中不正确的是（　　　）。

①　宏名无类型,其参数也无类型

②　宏定义不是 C 语句,不必在行末加分号

③　宏替换只是字符替换

④　宏定义命令必须写在文件开头

（9）有如下嵌套 if 语句,以下选项中与 if 语句等价的是（　　　）。

```
if(a<b)
  if(a<c) k=a;
  else k=c;
else
  if(b<c) k=b;
  else  k=c;
```

①　k=(a<b)?a:b; k=(b<c)?b:c;

②　k=(a<b)?((b<c)? a:b):((b>c)?b:c);

③　k=(a<b)?((a<c)? a:c):((b<c)?b:c);

④ k=(a<b)?a:b; k=(a<c)?a:c;

(10) 以下选项中与 if(a==1) a=b; else a++;语句功能不同的 switch~case 语句是(   )。

① switch(a)
 { case 1:a=b;break;
  default：a++;
 }

② switch(a==1)
 { case 0:a=b;break;
  case 1:a++;
 }

③ switch(a)
 { default:a++;break;
  case 1:a=b;
 }

④ switch(a==1)
 { case 1:a=b;break;
  case 0:a++;
 }

2. 程序填空题（在下列程序的_____处填上正确的内容,使程序完整）

（1）下列程序的功能是把从键盘输入的整数取绝对值后输出。

```
#include "stdio.h"
void main()
{ int x;
  scanf("%d",&x);
  if(x<0)
    _____;
  printf("%d\n",x);
}
```

（2）下列程序的功能是判断 m 是否为素数,如果是素数输出 1,否则输出 0。

```
#include "stdio.h"
void main()
{ int m,i,y=1;
  scanf("%d",&m);
  for(i=2;i<=m/2;i++)
    if _____ { y=0;break; }
  printf("%d\n",y);
}
```

（3）下列程序的功能是输出 1~100 能被 7 整除的所有整数。

```
#include "stdio.h"
void main()
{ int i;
  for(i=1;i<=100;i++)
  { if(i%7) _____;
    printf("%4d",i);
  }
}
```

（4）输入若干字符数据，分别统计其中 A、B 和 C 的个数。

```
#include "stdio.h"
void main()
{ char c;
  int k1=0,k2=0,k3=0;
  while((c=getchar())!='\n')
  { _____
    { case 'A': k1++;break;
      case 'B': k2++;break;
      case 'C': k3++;break;
    }
  }
  printf("A=%d,B=%d,C=%d\n",k1,k2,k3);
}
```

（5）下列程序的功能是从键盘输入若干个学生的成绩，统计并输出最高成绩和最低成绩，当输入负数时结束输入。

```
#include "stdio.h"
void main()
{ float x,max,min;
  scanf("%f",&x);
  max=x;
  min=x;
  while(_____)
  { if(x>max) max=x;
    if(x<min)  min=x;
    scanf("%f",&x);
  }
  printf("max=%f  min=%f\n",max,min);
}
```

3. 程序改错题（下列每段程序中各有一个错误，请找出并改正）

（1）下列程序的功能是计算长为 a+b、宽为 c+d 的长方形的面积。

```
#include "stdio.h"
#define AREA(x,y) x*y
void main()
{ int a=4,b=3,c=2,d=1,m;
  m=AREA(a+b,c+d);
  printf("%d\n",m);
}
```

(2) 求 100 以内能被 13 整除的最大数。

```c
#include "stdio.h"
void main()
{ int i;
  for(i=100;i>=0;i--);
    if(i%13==0) break;
  printf("%d\n",i);
}
```

(3) 求 $1+2+3+\cdots+100$。

```c
#include "stdio.h"
void main()
{ int i=1,sum=0;
  do
  { sum+=i; i++;
   }while(i>100);
  printf("%d",sum);
}
```

(4) 求 $1+\dfrac{1}{2}+\dfrac{1}{3}+\cdots+\dfrac{1}{10}$。

```c
#include "stdio.h"
void main()
{ double t=1.0;
  int i;
  for(i=2;i<=10;i++)
    t+=1/i;
  printf("t=%f\n",t);
}
```

(5) 把从键盘输入的小写字母变成大写字母并输出。

```c
#include "stdio.h"
void main()
{ char c, * ch=&c;
  while((c=getchar())!='\n')
  { if( * ch>='a'&& * ch<='z')
     putchar( * ch+'a'-'A');
   else
     putchar( * ch);
  }
}
```

4. 程序分析题

(1) 写出下列程序的运行结果。

```c
#include "stdio.h"
void main()
{ int a=10,b=4,c=3;
  if(a<b) a=b;
  if(a<c) a=c;
  printf("%d,%d,%d\n",a,b,c);
}
```

(2) 写出下列程序的运行结果。

```c
#include "stdio.h"
void main()
{ int i,sum;
  for(i=1,sum=10;i<=3;i++) sum+=i;
  printf("%d\n",sum);
}
```

(3) 写出下列程序的运行结果。

```c
#include "stdio.h"
void main()
{ int x=23;
  do
  { printf("%d",x--);
  }while(!x);
}
```

(4) 写出下列程序的运行结果。

```c
#include "stdio.h"
void main()
{ int a,b;
  for(a=1,b=1;a<100;a++)
  { if(b>20) break;
    if(b%3==1)
    { b+=3;
      continue;
    }
    b-=5;
  }
  printf("%d\n",b);
}
```

（5）写出下列程序的运行结果。

```c
#include "stdio.h"
#define  N   2
#define  M   N+1
#define  NUM  2*M+1
void main()
{ int i;
  for(i=1;i<=NUM;i++);
  i--;
  printf("%d\n",i);
}
```

（6）写出下列程序的运行结果。

```c
#include "stdio.h"
void main()
{ float x=2,y;
  if(x<0) y=0;
  else if(x<10)  y=1.0/10;
       else y=1;
  printf("%.1f\n",y);
}
```

（7）写出下列程序的运行结果。

```c
#include "stdio.h"
void main()
{ int x=1,a=0,b=0;
  switch(x)
  { case 0: b++;
    case 1: a++;
    case 2: a++;b++;
  }
  printf("a=%d,b=%d\n",a,b);
}
```

（8）写出下列程序的运行结果。

```c
#include "stdio.h"
void main()
{ int a=2,b=-1,c=2;
  if(a<b)
    if(b<0) c=0;
    else c++;
```

```
    printf("%d\n",c);
}
```

（9）写出下列程序的运行结果。

```
#include "stdio.h"
#define MAX(x,y) (x)>(y)?(x):(y)
void main()
{ int a=5,b=2,c=3,d=3,t;
  t=MAX(a+b,c+d)*10;
  printf("%d\n",t);
}
```

（10）写出下列程序的运行结果。

```
#include <stdio.h>
void main()
{ int a=5;
  #define a 2
  #define Y(i) a*(i)
  int b=6;
  printf("%d,",Y(b+1));
  #undef a
  printf("%d",Y(b+1));
}
```

5. 程序设计题

（1）输入 10 个整数，统计并输出正数、负数和零的个数。

（2）求 100 以内的自然数中能被 32 整除的最大数。

（3）计算 100～999 个位数为 3 的自然数的个数。

（4）输入两个正整数，输出它们的最大公约数和最小公倍数。

（5）用 if～else 结构编写程序，求一元二次方程 $ax^2+bx+c=0$ 的根。

（6）用 switch～case 结构编写程序，输入月份 1～12 后，输出该月份的英文名称。

（7）求 $S_n=a+aa+aaa+\cdots+aa\cdots a$（最后一项为 n 个 a）的值，其中 a 是一个数字。如 $2+22+222+2222+22222$（此时 $n=5$），n 和 a 的值从键盘上输入。

（8）打印所有水仙花数。水仙花数是指一个 3 位数，其各位数的立方和等于该数本身。如 $153=1^3+5^3+3^3$，153 是一个水仙花数。

（9）计算 $\displaystyle\sum_{k=1}^{100}\frac{1}{k}+\sum_{k=1}^{50}\frac{1}{k^2}$。

（10）编写程序，按下列公式计算 e 的近似值$\left(\text{精度要求为}\dfrac{1}{n!}<10^{-6}\right)$。

$$e=1+\frac{1}{1!}+\frac{1}{2!}+\frac{1}{3!}+\cdots+\frac{1}{n!}$$

(11) 编写程序,按下列公式计算 y 的值$\left(\text{精度要求为}\dfrac{1}{r^2+1}<10^{-6}\right)$。

$$y = \sum_{r=1}^{n} \frac{1}{r^2+1}$$

(12) 有一筐苹果,两个一取余一,三个一取余二,四个一取余三,五个一取刚好不剩,问筐中至少有多少个苹果?

第 **4** 章 数　　组

数组属于构造类型,它是具有相同数据类型的变量的序列,序列中的每个变量称为数组元素,数组元素用一个统一的标识符"数组名"和其顺序号"下标"表示;数组可以是一维的,也可以是多维的;数组必须先定义后使用。

4.1　一维数组及指针

4.1.1　一维数组的定义和初始化

1. 一维数组的定义

一维数组定义的一般形式为

类型标识符　　数组名[常量表达式]

其中,类型标识符表示数组的数据类型,即数组元素的数据类型,可以是任意数据类型,如整型、实型、字符型等。常量表达式可以是任意类型,一般为算术表达式,其值表示数组元素的个数,即数组长度。数组名要遵循标识符的取名规则,如

```
short int  a[10];
```

定义了一个一维数组,数组名为 a,数据类型为短整型,数组中有 10 个元素,分别是 a[0],a[1],a[2],a[3],a[4],a[5],a[6],a[7],a[8],a[9]。

说明:

(1) 不允许对数组的大小动态定义,如下面对数组的定义是错误的。

```
int n=10;
short int a[n];
```

(2) 数组元素的下标应从 0 开始,如数组 a 中的数组元素是从 a[0] 到 a[9]。

(3) C 语言对数组元素的下标不进行越界检查,如数组 a 中虽然不存

在数组元素 a[10],但在程序中使用并不做错误处理,所以在使用数组元素时要特别小心。

(4) 数组在内存分配到的存储空间是连续的,数组元素按其下标递增的顺序依次占用相应字节的内存单元。数组所占的字节数为:sizeof(类型标识符)×数组长度。如数组 a 占用连续 20 字节的存储空间,为其分配的内存空间如图 4.1 所示。

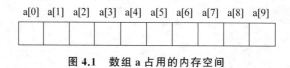

图 4.1　数组 a 占用的内存空间

(5) 在函数内或函数外可以同时定义多个数组,还可以同时定义数组和变量,如

```
float a[10],b[20],c,d, * p;
```

但在函数的参数中,一次只能定义一个数组,详见第 5 章。

2. 一维数组的初始化

在定义数组的同时,可以对数组的全部元素或部分元素赋初值,称为数组的初始化。

(1) 全部元素初始化

在对全部数组元素初始化时,可以不指定数组长度,如下面对数组 a 的初始化是等价的。

```
int a[10]={0,1,2,3,4,5,6,7,8,9};
int a[ ]={0,1,2,3,4,5,6,7,8,9};
```

a[0]~a[9]的值分别为 0,1,2,3,4,5,6,7,8,9。

若数组的存储类别为 static 且没有初始化,则编译系统自动对数组进行初始化,将数值型数组的全部元素都初始化为 0,将字符型数组的全部元素都初始化为空('\0'),如

```
static int a[10];
```

数组元素 a[0]~a[9]的值都为 0。

(2) 部分元素初始化

在对数组的部分元素初始化时,数组的长度不能省略,并且赋值给前面的元素,对于没有被赋值的数组元素,数值型数组的值为 0,字符型数组的值为'\0',如

```
int a[10]={1,2};
```

a[0]的值为 1,a[1]的值为 2,a[2]~a[9]的值都为 0。

4.1.2　一维数组元素的下标法引用

一维数组元素的下标表示形式为

数组名[表达式]

其中,表达式的类型任意,一般为算术表达式,其值为数组元素的下标。

使用下标法引用数组元素时,数组元素的使用与同类型的普通变量相同。

若有定义:int a[10]={1,2,3,4,5,6,7,8,9,10},i=3;,则下列对数组元素的引用都是正确的。

```
a[i]              /*表示 a[3],值为 4*/
a[++i]            /*表示 a[4],值为 5*/
a[3*2]            /*表示 a[6],值为 7*/
a['b'-'a']        /*表达式'b'-'a'的值为 1,表示 a[1],值为 2*/
a[4]+=10          /*与 a[4]=a[4]+10 等价,表示将 a[4]的原值加 10,值为 15*/
a[4]++            /*与 a[4]=a[4]+1 等价,表示将 a[4]的原值加 1,值为 6*/
```

【例 4.1】　将整型数组 a 中的 10 个整型数逆序存放并输出。

```
#include "stdio.h"
void main()
{ int a[10],i,j,t;
  for(i=0;i<10;i++)                /*输入 10 个整型数并存入数组 a 中*/
    scanf("%d",&a[i]);
  for(i=0,j=9;i<j;i++,j--)         /*交换对称元素值,实现逆序*/
  { t=a[i];a[i]=a[j];a[j]=t;}
  for(i=0;i<10;i++)                /*输出数组 a 中的 10 个元素值*/
    printf("%4d",a[i]);
}
```

【运行结果】

```
1 2 3 4 5 6 7 8 9 10↙
10 9 8 7 6 5 4 3 2 1
```

注意:数值型数组不能用数组名输入和输出它的全部元素值,只能单个元素输入,单个元素输出,如例 4.1 中的程序段

```
for(i=0;i<10;i++)
  scanf("%d",&a[i]);
```

不能写成

```
scanf("%d",a);
```

再如例 4.1 中的程序段

```
for(i=0;i<10;i++)
  printf("%4d",a[i]);
```

不能写成

```
printf("%d",a);
```

4.1.3 一维数组的指针

C语言规定,数组存储空间的首地址存放在数组名中,即数组名指向下标为0的数组元素。由此可知,数组名不仅是一个标识名字,其本身还是一个地址量。由于数组的存储位置是由系统分配的,用户不能随意改变和设置,因此,表示数组存储起始位置的数组名是一个地址常量。另外,数组中的每个元素都有地址,其表示形式为:& 数组名[下标],其值也是地址常量,如数组 a 的首地址为 a 或 &a[0],数组元素 a[3] 的地址为 &a[3]。

需要说明的是:虽然数组名代表数组存放的起始地址,但系统并不为数组名分配内存单元;另外,对数组名使用取地址符"&"进行运算没有意义。

1. 指向一维数组元素的指针变量

以上介绍了指向数组元素的指针常量,C语言还可以定义指向数组元素的指针变量。指向一维数组元素的指针变量的定义与前面介绍的指向变量的指针变量的定义相同,如

```
int * p;
```

定义 p 为指向整型变量的指针变量,若有赋值语句

```
p=&a[3];
```

则把数组元素 a[3] 的地址赋给指针变量 p,也就是说,指针变量 p 指向数组 a 中下标为 3 的元素。

可以在定义指针变量的同时把数组元素的地址初始化给指针变量,如

```
int  a[10], * p=a;
```

等价于

```
int  a[10], * p;
p=a;
```

其作用是把数组 a 的起始地址,即 a[0] 的地址赋给指针变量 p。

注意:指针变量的类型必须与其指向的数组元素的类型一致。

2. 指针运算

除了上面介绍的赋值运算外,指向一维数组元素的指针还可以进行下列运算。

(1) 指向数组元素的指针可以加(减)一个整型数。假设 p 是指向数组元素的指针,n 是一个整型数,则 p±n 的含义是使 p 的原值(地址)加(减)n 个数组元素所占的字节数,即 p±n×d(其中 d 代表一个数组元素占用的字节数,如 short 型为 2,float 型为 4)。

若有定义:short int a[10], * p;,则 a+3 实际代表 a+3×2,即 a+3 指向 a[3];如果 p 指向 a[2],则 p−1 实际代表 p−1×2,即 p−1 指向 a[1]。

由此可知,如果指针变量 p 的值为 &a[0],则 &a[i]、a+i 和 p+i 是等价的,它们都表示数组元素 a[i] 的地址。

(2) 指向数组元素的指针变量可以进行自加自减运算,自加后指向原来指向元素的下一个元素,自减后指向原来指向元素的上一个元素。假如指针变量 p 指向 a[2],则

＋＋p 指向 a[3]，－－p 指向 a[1]。

注意：数组名是常量，不能进行自加自减运算。

（3）若两个指针指向同一个数组中的元素，则两个指针可以进行减运算，其含义为两个指针之间的数组元素的个数。假如 p 指向 a[2]，则 p－a＝2，2 表示 p 和 a 之间有两个数组元素。

（4）若两个指针指向同一个数组中的元素，则两个指针可以进行关系运算。假设 p 指向 a[2]，则 p＞a 为真，p＞a＋4 为假。

4.1.4　一维数组元素的指针法引用

由前面的介绍可知，若有定义

```
int a[10], * p=a;
```

则 ＆a[i]、a＋i 和 p＋i 是等价的，它们都表示数组元素 a[i]的地址。由此可得下列等价关系：a[i]、＊(a+i)和 ＊(p+i)等价。它们都表示下标为 i 的数组元素。由此可知，一维数组元素除了可以用下标法引用外，还可以用指针法引用。

1. 数组名法

使用数组名引用数组元素的一般形式为

＊**(数组名＋表达式)**

其中，表达式类型任意，一般为算术表达式，其值为数组元素的下标。如 ＊(a＋3－1)表示数组元素 a[2]。

【例 4.2】　使用数组名法实现例 4.1。

```
#include "stdio.h"
void main()
{ int a[10],i,j,t;
  for(i=0;i<10;i++)
    scanf("%d",a+i);
  for(i=0,j=9;i<j;i++,j--)
  { t= * (a+i); * (a+i)= * (a+j); * (a+j)=t; }        /* 数组名法引用 */
  for(i=0;i<10;i++)
    printf("%4d", * (a+i));                           /* 数组名法引用 */
}
```

【运行结果】　见例 4.1。

2. 指针变量法

使用指针变量引用数组元素的一般形式为

＊**(指针变量＋表达式)**

其中，指针变量为指向一维数组元素的指针变量。表达式类型任意，一般为算术表达式。若指针变量指向下标为 0 的数组元素，则表达式的值就是要引用的数组元素的下标，否则要引用的数组元素的下标为：指针变量－数组名＋表达式。

假设 p 指向 a[3]，则下列用指针变量 p 对数组元素的引用都是正确的。

```
* p=10              /* 与 a[3]=10 等价 */
* (p+2 * 2)=20      /* 与 a[7]=20 等价 */
* p+=40             /* 与 a[3]+=40 等价 */
```

【**例 4.3**】 使用指针变量法实现例 4.1。

```
#include "stdio.h"
void main()
{ int a[10], * i, * j,t;
  for(i=a;i<a+10;i++)
    scanf("%d",i);
  for(i=a,j=a+9;i<j;i++,j--)
  { t= * i; * i= * j; * j=t; }            /* 指针变量法引用 */
  for(i=a;i<a+10;i++)
    printf("%4d", * i);                   /* 指针变量法引用 */
}
```

【**运行结果**】 见例 4.1。

在编译时，编译系统将下标表示法转换为数组名表示法，所以使用下标法和数组名法的执行效率是一样的，但使用指针变量法既简捷，又能提高效率。

指向数组元素的指针变量也可以用下标法表示数组元素，即 * (p+i) 和 p[i] 是等价的，请读者自行编程验证。

在使用指针变量引用数组元素时，应注意以下几种情况。

```
* (p++)       /* 先用 p 指向的元素值,然后 p 指向下一个元素 */
* (++p)       /* p 先指向下一元素,然后用 p 指向的元素值 */
* (p--)       /* 先用 p 指向的元素值,然后 p 指向上一个元素 */
* (--p)       /* p 先指向上一元素,然后用 p 指向的元素值 */
* p++         /* 与 * (p++)等价 */
* p--         /* 与 * (p--)等价 */
( * p)++      /* 先用 p 指向的元素值,然后将 p 指向的元素值加 1 */
( * p)--      /* 先用 p 指向的元素值,然后将 p 指向元的素值减 1 */
++( * p)      /* 先将 p 指向的元素值加 1,然后用 p 指向的元素值 */
--( * p)      /* 先将 p 指向的元素值减 1,然后用 p 指向的元素值 */
```

读者可以通过下列程序对上述情况进行验证。

【**例 4.4**】 验证使用指针变量引用数组元素的各种情况。

```
#include "stdio.h"
void main()
{ int a[]={1,3,5};                        /* 数组初始化,a[0]=1,a[1]=3,a[2]=5 */
  int * p;
  p=&a[1];                                /* p 指向 a[1] */
```

```
    printf(" * (p++)=%d\n", * (p++));            / * 输出： * (p++)=3 * /
    printf(" * p=%d\n", * p);                     / * 输出： * p=5 * /
    p=&a[1];                                      / * p 指向 a[1] * /
    printf(" * (++p)=%d\n", * (++p));            / * 输出： * (++p)=5 * /
    printf(" * p=%d\n", * p);                     / * 输出： * p=5 * /
    p=&a[1];                                      / * p 指向 a[1] * /
    printf(" * (p--)=%d\n", * (p--));            / * 输出： * (p--)=3 * /
    printf(" * p=%d\n", * p);                     / * 输出： * p=1 * /
    p=&a[1];                                      / * p 指向 a[1] * /
    printf(" * (--p)=%d\n", * (--p));            / * 输出： * (--p)=1 * /
    printf(" * p=%d\n", * p);                     / * 输出： * p=1 * /
    p=&a[1];                                      / * p 指向 a[1] * /
    printf(" * p++=%d\n", * p++);                / * 输出： * p++=3 * /
    printf(" * p=%d\n", * p);                     / * 输出： * p=5 * /
    p=&a[1];                                      / * p 指向 a[1] * /
    printf(" * p--=%d\n", * p--);                / * 输出： * p--=3 * /
    printf(" * p=%d\n", * p);                     / * 输出： * p=1 * /
    p=&a[1];                                      / * p 指向 a[1] * /
    printf("( * p)++=%d\n",( * p)++);            / * 输出：( * p)++=3 * /
    printf(" * p=%d\n", * p);                     / * 输出： * p=4, * /
    p=&a[1];                                      / * p 指向 a[1] * /
    printf("( * p)--=%d\n",( * p)--);            / * 输出：( * p)--=4 * /
    printf(" * p=%d\n", * p);                     / * 输出： * p=3 * /
    p=&a[1];                                      / * p 指向 a[1] * /
    printf("++( * p)=%d\n",++( * p));            / * 输出：++( * p)=4 * /
    printf(" * p=%d\n", * p);                     / * 输出： * p=4 * /
    p=&a[1];                                      / * p 指向 a[1] * /
    printf("--( * p)=%d\n",--( * p));            / * 输出：--( * p)=3 * /
    printf(" * p=%d\n", * p);                     / * 输出： * p=3 * /
}
```

4.2　一维字符数组及指针

4.2.1　一维字符数组的定义和初始化

1. 一维字符数组的定义

C 语言中没有专门的字符串变量，字符串的存放和处理可以通过字符数组实现。一维字符型数组定义的一般形式为

char　数组名[常量表达式]

如

char　str[6];

字符数组 str 有 6 个元素,分别为 str[0],str[1],str[2],str[3],str[4],str[5]。

字符数组中的一个元素存放一个字符,如字符数组 str 只能存放 6 个字符。

2. 一维字符数组的初始化

在对字符数组初始化时,可以使用字符常量,也可以使用字符串常量,可以全部元素初始化,也可以部分元素初始化。全部元素初始化时,数组的长度可以省略。

(1) 用字符常量初始化

可以用字符常量对字符数组的全部元素初始化,如

```
char str[3]={'U','S','A'};
```

等价于

```
char str[]={'U','S','A'};
```

字符数组 str 有 3 个元素,str[0]的值为'U',str[1]的值为'S',str[2]的值为'A'。数组 str 各元素的值如图 4.2 所示。

也可以用字符常量对字符数组的部分元素初始化,如

```
char str[6]={'U','S','A'};
```

字符数组 str 有 6 个元素,str[0]的值为'U',str[1]的值为'S',str[2]的值为'A',未初始化的元素 str[3]、str[4]和 str[5]的值都为空('\0')。数组 str 各元素的值如图 4.3 所示。

图 4.2 全部元素初始化   图 4.3 部分元素初始化

(2) 用字符串常量初始化

可以用字符串常量对字符数组的全部元素初始化,如

```
char str[]={"USA"};
```

可以将花括号省略,即写成

```
char str[]="USA";
```

等价于

```
char str[]={'U','S','A', '\0'};
```

字符数组 str 有 4 个元素,str[0]的值为'U',str[1]的值为'S',str[2]的值为'A',str[3]的值为'\0'。数组 str 各元素的值如图 4.4 所示。

由此可知,用字符串常量初始化字符数组时,字符数组的长度至少要比字符串的最大长度多 1,最后一个元素用来存放字符串结束标志'\0'。

| U | S | A | \0 |

图 4.4 全部元素初始化

也可以用字符串常量对字符数组的部分元素初始化。在对部分元素初始化时,长度不能省略,如

```
char str[6]="USA";
```

等价于

```
char str[6]={'U','S','A'};
```

数组 str 各元素的值如图 4.5 所示。

建议用字符串常量初始化字符数组，这样既方便快捷，又便于编程时对字符串的处理。

图 4.5 部分元素初始化

4.2.2 字符数组的输入和输出

1. 字符串输出函数

一般调用格式为

puts(str)

其中，参数 str 可以是字符串常量，也可以是地址表达式（一般为字符数组名或字符指针变量）。

功能：将一个以'\0'为结束符的字符串输出到终端（一般指显示器），并将'\0'转换为回车换行符。

返回值：若输出成功，则返回换行符（ASCII 码值为 10），否则返回 EOF(-1)。

若有定义

```
char str[]="China";
```

则

puts(str); 的输出结果为 China。

puts(str+2); 的输出结果为 ina。

说明：

(1) puts()函数一次只能输出一个字符串。

(2) 输出的字符串可以包含转义字符，输出到第一个'\0'为止，并将'\0'转换为'\n'，即输出完字符串后换行，如

```
char str[]="china\nliaoning\0jinzhou";
```

输出结果为

```
china
liaoning
```

(3) 使用 puts()函数的函数前面要有以下文件包含命令：

```
#include "stdio.h" 或 #include<stdio.h>
```

2. 字符串输入函数

一般调用格式为

gets(str)

其中,参数 str 是地址表达式(一般为字符数组名或字符指针变量)。

功能:从终端(一般指键盘)输入一个字符串,存放到以 str 为起始地址的内存单元中。

返回值:字符串在内存中存放的起始地址,即 str 的值。

如

```
char str[20];
gets(str);
```

是把从键盘上输入的字符串存放到字符数组 str 中。

说明:

(1) gets()函数一次只能输入一个字符串。

(2) 系统自动在字符串后面添加一个字符串结束标志'\0'。

(3) 使用 gets()函数的函数前面要有以下文件包含命令:

```
#include "stdio.h" 或 #include<stdio.h>
```

3. 字符数组的输出

可以通过两种方法输出字符数组。

(1) 单个字符输出

用格式输出函数 printf()的%c 的格式或字符输出函数 putchar()。

(2) 将整个字符串一次性输出

用格式输出函数 printf()的%s 格式或字符串输出函数 puts()。

两者的区别是前者输出字符串后不换行,后者输出字符串后自动换行。

将整个字符串一次性输出时需要注意以下几点。

① 输出字符不包括字符串结束标志'\0'。

② printf()函数的%s 格式的输出项参数和 puts()函数的参数是地址表达式,不是数组元素名,如

```
char str[10]="China";
printf("%s",str);          /* 输出:China */
puts(str+2);               /* 输出:ina */
```

③ 当数组长度大于字符串的实际长度时,也只输出到'\0'结束。

④ 如果一个字符数组中包含一个以上的'\0',则遇到第一个'\0'时输出结束,如

```
char str[10]="china\0usa";
printf("%s",str);
```

输出结果为

```
china
```

4. 字符数组的输入

字符数组的输入也有两种方法。

（1）单个字符输入

可以用格式输入函数 scanf() 的 %c 格式或字符输入函数 getchar()。

（2）将整个字符串一次性输入

可以用格式输入函数 scanf() 的 %s 格式或字符串输入函数 gets()。

将整个字符串一次性输入时需要注意以下几点。

① scanf() 函数的 %s 格式不能输入含有空格的字符串，遇到空格，系统认为输入结束，所以用 scanf() 函数一次能输入多个不含空格的字符串。用 gets() 函数能够输入含有空格的字符串，但一次只能输入一个字符串，如

```
char str1[12];
scanf("%s",str1);
printf("%s",str1);
```

若数据输入为

how are you↙

则输出结果为

how

字符数组 str1 的内容如图 4.6 所示。

h	o	w	\0								

图 4.6　使用 scanf() 函数的 str1 的内容

如果将上述代码改为

```
char str1[12];
gets(str1);
printf("%s",str1);
```

数据输入为

how are you↙

则输出结果为

how are you

字符数组 str1 的内容如图 4.7 所示，其中，"□"代表空格。

h	o	w	□	a	r	e	□	y	o	u	\0

图 4.7　使用 gets() 函数的 str1 的内容

如果将上述代码改为

```
char str1[4],str2[4],str3[4];
```

```
scanf("%s%s%s",str1,str2,str3);
printf("%s\n%s\n%s",str1,str2,str3);
```

数据输入为

how are you↙

则输出结果为

```
how
are
you
```

字符数组 str1、str2 和 str3 的内容如图 4.8 所示。

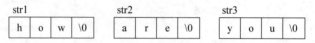

str1   str2   str3

| h | o | w | \0 | | a | r | e | \0 | | y | o | u | \0 |

图 4.8　使用 scanf()函数的 str1、str2 和 str3 的内容

② 系统自动在最后一个字符的后面加上一个字符串结束符'\0'。

③ 当 scanf()函数的％s 格式的输入项是数组名时,数组名前不能加取地址符"&",因为数组名本身代表数组的首地址。

4.2.3　用字符数组实现字符串

若字符串存放在字符数组中,则对字符串中字符的引用可以用下标法,也可以用指针法,其引用形式和前面介绍的一维数组元素的引用形式相同。

1. 下标法引用

【例 4.5】　将一个字符串逆置后接到原串的后面。

```
#include "stdio.h"
void main()
{ char str[81];
  int i,j;
  gets(str);
  i=0;
  while(str[i]!='\0') i++;
  j=i;                      /*j 是'\0'的下标*/
  i--;                      /*i 是最后一个字符的下标*/
  while(i>=0)
  { str[j]=str[i];          /*复制*/
    i--;                    /*i 前移*/
    j++;                    /*j 后移*/
  }
  str[j]='\0';              /*串尾加字符串结束标志*/
  puts(str);
```

```
}
```

【运行结果】

abc↙

abccba

2. 数组名法引用

【例 4.6】　将字符数组 a 中的字符串复制到字符数组 b。

```
#include "stdio.h"
void main()
{ char a[81],b[81];
  int i=0;                    /*字符串起始位置*/
  gets(a);
  while(*(a+i)!='\0')
  {  *(b+i)=*(a+i);           /*复制*/
    i++;
  }
  *(b+i)='\0';               /*串尾加字符串结束标志*/
  puts(b);
}
```

【运行结果】

china↙

china

3. 指针变量法引用

【例 4.7】　删除字符串尾部的空格。

```
#include "stdio.h"
void main()
{ char str[80],*p;
  gets(str);
  p=str;
  while(*p) p++;
  p--;                       /*p指向字符串最后一个字符*/
  while(*p==' ') p--;
  p++;                       /*p指向字符串尾部第一个空格字符*/
  *p='\0';                   /*串尾加字符串结束标志*/
  printf("%s",str);
}
```

【运行结果】

abcd□□□□↙
abcd(光标在 d 的后一列)

4.2.4 用字符指针变量实现字符串

除了能用字符数组处理字符串外,还可以用字符指针变量处理字符串,如

```
char * str="china";
```

等价于

```
char  * str;
str="china";
```

其含义为:定义了一个字符型指针变量 str,并将字符串"china"的首地址赋给它,即 str 指向字符串的第一个字符 c。

【例 4.8】 用指针变量实现字符串举例。

```
#include "stdio.h"
void main()
{ char * p1="china";
  char * p2;
  puts(p1);
  p2=p1;
  puts(p2+2);
}
```

【运行结果】

```
china
ina
```

虽然用字符数组和字符指针变量都能实现对字符串的处理,但它们之间是有区别的,应注意以下几点。

(1) 字符数组由若干个元素组成,每个元素中存放一个字符,而字符指针变量中存放的是字符串的首地址,而不是将字符串存放到指针变量中。

(2) 不能用赋值语句将一个字符串常量或字符数组直接赋给字符数组,但可以用赋值语句将一个字符串常量或字符数组的首地址直接赋给指针变量,如有定义

```
char str1[10]="china",str2[10], * p1, * p2;
```

下面的赋值是不合法的:

```
str2=str1;
str2="USA";
```

下面的赋值是合法的:

```
p1=str1;          /* 把数组 str1 的首地址赋给 p1 */
p2="USA";         /* 把字符串"USA"的首地址赋给 p2 */
```

(3) 使用数组名可以安全地将从键盘上输入的字符串存放到字符数组中,但使用未

赋予地址值的指针是危险的,如

```
char  * p;
scanf("%s",p);
```

虽然也能运行,但有可能会破坏其他程序。

(4) 使用字符指针变量处理字符串比使用字符数组处理字符串节省内存,如

```
char * p="china";
```

是把字符串常量"china"的首地址赋给指针变量 p,而

```
char str[]="china";
```

是将字符串常量"china"复制到字符数组,"china"的地址与数组 str 的地址不同。

4.2.5　常用字符串处理函数

在 VC++ 环境中,头文件 string.h 提供了一些专门处理字符串的函数,下面介绍其中几个最常用的字符串处理函数。

1. 字符串复制函数

一般调用格式为

strcpy(str1,str2)

其中,str1 是地址表达式(一般为字符数组名或字符指针变量);str2 可以是地址表达式(一般为字符数组名或字符指针变量),也可以是字符串常量。

功能:将 str2 指向的字符串复制到以 str1 为起始地址的内存单元中。

返回值: str1 的值。

例如

```
char str1[40],str2[]="china";
strcpy(str1,str2);
puts(str1);
```

输出结果为

```
china
```

说明:

(1) 以 str1 开始的内存单元必须定义得足够大,以便容纳被复制的字符串。

(2) 复制时连同字符串后面的'\0'一起复制。

(3) 不能用赋值语句将一个字符串常量赋给一个字符数组,也不能将一个字符数组赋给另一个字符数组,只能用 strcpy()函数处理,如

```
char str1[10]="china",str2[10];
```

下面的赋值是不合法的。

```
str2=str1;
str2="USA";
```

下面的赋值是合法的。

```
strcpy(str2,str1);
strcpy(str2,"USA");
```

2. 字符串连接函数

一般调用格式为

strcat(str1,str2)

其中,str1 是地址表达式(一般为字符数组名或字符指针变量);str2 可以是地址表达式 (一般为字符数组名或字符指针变量),也可以是字符串常量。

功能:将 str2 指向的字符串连接到 str1 指向的字符串的后面。

返回值:str1 的值。

例如

```
char str1[40]="china",str2[]="beijing";
strcat(str1,str2);
puts(str1);
```

输出结果为

```
chinabeijing
```

说明:

(1) 以 str1 起始的内存单元必须定义得足够大,以便容纳连接后的字符串。

(2) 连接后,str2 指向的字符串的第一个字符覆盖了连接前 str1 指向的字符串的结束符'\0',只在新串的最后保留一个'\0'。

(3) 连接后,str2 指向的字符串不变。

3. 字符串比较函数

一般调用格式为

strcmp(str1,str2)

其中,str1 和 str2 可以是地址表达式(一般为字符数组名或字符指针变量),也可以是字符串常量。

功能:比较两个字符串的大小。

返回值:在VC++环境中,如果 str1 大于 str2,返回 1;如果 str1 等于 str2,返回 0;如果 str1 小于 str2,返回 -1。

例如

```
printf("%d\n",strcmp("acb","aCb"));
```

输出结果为

1　　　　　/ * 在 VC++ 环境中的输出结果 * /

说明：

(1) 字符串比较是从左向右比较对应字符的 ASCII 码值。

(2) 两个字符串比较不能使用关系运算符,只能使用 strcmp() 函数。

(3) 不能使用 strcmp() 函数比较其他类型数据。

4. 测试字符串长度函数

一般调用格式为

strlen(str)

其中,str 可以是地址表达式(一般为字符数组名或字符指针变量),也可以是字符串常量。

功能：统计字符串 str 中字符的个数(遇 \0 结束)。

返回值：字符串中实际字符的个数。

例如

```
char str[10]="china";
printf("%d",stren(str));
```

输出结果是 5,不是 10,也不是 6。

5. 字符串小写变大写函数

一般调用格式为

strupr(str)

其中,str 可以是地址表达式(一般为字符数组名或字符指针变量),也可以是字符串常量。

功能：将字符串中的小写字母转换成大写字母。

返回值：str 的值,即字符串的首地址。

例如

```
puts(strupr("aB3c"));
```

输出结果为

```
AB3C
```

6. 字符串大写变小写函数

一般调用格式为

strlwr(str)

其中,str 可以是地址表达式(一般为字符数组名或字符指针变量),也可以是字符串常量。

功能：将字符串中的大写字母转换成小写字母。

返回值：str 的值,即字符串的首地址。

例如

```
puts(strupr("aB3c"));
```

输出结果为

ab3c

【例 4.9】 将两个字符串按照由小到大的顺序连接在一起。

```
#include "stdio.h"
#include "string.h"
void main()
{ char str1[20],str2[20],str3[60];
  gets(str1);
  gets(str2);
  if(strcmp(str1,str2)<0)
  {  strcpy(str3,str1);              /*复制*/
     strcat(str3,str2);             /*连接*/
  }
  else
  {  strcpy(str3,str2);              /*复制*/
     strcat(str3,str1);             /*连接*/
  }
  puts(str3);
}
```

【运行结果】

```
China↙
American↙
AmericanChina
```

4.3　多维数组及指针

除了一维数组外,C 语言还允许使用二维、三维等多维数组,数组的维数没有限制。除了二维数组外,其他多维数组一般很少用到,本节重点介绍二维数组。

4.3.1　二维数组的定义和初始化

1. 二维数组的定义

二维数组定义的一般形式为

类型标识符　数组名[常量表达式 1][常量表达式 2]

其中,常量表达式 1 的值是行数,常量表达式 2 的值是列数,如

```
int a[3][4];
```

定义了一个整型的二维数组,数组名为 a,行数为 3,列数为 4,共有 12 个元素,分别为 a[0][0],a[0][1],a[0][2],a[0][3],a[1][0],a[1][1],a[1][2],a[1][3],a[2][0], a[2][1],a[2][2],a[2][3]。

C 语言中,对二维数组的存储是按行存放,即按照行的顺序依次将数组存放在连续的内存单元中。二维数组 a 的存储顺序如图 4.9 所示。

图 4.9　二维数组 a 的存储顺序

C 语言对二维数组的处理方法是将其分解成多个一维数组。例如对二维数组 a 的处理方法是:把 a 看作为一个一维数组,数组 a 包含 3 元素:a[0],a[1],a[2]。每个元素又是一个一维数组,各包含 4 个元素,如 a[0]所代表的一维数组又包含 4 个元素:a[0][0],a[0][1],a[0][2],a[0][3]。二维数组 a 的处理方法如图 4.10 所示。

图 4.10　二维数组 a 的处理方法

由于系统并不为数组名分配内存,所以由 a[0]、a[1]、a[2]组成的一维数组在内存中并不存在,它们只表示相应行的首地址。

C 语言中,多维数组定义的一般形式为

类型标识符 数组名[常量表达式 1][常量表达式 2]…[常量表达式 n]

2. 二维数组的初始化

(1) 全部元素初始化。在对全部元素初始化时,第一维的长度,即行数可以省略,第二维的长度,即列数不能省略。可以用花括号分行赋初值,也可以整体赋初值,如下列初始化是等价的。

```
int a[3][4]={{1,2,3,4},{5,6,7,8},{9,10,11,12}};
int a[ ][4]={{1,2,3,4},{5,6,7,8},{9,10,11,12}};
int a[ ][4]={1,2,3,4,5,6,7,8,9,10,11,12};
```

(2) 部分元素初始化

在对部分元素初始化时,若省略第一维的长度,则必须用花括号分行赋初值,或初值个数与列数的商取整后等于行数。未初始化的元素,数值型数组的值为 0,字符型数组的值为'\0'。如下列初始化是等价的。

```
int a[3][4]={1,2,3,4,0,5};
int a[3][4]={{1,2,3,4},{0,5}};
int a[ ][4]={{1,2,3,4},{0,5},{0}};
int a[ ][4]={1,2,3,4,0,5,0,0,0};
```

二维数组 a 各元素的值如图 4.11 所示。

a[0][0]	a[0][1]	a[0][2]	a[0][3]	a[1][0]	a[1][1]	a[1][2]	a[1][3]	a[2][0]	a[2][1]	a[2][2]	a[2][3]
1	2	3	4	0	5	0	0	0	0	0	0

图 4.11 二维数组 a 部分元素初始化

下面是对二维字符型数组的初始化。

```
char str[3][6]={"China","USA","Japan"};
```

3 个一维数组 str[0]、str[1]、str[2]各有 6 个元素,其值分别为:"China"、"USA"和
"Japan",二维数组 str 各元素的值如图 4.12 所示。

str[0]	C	h	i	n	a	\0
str[1]	U	S	A	\0	\0	\0
str[2]	J	a	p	a	n	\0

图 4.12 二维字符数组 str 初始化

4.3.2 二维数组元素的下标法引用

数组元素在使用时与同类型的普通变量相同,可以出现在表达式中,也可以被赋值。
使用时需要特别注意下标的范围。

二维数组元素的下标表示形式为

数组名[表达式 1][表达式 2]

其中,表达式 1 和表达式 2 的类型任意,一般为算术表达式。表达式 1 的值是行标,表达
式 2 的值是列标。

【例 4.10】 求 3×4 矩阵的最小值及其所在的位置(行号和列号)。

```
#include "stdio.h"
void main()
{ int a[][4]={{2,-8,20,0},{9,5,-38,-34},{10,32,4,-3}};
  int i,j,row,col,min;
  min=a[0][0];
  row=0;  col=0;
  for(i=0;i<3;i++)
    for(j=0;j<4;j++)
      if(min>a[i][j])
      { min=a[i][j]; row=i; col=j; }
  printf("min=%d,row=%d,col=%d\n",min,row,col);
}
```

【运行结果】

```
min=-38,row=1,col=2
```

4.3.3　二维数组的指针

C 语言规定,二维数组的数组名代表整个二维数组的首地址,二维数组的数组名加 1 是指加一行元素所占的字节数。二维数组元素的地址可以通过取地址符"&"得到,其一般形式为

& 数组名[行标][列标]

设有定义

```
int a[3][4];
```

则 a 代表整个二维数组的首地址,a+i(0≤i≤2)是指向第 i 行的指针。数组元素 a[i][j](0≤i≤2,0≤j≤3)的地址为 &a[i][j]。

根据前面介绍的二维数组的处理方法可知,a 是由 a[0]、a[1]、a[2]三个元素组成一维数组的数组名,每个元素 a[i](0≤i≤2)又是由 4 个元素组成的一维数组的数组名,所以由一维数组元素的数组名表示法可以得到下列等价关系。

(1) *(a+i)与 a[i]是等价的,代表数组名为 a[i]的一维数组的首地址,即第 i 行的首地址,也就是第 i 行第一个元素的地址。

(2) a[i]+j、*(a+i)+j 与 &a[i][j]是等价的(0≤j≤3),代表数组元素 a[i][j]的地址。

1. 指向数组元素的指针变量

指向二维数组元素的指针变量的定义与指向变量的指针变量的定义相同,如

```
int *p,a[3][4];
```

定义 p 为指向整型变量的指针变量。

若有以下赋值语句

```
p=a[0];
```

则将元素 a[0][0]的地址赋给指针变量 p,即指针变量 p 指向数组元素 a[0][0]。

2. 数组指针变量

指向数组元素的指针变量加(减)1,是加(减)1 个数组元素所占的字节数,指向的元素是原来指向元素的下(上)一个元素。C 语言中,也可以定义指向由 m 个元素组成的一维数组的指针变量,即**数组指针变量**。指针变量加(减)1,是加(减)整个一维数组所占的字节数,其定义的一般形式为

类型标识符　(* 指针变量名)[常量表达式]

如

```
int  (*p)[4];
```

其含义为：p 是一个数组指针变量，它指向包含 4 个整型元素的一维数组。p 的值加(减)1 是指加(减)4 个整型数据所占的字节数。

用这种类型的指针变量可以指向二维数组中的一行，这时的 m 就是二维数组的列数。若有定义

```
int a[3][4],(*p)[4]=a;
```

则 p+i(0≤i≤2)是指向一维数组 a[i]的指针。由此可得到下列等价关系。

(1) *(a+i)、*(p+i)、p[i]和 a[i]是等价的，即第 i 行的首地址。

(2) a[i]+j、*(a+i)+j、p[i]+j、*(p+i)+j、&p[i][j]和 &a[i][j]是等价的(0≤j≤3)，即数组元素 a[i][j]的地址。

4.3.4 二维数组元素的指针法引用

1. 利用一维数组的数组名引用二维数组元素

因为 a[i]+j 和 &a[i][j]是等价的，所以 *(a[i]+j)和 a[i][j]是等价的，其中 a[i]是第 i 行一维数组的数组名。因此，可以用一维数组名引用二维数组中的元素，引用的一般形式为

*(一维数组名+表达式)

其中，表达式的类型任意，一般为算术表达式，其值为二维数组元素的列标。

如 *(a[1]+2-1)表示二维数组元素 a[1][1]。

另外，由于二维数组在内存中是按行连续存储的，因此可以把二维数组 a 看作为数组名为 a[0]的一维数组，二维数组元素 a[i][j]对应的一维数组元素是 *(a[0]+i*列数+j)。

如 *(a[0]+2*4+1)表示二维数组元素 a[2][1]。

【例 4.11】 输出行标为 1、列标为 2 的数组元素和行标为 2、列标为 1 的数组元素。

```
#include "stdio.h"
void main()
{ int a[3][4]={1,3,5,7,9,11,13,15,17,19,21,23};
  printf("%4d", *(a[1]+2));
  printf("%4d\n", *(a[0]+2*4+1));
}
```

【运行结果】

```
13  19
```

2. 利用指向二维数组元素的指针变量引用数组元素

用指向二维数组元素的指针变量引用二维数组元素的一般形式为

*(指针变量+表达式)

或

　　指针变量[表达式]

其中,指针变量是指向二维数组元素的指针变量。表达式的类型任意,一般为算术表达式。若指针变量指向数组的第一个元素,则引用的二维数组元素的行标为(表达式)/列数,列标为(表达式)%列数;否则引用的二维数组元素的行标为(指针变量-数组名[0]+表达式)/列数,列标为(指针变量-数组名[0]+表达式)%列数。

　　【例 4.12】　按行输出二维数组中的元素值。

```
#include "stdio.h"
void main()
{ int a[3][4]={1,3,5,7,9,11,13,15,17,19,21,23};
  int * p;
  for(p=&a[0][0];p<&a[0][0]+12;p++)
  { if((p-a[0])%4==0)
      printf("\n");
    printf("%4d", * p);
  }
  printf("\n");
}
```

【运行结果】

```
 1   3   5   7
 9  11  13  15
17  19  21  23
```

3. 利用二维数组名引用数组元素

　　由于 *(a+i)+j 和 &a[i][j]等价,所以 *(*(a+i)+j)和 a[i][j]等价。因此,可以利用二维数组的数组名引用二维数组中的元素,引用的一般形式为

　　＊(＊(数组名+表达式 1)+表达式 2)

其中,表达式 1 和表达式 2 的类型任意,一般为算术表达式。表达式 1 的值是行标,表达式 2 的值是列标。

　　【例 4.13】　计算 4×4 矩阵的周边元素值之和。

```
#include "stdio.h"
void main()
{ int a[4][4],i,j,sum;
  sum=0;
  for(i=0;i<4;i++)
    for(j=0;j<4;j++)
      scanf("%d", * (a+i)+j);
  for(i=0;i<4;i++)
    for(j=0;j<4;j++)
      if(i==0||i==3||j==0||j==3)
```

```
    sum+= * ( * (a+i)+j);
    printf("sum=%d\n",sum);
}
```

【运行结果】

1	2	3	4
5	6	7	8
9	10	11	12
13	14	15	16

sum=102

4. 利用数组指针变量引用二维数组元素

由前面的讨论可知,若有定义

```
int  a[3][4],( * p)[4]=a;
```

则 * (p+i)+j 和 &a[i][j]等价,由此可得, * (* (p+i)+j) 和 a[i][j]等价。所以,二维数组元素可以用数组指针变量引用,一般形式为

* (* (指针变量+表达式 1)+表达式 2)

其中,指针变量是数组指针变量,指向二维数组中的某一行。表达式 1 和表达式 2 的类型任意,一般为算术表达式。表达式 2 的值为要引用的二维数组元素的列标。若指针变量指向第一行,则表达式 1 的值为要引用的二维数组元素的行标;否则要引用的二维数组元素的行标为(指针变量-二维数组名+表达式 1)。

若有定义

```
int a[3][4],( * p)[4]=a+1;      / * p指向 a 中行标为 1 的由 4 个元素构成的一组数组 * /
```

则 * (* (p+1)+3-1)表示数组元素 a[2][2]。

【例 4.14】 输出 3×4 矩阵的任意一个元素的值。

```
#include "stdio.h"
void main()
{ int a[3][4]={{1,2,3,4},{5,6,7,8},{9,10,11,12}};
  int row,col,( * p)[4];
  p=a;
  scanf("row=%d,col=%d",&row,&col);
  printf("a[%d][%d]=%d\n",row,col, * ( * (p+row)+col));
}
```

【运行结果】

row=2,col=1
a[2][1]=10

另外, * (* (p+i)+j)与 * (p[i]+j)和 p[i][j]等价,请读者自行编程验证。

4.4　指针数组

元素为指针类型的数组称为指针数组,也就是说,指针数组中的每个元素都是指针变量。指针数组定义的一般形式为

类型标识符　＊数组名[常量表达式]

如

```
int  *p[4];
```

定义了一个指针数组,数组名为 p,它有 4 个元素,每个元素都是指向整型变量的指针变量。

请读者注意下列 3 种定义的区别。

```
int p[4];
int (*p)[4];
int *p[4];
```

与基本类型数组一样,指针数组在内存中分配连续的存储空间,指针数组也可以初始化。指针数组元素在使用时与同类型的指针变量相同。

【例 4.15】　将 5 个字符串按由小到大的顺序输出。

```
#include "stdio.h"
#include "string.h"
#define N  5
void main()
{ char * name[]={"China","Japan","USA","Russia","Canada"};
  char * temp;
  int i,j;
  for(i=0;i<N-1;i++)
    for(j=i+1;j<N;j++)
      if(strcmp(name[i],name[j])>0)
      { temp=name[i];name[i]=name[j];name[j]=temp; }
  for(i=0;i<N;i++)
    printf("%s\n",name[i]);
}
```

【运行结果】

```
Canada
China
Japan
Russia
USA
```

该程序的处理方法是:将字符串的地址按字符串由小到大的顺序重新存放到指针数

组 name 中,即交换的是字符串的地址,而不是字符串本身。

排序前后指针数组 name 的内容如图 4.13 所示。

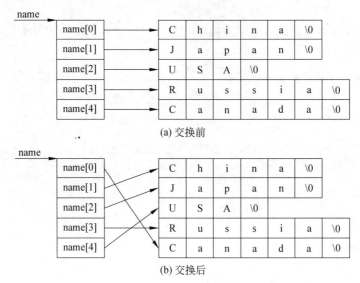

图 **4.13** 排序前后指针数组 **name** 的内容

4.5 二 级 指 针

在例 4.15 中,定义了一个指针数组 name,它的元素是指针类型,其值为地址。既然 name 是数组,那么它的每一个元素都有相应的地址,name+i(0≤i≤4)是数组元素 name [i]的地址,是指向 name[i]所指向对象的二级指针(指针常量)。也可以定义指向指针变量的指针变量,其定义的一般形式为

类型标识符 **变量名;

如

```
char  **p;
```

p 是指向字符型指针变量的指针变量,即指针变量 p 存储的内容是另一个字符型指针变量的地址,为二级指针变量。

二级指针变量可以初始化,如

```
char  **p=name;
```

等价于

```
char  **p;
p=name;
```

把指针数组 name 的首地址赋给指针变量 p,即 p 指向 name[0]。

使用二级指针变量可以存取和处理数据,在使用时要注意其用法,如

```
int a=3, * p=&a,**pp=&p;
printf("a=%d, * p=%d,**pp=%d",a, * p,**pp);
```

输出结果为

```
a=3, * p=3,**pp=3
```

【例 4.16】 用二级指针变量实现例 4.15。

```
#define N   5
#include "stdio.h"
#include "string.h"
void main()
{ char * name[]={"China","Japan","USA","Russia","Canada"};
  char * temp;
  char **i,**j;
  for(i=name;i<name+N-1;i++)
    for(j=i+1;j<name+N;j++)
      if(strcmp( * i, * j)>0)
      { temp= * i; * i= * j; * j=temp;}
  for(i=name;i<name+N;i++)
    printf("%s\n", * i);
}
```

【运行结果】 见例 4.15。

4.6　程序设计举例

【例 4.17】 用选择排序法将数组 a 中的 N 个整数升序排序并输出。

选择排序法的思想是:第一步从 N 个元素中找出值最小的元素,将其与第 1 个元素值交换。第二步从剩下的 N−1 个元素中找出值最小的元素,将其与第 2 个元素值交换。以此类推,直到剩下一个最大数存放在第 N 个单元中。

```
#include "stdio.h"
#define N 10
void main()
{ int i,j,k,a[N],t;
  for(i=0;i<N;i++)                    /* 输入 N 个要排序的数 */
    scanf("%d",&a[i]);
  for(i=0;i<N-1;i++)                  /* 排序总共进行 N-1 步 */
  { k=i;                              /* 初始化最小数的下标 */
    for(j=i+1;j<N;j++)                /* 寻找最小数的下标 */
      if(a[j]<a[k])
        k=j;                          /* 记录新的最小数的下标 */
```

```
    if(k!=i)
    { t=a[i];a[i]=a[k];a[k]=t; }            /*第 i 个数和最小数交换*/
  }
  for(i=0;i<N;i++)                           /*输出排序后的 N 个数*/
    printf("%4d",a[i]);
  printf("\n");
}
```

【运行结果】

```
0 9 8 7 6 5 4 3 2 1 ↙
0 1 2 3 4 5 6 7 8 9
```

思考题:请读者用指针变量完成此程序。

【例 4.18】 用起泡排序法将数组 a 中的 N 个整数升序排序并输出。

起泡排序法的思想是:第一步从下标为 0 的元素开始,比较相邻两个元素,若前者大于后者,则交换两个元素的值,反复执行 N-1 次,将最大数存入第 N 个单元。第二步对前 N-1 个元素进行同样的操作,反复执行 N-2 次,将次最大数存入第 N-1 个单元。以此类推,直到剩下一个最小数存放在第一个元素单元中。

```
#include "stdio.h"
#define N 10
void main()
{ int i,j,a[N],t;
  for(i=0;i<N;i++)                           /*输入 N 个要排序的数*/
    scanf("%d",&a[i]);
  for(i=0;i<N-1;i++)                         /*排序总共进行 N-1 步*/
  { for(j=0;j<N-i-1;j++)                     /*进行 N-i 次相邻元素比较*/
      if(a[j]>a[j+1])                        /*若前者大于后者,则进行交换*/
      { t=a[j];a[j]=a[j+1];a[j+1]=t; }
  }
  for(i=0;i<N;i++)
    printf("%4d",a[i]);
  printf("\n");
}
```

【运行结果】

```
0 9 8 7 6 5 4 3 2 1 ↙
0 1 2 3 4 5 6 7 8 9
```

思考题:请读者用指针变量完成此程序。

【例 4.19】 输出杨辉三角的前 10 行。

解题思路:可以用二维数组 a 存放数据,对于数组中的每个元素 a[i][j],若 j>i,则 a[i][j]不用;若 j==0 或 j==i,则 a[i][j]=1,否则 a[i][j]=a[i-1][j]+a[i-1][j-1]。

```
#include "stdio.h"
#define N 10
void main()
{ int i,j,a[N][N];
  for(i=0;i<N;i++)
    for(j=0;j<=i;j++)
      if(j==0||j==i) a[i][j]=1;
      else a[i][j]=a[i-1][j]+a[i-1][j-1];
  for(i=0;i<10;i++)
  { for(j=0;j<=i;j++)
      printf("%4d",a[i][j]);
    printf("\n");
  }
}
```

【运行结果】

```
1
1    1
1    2    1
1    3    3    1
1    4    6    4    1
1    5    10   10    5    1
1    6    15   20   15    6    1
1    7    21   35   35   21    7    1
1    8    28   56   70   56   28    8    1
1    9    36   84  126  126   84   36    9    1
```

思考题：如何按照等腰三角形输出杨辉三角？

【例 4.20】　将 4×4 矩阵转置并输出。

解题思路：可以用一个二维数组 a 存放矩阵，因为是方阵，所以只要将 a[i][j] 和 a[j][i] 交换即可。

```
#include "stdio.h"
#define N 4
void main()
{ int i,j, a[N][N],t;
  for(i=0;i<N;i++)
    for(j=0;j<N;j++)
      scanf("%d",&a[i][j]);
  for(i=1;i<N;i++)
    for(j=0;j<i;j++)
    { t=a[i][j];a[i][j]=a[j][i];a[j][i]=t; }
  for(i=0;i<N;i++)
  { for(j=0;j<N;j++)
```

```
          printf("%4d",a[i][j]);
        printf("\n");
    }
}
```

【运行结果】

```
1   1   1   1↙
2   2   2   2↙
3   3   3   3↙
4   4   4   4↙
1   2   3   4
1   2   3   4
1   2   3   4
1   2   3   4
```

【例 4.21】 输入一个英文句子,将每个英文单词的首字母变为大写,单词之间用空格隔开。

解题思路:因为单词之间用空格隔开(连续的若干空格作为出现一次空格,开头的空格不在内),所以如果测出当前字符为非空格,而它前面的字符为空格,则表示新的单词开始,判断当前字母是否为大写,如果不是,则将其变为大写。如果当前字符和前一个字符都不是空格,则意味着仍然是原来单词,不用判断当前字母的大小写。

```c
#include "stdio.h"
void main()
{ char a[81], * p;
  int word=0;
  gets(a);
  p=a;
  while(* p)
  { if(* p==' ') word=0;
    else if(word==0)
        { if(* p>='a'&& * p<='z')
              * p-=32;
          word=1;
        }
    p++;
  }
  puts(a);
}
```

【运行结果】

```
how old are you↙
How Old Are You
```

【例 4.22】 不使用字符串连接函数 strcat(),将两个字符串连接并输出。

```c
#include "stdio.h"
void main()
{ char a[81],b[81], * p1, * p2;
  p1=a;p2=b;
  gets(a);gets(b);
  while( * p1) p1++;
  while( * p2) { * p1= * p2;p1++;p2++;}
   * p1='\0';
  puts(a);
}
```

【运行结果】

china↙
beijing↙
chinabeijing

其中,程序段

```c
while( * p1)   p1++;
```

可改为

```c
while( * p1++); p1--;
```

程序段

```c
while( * p2) { * p1= * p2;p1++;p2++;} * p1='\0';
```

可改为

```c
while( * p1++= * p2++);
```

请读者自行编程验证,并分析其处理过程。

【例 4.23】 将输入的不超过万位的数字金额转换为大写金额输出。

```c
#include "stdio.h"
#include "string.h"
void main()
{ float x;                /* 存放数字金额 */
  int a[7],i=0,j;         /* 数组 a 存放数字金额的每一位 */
  long y;
  char zs[][3]={"零","壹","贰","叁","肆","伍","陆","柒","捌","玖"};
  char dw[][3]={"分","角","元","拾","佰","仟","万"};
  char s[81]="\0";
  printf("请输入金额:");
  scanf("%f",&x);
  x * =100;
```

```
y=(long)x;
while(y)
{ a[i++]=y%10; y/=10;}
for(j=i-1;j>=0;j--)
{ strcat(s,zs[a[j]]);strcat(s,dw[j]);}
puts(s);
}
```

【运行结果】

123.47↙
壹佰贰拾叁元肆角柒分

习   题

1. 单项选择题

(1) 设有定义：int a[10],＊p＝a;,则对数组元素的正确引用是(   )。

　　① a[p]　　　　　② p[a]　　　　　③ ＊(p+2)　　　　④ p+2

(2) 若有如下定义,则不能表示数组 a 中元素的表达式是(   )。

　　int a[10]={1,2,3,4,5,6,7,8,9,10},＊p=a;

　　① ＊p　　　　　② a[10]　　　　　③ ＊a　　　　　④ a[p-a]

(3) 若有如下定义,则值为 3 的表达式是(   )。

　　int a[10]={1,2,3,4,5,6,7,8,9,10},＊p=a;

　　① p+=2,＊(p++)　　　　　　　　② p+=2,＊++p

　　③ p+=3,＊p++　　　　　　　　　④ p+=2,++＊p

(4) 设有定义：char a[10]＝"ABCD",＊p＝a;,则＊(p+4)的值是(   )。

　　① "ABCD"　　　　② '\D'　　　　　③ '\0'　　　　　④ 不确定

(5) 将 p 定义为指向含有 4 个元素的一维数组的指针变量,正确的语句为(   )。

　　① int （＊p)[4];　　　　　　　　　② int　＊p[4];

　　③ int p[4];　　　　　　　　　　　④ int ＊＊p[4];

(6) 若有定义 int a[3][4];,则输入 3 行 2 列元素的正确语句为(   )。

　　① scanf("%d",a[3,2]);　　　　　② scanf("%d",＊(＊(a+2)+1))

　　③ scanf("%d",＊(a+2)+1);　　　④ scanf("%d",＊(a[2]+1));

(7) 下面对指针变量的叙述中正确的是(   )。

　　① 指针变量可以加上一个指针变量

　　② 可以把一个整数赋给一个指针变量

　　③ 指针变量的值可以赋给指针变量

　　④ 指针变量不可以有空值,即该指针变量必须指向某一变量

(8) 设有定义：int a[10],＊p＝a+6,＊q＝a;,则下列运算中错误的是(   )。

　　① p－q　　　　　　② p＋3　　　　　　③ p＋q　　　　　　④ p＞q

(9) C 语言中,数组名代表(　　)。

　　① 数组全部元素的值　　　　　　② 数组首地址

　　③ 数组第一个元素的值　　　　　　④ 数组元素的个数

(10) 若有如下定义,则值为 4 的表达式是(　　)。

```
int a[12]={1,2,3,4,5,6,7,8,9,10,11,12};
char c='a',d,g;
```

　　① a[g－c]　　　　② a[4]　　　　　③ a['d'－'c']　　　　④ a['d'－c]

(11) 设有定义:char s[12]＝"string";,则 printf("%d",strlen(s));的输出结果
是(　　)。

　　① 6　　　　　　　② 7　　　　　　　③ 11　　　　　　　④ 12

(12) 语句 printf("%d",strlen("abs\no12\1\\"));的输出结果是(　　)。

　　① 11　　　　　　② 10　　　　　　③ 9　　　　　　　④ 8

(13) 设有定义:int t[3][2];,能正确表示 t 数组元素地址的表达式是(　　)。

　　① &t[3][2]　　　② t[3]　　　　　③ t[1]　　　　　④ ＊t[2]

(14) 语句 strcat(strcpy(str1,str2),str3);的功能是(　　)。

　　① 将字符串 str1 复制到字符串 str2 中后再连接到字符串 str3 之后

　　② 将字符串 str1 连接到字符串 str2 中后再复制到字符串 str3 之后

　　③ 将字符串 str2 复制到字符串 str1 中后再将字符串 str3 连接到字符串 str1
　　　之后

　　④ 将字符串 str2 连接到字符串 str1 中后再将字符串 str1 复制到字符串
　　　str1 中

(15) 若有如下定义,则正确的叙述为(　　)。

```
char x[]="abcdefg";
char y[]={'a','b','c','d','e','f','g'};
```

　　① 数组 x 和数组 y 等价

　　② 数组 x 和数组 y 的长度相同

　　③ 数组 x 的长度大于数组 y 的长度

　　④ 数组 y 的长度大于数组 x 的长度

2. 程序分析题

(1) 写出下列程序的运行结果。

```
#include "stdio.h"
void main()
{ int a[3][3]={{1,2},{3,4},{5,6}};
  int i,j,s=0;
  for(i=0;i<3;i++)
    for(j=0;j<=i;j++)
      s+=a[i][j];
```

```
    printf("%d\n",s);
}
```

（2）写出下列程序的运行结果。

```
#include "stdio.h"
void main()
{ int i,j,k,n[3];
  for(i=0;i<3;i++) n[i]=0;
  k=2;
  for(i=0;i<k;i++)
    for(j=0;j<k;j++)
      n[j]=n[i]+1;
  printf("%d\n",n[1]);
}
```

（3）写出下列程序的运行结果。

```
#include "stdio.h"
void main()
{ int a[]={2,4,6,8,10};
  int y=1,x, * p;
  p=&a[1];
  for(x=0;x<3;x++)
    y+= * (p+x);
  printf("%d\n",y);
}
```

（4）写出下列程序的运行结果。

```
#include "stdio.h"
void main()
{ int i,c;
  char num[][5]={"CDEF","ACBD"};
  for(i=0;i<4;i++)
  { c=num[0][i]+num[1][i]-2 * 'A';
    printf("%3d",c);
  }
}
```

（5）写出下列程序的运行结果。

```
#include "stdio.h"
void main()
{ char a[]="*****";
  int i,j,k;
  for(i=0;i<5;i++)
  { printf("\n");
```

```
    for(j=0;j<i;j++) printf("%c",' ');
      for(k=0;k<5;k++) printf("%c",a[k]);
  }
}
```

（6）下列程序的功能是什么？

```
#include "stdio.h"
void main()
{ int i,a[10],*p=&a[9];
  for(i=0;i<10;i++) scanf("%d",&a[i]);
  for(;p>=a;p--) printf("%3d",*p);
}
```

（7）写出下列程序的运行结果。

```
#include "stdio.h"
void main()
{ char ch[2][5]={"6937","8254"},*p[2];
  int i,j,s;
  for(i=0;i<2;i++) p[i]=ch[i];
  for(i=0;i<2;i++)
  { s=0;
    for(j=0;ch[i][j]!='\0';j++)
      s=s*10+ch[i][j]-'0';
    printf("%5d",s);
  }
}
```

（8）写出下列程序的运行结果。

```
#include "stdio.h"
void main()
{ int i,k,a[10],p[3];
  k=5;
  for (i=0;i<10;i++)
    a[i]=i;
  for(i=0;i<3;i++)
    p[i]=a[i*(i+1)];
  for(i=0;i<3;i++)
    k+=p[i]*2;
  printf("%d\n",k);
}
```

（9）写出下列程序的运行结果。

```
#include "stdio.h"
void main()
```

```
{ int a=2, * p,**pp;
  pp=&p;
  p=&a;
  a++;
  printf("%d,%d,%d\n",a, * p,**pp);
}
```

（10）写出下列程序的运行结果。

```
#include "stdio.h"
void main()
{ int a[6],i;
  for(i=0;i<6;i++)
  { a[i]=9 * (i-2+4 * (i>3))%5;
    printf("%2d",a[i]);
  }
}
```

3. 程序填空题（在下列程序的_____处填上正确的内容，使程序完整）

（1）下列程序的功能是输出数组 s 中最大元素的下标。

```
#include "stdio.h"
void main()
{ int k,i;
  int s[]={3,-8,7,2,-1,4};
  for(i=0,k=i;i<6;i++)
    if(s[i]>s[k]) _____;
  printf("k=%d\n",k);
}
```

（2）下列程序的功能是将一个字符串 str 的内容颠倒。

```
#include "stdio.h"
#include "string.h"
void main()
{ int i,j,k;
  char str[]="1234567";
  for(i=0,j=_____;i<j;i++,j--)
  { k=str[i];str[i]=str[j];str[j]=k; }
  printf("%s\n",str);
}
```

（3）下列程序的功能是把输入的十进制长整型数以十六进制数的形式输出。

```
#include "stdio.h"
void main()
{ char b[]="0123456789ABCDEF";
```

```
    int c[64],d,i=0,base=16;
    long n;
    scanf("%ld",&n);
    do
    {c[i]=_____;i++;n=n/base;
    }while(n!=0);
    for(--i;i>=0;--i)
    { d=c[i];printf("%c",b[d]);}
}
```

(4) 下列程序的功能是从键盘上输入若干字符(以回车作为结束)组成一个字符串存入一个字符数组,然后输出该数组中的字符串。

```
#include "stdio.h"
void main()
{ char str[81], * ptr;
  int i;
  for(i=0;i<80;i++)
  { str[i]=getchar();
    if(str[i]=='\n') break;
  }
  str[i]=_____;
  ptr=str;
  while( * ptr) putchar(_____);
}
```

(5) 下列程序的功能是将数组 a 的元素按行求和并存储到数组 s 中。

```
#include "stdio.h"
void main()
{ int s[3]={0};
  int a[3][4]={{1,2,3,4},{5,6,7,8},{9,10,11,12}};
  int i,j;
  for(i=0;i<3;i++)
  { for(j=0;j<4;j++)
      _____;
    printf("%d\n",s[i]);
  }
}
```

4. 程序改错题(下列每段程序中各有一个错误,请找出并改正)

(1) 下列程序的功能是输入一个字符串,然后输出。

```
#include "stdio.h"
void main()
{ char a[20];
```

```
  int i;
  scanf("%s",a);
  while(a[i]) printf("%c",a[i++]);
}
```

（2）下列程序的功能是将字符数组 a 中的字符串复制到字符数组 b 中。

```
#include "stdio.h"
void main()
{ char  * str1=a, * str2,a[20]="abcde",b[20];
  str2=b;
  while(* str2++= * str1++);
  printf("b=%s\n",b);
}
```

（3）下列程序的功能是统计字符串中的空格数。

```
#include "stdio.h"
void main()
{ int num=0;
  char  a[81], * str=a,ch;
  gets(a);
  while((ch= * str++)!='\0')
    if(ch=' ') num++;
  printf("num=%d\n",num);
}
```

（4）下列程序的功能是将字符串 str 中的小写字母的个数、大写字母的个数和数字字符的个数分别存入 a[0]、a[1]和 a[2]中。

```
#include "stdio.h"
void main()
{ char str[80];
  int a[3],i=0;
  gets(str);
  for(;str[i]!='\0';i++)
    if(str[i]>='a'&&str[i]<='z') a[0]++;
    else if(str[i]>='A'&&str[i]<='Z') a[1]++;
        else if(str[i]>='0'&&str[i]<='9') a[2]++;
  for(i=0;i<3;i++)
    printf("%4d\n",a[i]);
}
```

（5）下列程序的功能是计算 3×3 矩阵的主对角线元素之和。

```
#include "stdio.h"
void main()
```

```
{ int i,a[3][3]={1,2,3,4,5,6,7,8,9},sum=0;
  for(i=1;i<=3;i++) sum+=a[i][i];
  printf("sum=%d\n",sum);
}
```

5. 程序设计题

（1）输入 10 个整数并存入一个一维数组中，输出值和下标都为奇数的元素个数。

（2）从键盘上输入任意 10 个数并存放到一维数组中，然后计算它们的平均值，找出其中的最大数和最小数。

（3）有 5 个学生，每个学生有 4 门课程，将有不及格课程的学生成绩输出。

（4）已知两个升序序列，将它们合并成一个升序序列。

（5）从键盘上输入一个字符串，统计字符串中字符的个数。不允许使用求字符串长度函数 strlen()。

（6）输入一个字符串并存入数组 a 中，对字符串中的每个字符用加 3 的方法加密并存入数组 b 中，再对数组 b 中的字符串解密并存入数组 c 中。最后依次输出数组 a、b、c 中的字符串。

（7）输入一个字符串，输出每个大写英文字母出现的次数。

（8）把从键盘上输入的字符串逆置存放。

（9）计算 N 阶方矩的主次对角线上的元素之和。

（10）统计一个英文句子中含有的英文单词的个数，单词之间用空格隔开。

（11）从键盘上输入 N 个字符串（长度小于 80），对其进行升序排序并输出。

（12）已知一个值升序排列的数组，输入一个数，要求按原来排序的规律将它插入数组中。

（13）编写程序，实现两个字符串的比较。不允许使用字符串比较函数 strcmp()。

（14）已知 A 是一个 4×3 矩阵，B 是一个 3×5 矩阵，计算 A 和 B 的乘积。

（15）输入 10 个数，将其中的最小数与第一个数交换，将其中的最大数与最后一个数交换。

（16）n 个已按 1～n 编号的人围成一圈，从编号为 1 的人开始按 1～3 报数，凡报到 3 者退出圈子，问最后留在圈中人的编号是几。

（17）给定一个一维数组，任意输入 6 个数，假设为 1、2、3、4、5、6。建立一个具有以下内容的方阵并存入一个二维数组中。

```
1 2 3 4 5 6
2 3 4 5 6 1
3 4 5 6 1 2
4 5 6 1 2 3
5 6 1 2 3 4
6 1 2 3 4 5
```

（18）数组 a 中存放 10 个 4 位十进制整数，统计千位和十位之和与百位和个位之和相等的数的个数，并将满足条件的数存入数组 b 中。

(19) 将一个英文句子中的前后单词逆置(单词之间用空格隔开)。

如:

how old are you

逆置后为:

you are old how

(20) 将一个字符串重新排列,按照字符出现的顺序将所有相同的字符存放在一起。

如:

acbabca

排列后为:

aaaccbb

第 **5** 章   函　　数

C 语言程序由函数构成。函数是完成特定功能的程序段,是程序实现模块化的基本单元。C 语言不仅提供了丰富的库函数,还允许用户定义自己的函数。使用函数可以减少重复编写程序的工作量,也可以简化程序调试的难度。

5.1　函数概述

一个 C 语言程序由一个主函数 main() 和若干辅助函数构成。通常,不是把一个程序的所有函数都放在一个源程序文件中,而是依据函数的功能将其放在多个文件中。这样,一个较大的程序就可以由多人同时编写,便于分工合作。由此可知,一个 C 语言程序由一个或多个源程序文件构成,每个源程序文件由一个或多个函数构成,每个函数由若干行程序语句组成。函数是程序最基本的构成单位,语句是程序的最小构成单位。

在 C 语言中,包含主函数 main() 在内的所有函数之间的关系是平等的,即 C 语言中的函数可以按任何顺序出现在 C 程序中,函数之间没有包含与被包含的关系,只有调用与被调用的关系。

注意:一个 C 语言程序有且只有一个主函数 main(),程序的执行从主函数 main() 开始,最终在主函数 main() 结束整个程序的运行;主函数 main() 可以调用辅助函数,但辅助函数不能调用主函数。

从用户使用的角度来看,函数分为两类。

(1) 标准函数(也称库函数或系统函数)。由系统提供,是一些常用功能模块的集合。每个标准函数都已经被设计好以完成某种功能,如函数 scanf() 和 printf() 分别完成数据的输入和输出功能。用户若想使用这些功能,就不必再编写代码了,只需要将这个函数所在的头文件用 ♯include 宏命令包含进程序中即可。值得注意的是,每个 C 版本所提供的系统函数的功能和数量都不尽相同,使用时需要查看相应的函数说明。

(2) 用户自定义函数。系统函数是不可能把所有功能都考虑进去的,一个项目中的绝大多数功能都需要用户自己编写代码,这也是 C 语言中体现用户编程能力的重要一环,也是编程人员必须掌握的基本能力。

从函数的形式来看,函数分为两类。

(1) 无参函数。例如,getchar()是系统无参函数,例 5.1 中的 printmessage()和 printstar()是用户自定义的无参函数。在调用无参函数时,调用函数并不将数据传递给被调用函数。

(2) 有参函数。例如,putchar()是系统有参函数,例 5.2 中的 area()是用户自定义的有参函数。在调用有参函数时,调用函数和被调用函数之间有数据传递。也就是说,调用函数将数据传递给被调用函数使用,被调用函数中的数据也可以被带回到调用函数中使用。

下面通过两个程序简单地看一看函数的作用。

【例 5.1】 简单函数定义和调用示例。

```
#include "stdio.h"
void printstar()
{ printf("\t********** * \n");
}
void printmessage()
{ printf("\t * Welcome * \n");
}
void main()
{ printstar();
  printmessage();
  printstar();
}
```

【运行结果】

```
***********
* Welcome *
***********
```

例 5.1 中的 printstar()和 printmessage()函数都是无参函数,无返回值。

【例 5.2】 输入半径值,计算圆的面积。

```
#include "stdio.h"
float area(float x)
{ float s;
  s=3.14159 * x * x;
  return (s);
}
void main()
{ float r,s;
  printf("Enter r:"); scanf("%f",&r);
```

```
    s=area(r);
    printf("s=%.3f\n",s);
}
```

【运行结果】

```
Enter r:10↙
s=314.159
```

例 5.2 中的 area()函数是有参函数,放在了主函数之前。是否可以将它放在主函数之后? 这个问题将在 5.4 节中讨论。

5.2　函数的定义

函数的定义就是确定一个函数完成什么样的功能以及如何运行。函数定义的一般形式为

[函数存储类别] [函数返回值类型] 函数名 ([函数形式参数表])
{ 函数体说明部分
　　函数功能语句序列
　　[**return** 表达式;]
}

说明:

(1) 函数存储类别:表明该函数是外部函数还是内部函数。

若省略函数存储类别,则系统默认为 extern,表明该函数是一个外部函数,可以被程序中的其他函数调用。若是 static 标识符,则表明该函数是内部函数,只能在定义该函数的文件中被调用。

(2) 函数返回值类型:表明调用该函数时将带回一个何种类型的值。

函数可以通过 return 语句带回一个确定的值。若定义函数时省略了函数返回值类型,则系统默认为 int;若函数返回值类型为 void,则说明函数没有返回值。

(3) 函数名:代表该函数的一个标识符,也是该函数的入口地址(指针常量)。

使用函数时一定要通过函数名称标识。该名称要符合标识符的起名规则,虽然可以随意起名,但要尽量做到见名知义。

(4) 函数形式参数表:函数与其他函数相联系的一种桥梁和纽带。解决问题时,已知的数据信息可以通过形式参数表传入函数,以完成函数指定的功能。

函数形式参数表的一般格式为

类型 **1**　参数 **1,** 类型 **2**　参数 **2,**…

此时,每个参数都是变量,必须分别说明其类型,即使参数变量的类型相同,也必须分别说明,例如

```
int add(int x,int y)            /*函数头*/
```

```
{ int c;                          /* 两个花括号之间的是函数体 */
  c=x+y;
  return c;
}
```

函数形参的类型也可以统一在函数头下方说明,例如

```
int add(x,y)                      /* 函数头 */
int x,y;                          /* 形式参数变量类型说明 */
{ int c;
  c=x+y;
  return c;
}
```

(5) 函数体说明部分: 定义和说明一些实现函数功能的变量和类型等,如上面的变量 c 的定义。

(6) 函数功能语句序列: 实现函数功能的语句的有机集合。

(7) return 表达式: 函数运行结束并将表达式值带回到调用函数。

这是函数的主体,只有按照功能编写相应的语句行,最终才能实现整个程序的功能。

5.3　函 数 调 用

5.3.1　函数调用的一般形式

函数只有被调用才能真正执行。调用函数是指通过函数名把指定的参数传送到函数中,使得该函数带着指定的参数值以完成具体的函数功能。函数调用的一般形式为

函数名 ([实际参数表])

如果被调用的函数是无参函数,则没有"实际参数表",但是圆括号不能省略。如果"实际参数表"包括两个或两个以上的实际参数,则实际参数之间用逗号隔开。另外,实际参数的类型名不能写上,实际参数的个数应与形式参数的个数相同,且相对应的实际参数和形式参数的类型要一致。

5.3.2　函数调用的方式

按照函数在程序中出现的位置,函数调用有以下三种方式。

1. 函数语句

把函数调用作为一个语句,不要求函数有返回值,只要求函数完成一定的操作,例如例 5.1 中的语句

```
printmessage();
```

2. 函数表达式

函数调用出现在一个表达式中,要求函数带回一个确定的值以参加表达式的运算,例如

```
m=add(a,b)/2
```

其中,函数 add(a,b)是表达式的一部分,它的值除以 2 再赋给变量 m。

3. 函数参数

函数调用作为一个函数的参数,实质是将函数的返回值作为这个函数的一个实参,例如

```
m=add(add(a,b),c);
```

其中,add(a,b)是一次函数调用,它的值作为函数 add 另一次调用的实参,m 的值是 a、b、c 三者之和。又如

```
printf("%d\n",add(a,b));
```

把 add(a,b)作为 printf 函数的一个实参。

【**例 5.3**】　通过调用函数计算任意 3 个整数的和。

```
#include "stdio.h"
int add(int x,int y,int z)
{ return x+y+z;
}
void main()
{ int a,b,c;
  printf("Input a,b&c:");
  scanf("%d%d%d",&a,&b,&c);
  printf("add=%d\n",add(a,b,c));
}
```

【**运行结果**】

```
Input a,b&c:4 5 6↙
add=15
```

5.4　函数引用说明

一个函数在被另一个函数调用时,被调用函数必须存在。另外,如果被调用函数是系统函数,则应在源程序文件的开头用♯include 命令将被调用的库函数所在的头文件(扩展名为 h)包含到本文件中。如果被调用函数是程序中的用户自定义函数,则应在调用函数的说明部分加上引用说明。引用说明是指对函数的名称、返回值类型以及形参的类型和顺序进行说明。引用说明的主要作用是在程序编译阶段对被调用函数的合法性进行全面检查,如函数名是否正确,函数返回值的类型与 return 语句中的表达式的类型是否相同,形式参数变量与实际参数表达式的类型和个数是否一致等。函数引用说明的形式为

函数返回值类型 函数名(类型 1 形参 1,类型 2 形参 2,…);

其中,形参名可以省略,又写成

函数返回值类型 函数名(类型 1,类型 2,…);

当参数类型都为 int 或 char 时,类型名也可以省略,又写成

函数返回值类型 函数名();

不能再省略了,尤其是一对圆括号和末尾的分号绝对不能省略。

例如,例 5.3 中的主函数 main()应该修改为

```
void main()
{ int a,b,c;
  int add(int x,int y,int z);              /* 函数引用说明 */
  printf("Input a,b&c:");
  scanf("%d%d%d", &a, &b, &c);
  printf("add=%d\n",add(a,b,c));           /* 函数调用 */
}
```

那么,为什么例 5.3 没有函数引用说明也能正确执行呢?其实,下列几种情况可以省略函数引用说明。

(1) 函数的定义写在主调函数之前。

(2) 函数的返回值类型为 int 或 char(省略类型默认为 int)。

(3) 在所有函数定义的前面已经进行了函数引用说明。

例 5.3 既符合(1),也符合(2),所以可以省略函数引用说明。

另外,请读者注意函数定义与函数引用说明的区别。

5.5　函数的参数和返回值

5.5.1　形式参数和实际参数

定义函数时的参数称为形式参数,简称形参。调用函数时的参数称为实际参数,简称实参。在调用有参函数时,首先进行参数传递。参数传递的规则是:实参表达式的值依次对应地传递给形参表中的各个形参变量。这种从实参到形参的传递是单向的值传递。确切地说,在函数被调用时,系统为每个形参变量分配存储单元,并把相应的值传递到这些存储单元作为形参变量的初值,然后执行规定的操作。这种传值操作的特点是:函数中对形参的操作不会影响主调函数中的实参值,即形参变量的值不能传回给实参表达式。

【例 5.4】 函数调用参数传递举例。

```
#include "stdio.h"
void swap(int x, int y)      /* 函数定义 */
{ int t;
  t=x;x=y;y=t;
  printf("x=%d, y=%d\n", x, y);
}
```

```
void main()
{ int a=10,b=20;
  printf("a=%d, b=%d\n",a,b);
  swap(a,b);                    /* 函数调用 */
  printf("a=%d, b=%d\n",a,b);
}
```

【运行结果】

a=10,b=20

x=20,y=10

a=10,b=20

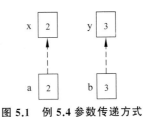

图 5.1　例 5.4 参数传递方式

函数 swap() 的功能是交换形参变量 x、y 的值。函数调用开始,为形参变量 x、y 分配存储单元,同时进行参数传递,参数传递方式见图 5.1。函数 swap() 中对形参变量 x、y 值的修改不会影响实参 a、b 的值。

说明:

(1) 在函数调用之前,形参变量并未被分配内存单元。只有在发生函数调用时,形参表中的各个变量才被分配内存单元。函数调用结束后,形参变量所占用的内存单元也被释放。

(2) 形参是变量,实参是表达式(常量和变量是特殊的表达式)。例如,对于例 5.3 中的函数 add(),以下调用都是正确的。

add(10,5,3);　add(a,b,c);　add(a+10,b-5,c*2);　add(10,a*b,b-c);

(3) 参数传递是赋值运算,即只能由实参传给形参,而不能由形参传回给实参。在内存中,实参和对应的形参分别占用不同的存储单元。

(4) 形参变量与实参表达式的类型需要一致,否则系统会按照赋值运算规则自动进行类型转换,即将实参表达式的值转换成对应的形参变量类型后再传递给形参变量。

5.5.2　函数的返回值

在大多数情况下,人们希望通过函数调用返回一个有确定意义的值,这个值就是函数的返回值。C 语言中,通过 return 语句可以将被调用函数中的一个确定值带回到调用函数中,return 语句的格式为

　　return 表达式;

或

　　return (表达式);

return 语句的功能是:从函数中退出,返回到主调函数中的调用处,同时带回表达式的值。

说明：

（1）一次函数调用只能得到一个返回值。一个函数中可以有多个 return 语句，但只有第一个被执行的 return 语句起作用。

（2）函数返回值的类型是定义函数时指定的类型。若 return 语句中的表达式的值的类型与函数返回值类型不一致，则以函数返回值类型为准，对数值型数据自动进行类型转换。

（3）若被调函数中没有 return 语句，且函数返回值类型不是 void，则函数并非不带回值，而是带回了一个不确定的无用值。例如，在例 5.4 中，若 swap() 函数省略了函数返回值类型 void，并将主函数 main() 修改为

```
void main()
{ int a=10,b=20,c;
  printf("a=%d, b=%d\n",a,b);
  c=swap(a,b);
  printf("a=%d, b=%d\n",a,b);
  printf("c=%d\n",c);
}
```

则运行后除了得到例 5.4 的结果外，还输出 c＝11。

（4）若明确表示函数调用不带回值，则在定义函数时应将类型指定为 void。这样，系统就会保证不使函数带回任何值，即不允许在函数中使用 return 语句返回值。在例 5.4 中，因为函数 swap() 的返回值类型为 void，所以下面的用法是错误的。

```
c=swap(a,b);
```

编译时会给出出错信息。

5.5.3　指针作为函数参数

1. 普通变量的指针与函数参数

要想将普通变量的地址传递给形参变量，则形参变量必须是指针类型。指针作为函数参数进行传递，实质上还是值的单向传递，传递过来的值只不过是一个地址，实参和形参这两个量将指向同一个存储单元。在函数中对形参变量所指向的内存单元的值的改变相当于改变实参所指向的内存单元的值。严格地说，并非改变了实参和形参指针变量的值，而是改变了两个指针所指向的同一个内存单元中的值。在程序设计过程中，程序员往往利用这一点，通过一次函数调用带回多个值。

【例 5.5】 编写程序，通过函数调用方式交换变量 a 和 b 的值。

```
#include "stdio.h"
void swapab(int * x,int * y)
{ int z;
  z= * x; * x= * y; * y=z;
}
void main()
```

```
{ int a=10,b=20;
  printf("Before swap:a=%d,b=%d\n",a,b);
  swapab(&a,&b);
  printf("After swap: a=%d,b=%d\n",a,b);
}
```

【运行结果】

```
Before swap:a=10,b=20
After swap: a=20,b=10
```

函数调用开始,为形参指针变量 x、y 分配存储单元,同时进行参数传递,参数传递方式见图 5.2。此时,﹡x 就是 a,﹡y 就是 b,交换﹡x 和﹡y 的值就是交换变量 a 和 b 的值。

图 5.2　例 5.5 参数传递方式

思考题:若将函数 swapab()写成如下形式,能否实现以上功能?

```
void swapab(int * x,int * y)
{ int * z;
  z=x; x=y; y=z;
}
```

若改成如下形式,又能否实现以上功能?

```
void swapab(int * x,int * y)
{ int * z;
  * z= * x; * x= * y; * y= * z;
}
```

2. 数组地址与函数参数

前面讨论了数组,数组是存储数据的重要工具。因为数组中存放的数据有先后的次序关系,所以很容易对其进行统一处理。函数是构成程序的基本单位,它可以通过参数传递处理数组。在参数传递中,可以把实参数组的地址直接传递给形参指针变量,然后在函数中处理数组元素,形参指针变量将指向实参数组元素。

(1)一维数组作函数参数。

【例 5.6】　将一维数组中的第一个元素与最后一个元素交换位置。

```
#include "stdio.h"
#define N 8
void exchange(int x[N],int n)
{ int t;
  t=x[0]; x[0]=x[n-1]; x[n-1]=t;
```

```
}
main()
{ int a[N],i;
  for(i=0;i<N;i++)
    scanf("%d",a+i);
  exchange(a,N);
  for(i=0;i<N;i++)
    printf("%d\t",a[i]);
  printf("\n");
}
```

【运行结果】

1 2 3 4 5 6 7 8↙

8 2 3 4 5 6 7 1

编译时,编译系统自动将函数 exchange()的形参说明 int x[N]转换为 int * x。函数调用开始,为形参 x 分配存储单元,同时进行参数传递,参数传递方式见图5.3。此时,x[i]与a[i]($0 \leqslant i \leqslant N-1$)表示同一数组元素,对形参数组 x 进行操作等同于对实参数组 a 进行操作。

函数 exchange()中的形参说明 int x[N]也可以写成 int x[]或 int * x,编程时常用这两种形式。

思考题:为什么编译系统自动将函数 exchange()的形参说明 int x[N]转换为 int * x?

(2) 二维数组作函数参数。

【例5.7】 将 3×4 数组中的最大值与最小值互换位置。

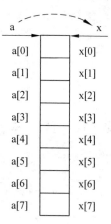

图5.3 例5.6 参数传递方式

```
#include "stdio.h"
#define  M  3
#define  N  4
void exchangemm(int x[M][N])
{ int i,j,max,min,hi,hj,li,lj,t;
  max=min=x[0][0];
  hi=hj=li=lj=0;
  for(i=0;i<M;i++)
    for(j=0;j<N;j++)
    { if(x[i][j]>max) { max=x[i][j];hi=i;hj=j; }
      if(x[i][j]<min) { min=x[i][j];li=i;lj=j; }
    }
  t=x[hi][hj]; x[hi][hj]=x[li][lj]; x[li][lj]=t;
}
void main()
{ int a[M][N],i,j;
```

```
 for(i=0;i<M;i++)
   for(j=0;j<N;j++)
     scanf("%d",&a[i][j]);
 exchangemm(a);
 for(i=0;i<M;i++)
 { for(j=0;j<N;j++)
     printf("%d\t",a[i][j]);
   printf("\n");
 }
}
```

【运行结果】

22	18	29	17↙
30	89	72	56↙
87	93	67	25↙
22	18	29	93
30	89	72	56
87	17	67	25

编译时,编译系统自动将函数 exchangemm( )中的形参说明 int x[M][N]转换为 int（∗x)[N]。函数调用开始,为形参 x 分配存储单元,同时进行参数传递,参数传递方式见图 5.4。此时,x[i][j]与 a[i][j](0≤i≤M-1,0≤j≤N-1)表示同一数组元素,对形参数组 x 进行操作等同于对实参数组 a 进行操作。

函数 enchangemm( )中的形参说明 int x[M][N]也可以写成 int x[ ][N]或 int（∗x)[N]。例如,可将函数 exchangemm( )改写成

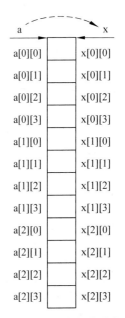

图 5.4　例 5.7 参数传递方式

```
void exchangemm(int (∗x)[N])
{ int ∗p,∗q,∗r,t;
  p=q=x[0];
  for(r=x[0]+1;r<x[0]+M∗N;r++)
  { if(∗r>∗p) p=r;
    if(∗r<∗q) q=r;
  }
  t=∗p;∗p=∗q;∗q=t;
}
```

注意:x 是二级指针,而 p、q、r 及 x[0]都是一级指针。另外,多维数组在内存中是按行优先方式存储的。

思考题:为什么编译系统自动将函数 exchangemm( )中的形参说明 int x[M][N]转换为 int（∗x)[N]?

（3）字符串作函数参数。

在 C 语言中,可以将字符串作为字符数组进行处理。由于字符串的存储和处理有其自身的特点,所以在此单独讨论。

【例 5.8】 将一个字符串逆置并与原字符串连接成一个新的字符串。

```c
#include "stdio.h"
void strcatrep(char * s)
{ char * p, * q;
  p=s;
  while(* p!='\0') p++;
  q=p-1;
  while(q>=s) * p++=* q--;
  * p='\0';
}
void main()
{ char str[80];
  gets(str);
  strcatrep(str);
  puts(str);
}
```

【运行结果】

abcdefghij↙
abcdefghijjihgfedcba

函数调用开始,为形参指针变量 s 分配存储单元,同时进行参数传递。实参传递给形参的是字符串的首地址。此时,对字符串 s 进行操作等同于对字符串 str 进行操作。函数 strcatrep() 的参数说明 char * s 也可以写成 char s[]。

注意:每个字符串都有一个结束标志 '\0',在编程时要充分利用这一点。

5.5.4　主函数与命令行参数

无论多么复杂的 C 程序,总是有且仅有一个主函数 main(),它承担着程序执行起点的作用,是可执行的 C 程序不可缺少的函数。

主函数的格式为

void main([int argc, char * argv[]])
{ … }

从形式上看,除圆括号内的内容还没有介绍外,其他内容读者都已经熟悉了。下面介绍圆括号内的信息。

圆括号中的信息称为命令行参数。对一个已经通过编译连接且生成可执行文件的 C 程序来说,当用户在 DOS 方式下执行该程序时,可能需要输入一些参数,命令行参数用于接收这些参数信息,并把它们带到主函数中完成程序的执行。

其中,argc 用于保存用户命令行中输入的命令中参数的个数,命令名本身也是一个参数。argv[]是一个字符指针数组,用于保存各个参数的首地址(包括命令名本身)。对于命令名,系统会自动加上盘符、路径、文件名,而且变成大写字母串后将首地址存储到argv[0]中。其他命令行参数的首地址将会自动依次存入 argv[1]、argv[2]、…、argv[argc—1]中。

【例 5.9】　命令行参数简单示例。

```
#include "stdio.h"
void main(int argc,char * argv[])
{ while(--argc>=0)
    puts(argv[argc]);
}
```

该程序不能在VC++环境下运行,只能在命令提示符窗口运行。假设此程序通过编译连接,最后生成了一个名为 EXAM1.exe 的可执行文件。首先打开命令提示符窗口,然后进入文件 EXAM1.exe 所在目录,如果输入的命令行为:EXAM1 horse house monkey donkey friends,则该程序的输出结果是:

```
friends
donkey
monkey
house
horse
EXAM1
```

即倒序输出了命令行中的各个参数名。

思考题:要想正序输出命令行中的各个参数,应该怎么做? 以下程序会输出什么结果?

```
void main(int argc,char * argv[])
{ while(argc!=0)
    puts(argv[--argc]);
}
```

通常用 argc 和 argv 作为命令行参数中的形参变量名,用户也可以使用其他标识符作为形参变量名。

5.6　函数与带参数的宏的区别

第 3 章介绍了带参数的宏,其一般形式为

#**define** 宏名**(参数表)** 字符序列

其中,字符序列中一般含有参数表中的参数。那么,函数与带参数的宏是不是一样的呢? 事实上,它们有很大的区别,甚至可以说它们根本不是一回事。

带参数的宏在系统编译之前就用实际参数替换了形式参数,然后原样展开到程序中,用指定参数的"字符序列"替换"宏名(参数表)",之后程序才进行编译连接生成目标程序。而函数是先进行编译连接生成目标程序,然后在函数调用时将实际参数的值传递给形式参数变量,参与函数的执行。下面通过一个程序进行对比。

【例5.10】 计算圆的面积。

(1) 用函数完成。

```
#include "stdio.h"
#define PI 3.1415926
float area(float x)
{ float y; y=PI*x*x; return y; }
void main()
{ float r,s;
  printf("Input radius:"); scanf("%f",&r);
  s=area(r);
  printf("r=%.4f\ts=%.4f\n",r,s);
}
```

【运行结果】

```
Input radius:10↙
r=10.0000      s=314.1593
```

(2) 用带参数的宏完成。

```
#include "stdio.h"
#define PI 3.1415926
#define AREA(X)   PI*X*X
void main()
{ float r,s;
  printf("Input radius:"); scanf("%f",&r);
  s=AREA(r);
  printf("r=%.4f\ts=%.4f\n",r,s);
}
```

【运行结果】

```
Input radius:10↙
r=10.0000      s=314.1593
```

可以看出,两个程序的运行结果是完全一样的,似乎带参数的宏更简单。有时是这样的,但多数情况下带参数的宏会使程序看上去更复杂。用函数完成时,参数传递是在函数调用时进行的,也就是说,函数已经通过编译连接生成了目标程序,在调用函数时只是将实参表达式的值传递给形参变量,然后执行函数功能部分。在用带参数的宏完成时,需要在程序编译之前完成如下宏展开(两个程序中定义的宏名常量PI都要先展开):

s=AREA(r); → s=PI*r*r; → s=3.1415926*r*r;

然后对展开后的程序进行编译连接生成目标程序。因此,从内部处理的过程来看,它们是绝对不同的。另外,在定义带参数的宏时,宏参数通常要用括号括上,否则很容易出错。例如,若将例 5.10(2)中的语句"s＝AREA(r);"改成"s＝AREA(r＋2);",则程序的运行结果为 r＝10.0000,s＝53.4159。为什么半径大了,反而面积小了呢？其原因是程序编译之前的宏展开如下:

```
s=AREA(r+2); → s=PI * r+2 * r+2; → s=3.1415926 * r+2 * r+2;
```

即在宏展开时不计算实参值,也不进行参数传递,只是用宏体中的字符序列从左向右替换,同时用实参替换相应的形参。为了正确替换,将宏体中的形参都加上了圆括号。因此,例 5.10(2)中带参数的宏定义应该写成

```
#define AREA(r) PI * (r) * (r)
```

这样,宏展开后的结果变成

```
s=3.1415926 * (r+2) * (r+2)
```

就不会出现上面的错误了。

总之,函数与带参数的宏有以下几个不同点。

(1) 函数调用时,先计算实参表达式的值,然后传递给形参变量。使用带参数的宏只是进行简单的字符替换。

(2) 函数调用是在程序运行时处理的,分配临时的内存单元。宏展开是在编译之前进行的,不分配内存单元,不进行值的传递,也没有返回值的概念。

(3) 函数中的实参表达式和形参变量都有类型。宏不存在类型之说,宏名无类型,宏参数也无类型。

(4) 调用函数时,通过 return 语句只能得到一个返回值,而使用宏可以得到多个结果。

【**例 5.11**】　计算圆的周长、面积和球的体积。

```
#include "stdio.h"
#define PI 3.1415926
#define CIRCLE(R,L,S,V) L=2 * PI * (R); S=PI * (R) * (R); V=4.0/3 * PI * (R) * (R) *
(R)
void main()
{ float r,l,s,v;
  printf("Input radius:");  scanf("%f",&r);
  CIRCLE(r,l,s,v);
  printf("r=%6.2f, l=%6.2f, s=%6.2f v=%6.2f\n",r,l,s,v);
}
```

【**运行结果**】

```
Input radius:3.5✓
r=3.50, l=21.99, s=38.48, v=179.59
```

实际上,这个宏展开展开了多个 C 语句,所以得到了多个计算结果。

(5) 使用宏的次数越多,宏展开后的源程序就越长。因为每展开一次都会使源程序增长,而函数调用不会使源程序变长。

(6) 宏替换不占用运行时间,只占用编译时间。函数调用占用运行时间,不占用编译时间。

使用带参数的宏一般会使程序看上去更简短,给程序设计带来一些方便,但容易出错。函数通常完成一个预定功能,看上去程序结构更紧凑。另外,函数能实现所有带参数的宏所能够完成的功能,而带参数的宏则不能完成所有函数的功能。因此,究竟使用哪种形式需要根据实际需要而定。

5.7 函数的嵌套调用与递归调用

5.7.1 函数的嵌套调用

C 语言中,函数不允许嵌套定义,但允许嵌套调用。嵌套调用是指函数在被调用过程中又调用了其他函数。嵌套调用其他函数的个数称为嵌套的深度或层数。无论嵌套调用多少层,每个函数调用结束后都会返回调用点,再继续程序的执行,直到主函数执行完成或遇到强行结束程序执行的系统函数 exit()。图 5.5 是一个函数嵌套调用的示意图。

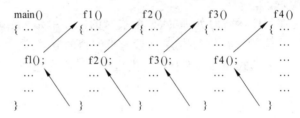

图 5.5 函数嵌套调用示意图

原则上,嵌套的层数没有限定。但在实际编程时,不要嵌套层数过多,否则会使程序结构显得混乱、不易理解。

【例 5.12】 函数嵌套举例。

```c
#include "stdio.h"
float max2(float x,float y);              /* 引用说明 */
float max3(float x,float y,float z);      /* 引用说明 */
float max2(float x,float y)               /* 求两个数最大值函数 */
{ return x>y?x:y;}
float max3(float x,float y,float z)       /* 求三个数最大值函数 */
{ float m;
  m=max2(x,y);                            /* 调用函数 max2 */
  m=max2(m,z);                            /* 调用函数 max2 */
  return m;
}
```

```
void main()
{ float a,b,c,m;
  printf("Input a,b&c:");
  scanf("%f%f%f",&a,&b,&c);
  m=max3(a,b,c);                          /* 调用函数 max3 */
  printf("Max=%.2f\n",m);
}
```

【运行结果】

```
Input a,b&c:3.13  8.9  5.28↙
Max=8.90
```

5.7.2 函数的递归调用

函数的递归调用是指在调用一个函数的过程中直接或间接地调用了该函数本身。根据调用方式,递归调用又分为直接递归和间接递归。函数的递归调用实质上可以看作为函数的嵌套调用的一种特例,如图 5.5 所示,若函数 f2()、f3()、f4() 都是函数 f1(),则为直接递归调用。

递归不允许无限执行下去,必须有递归结束条件。当遇到递归结束条件时,递归程序将逐渐往回返,直到递归调用结束。若没有递归结束条件或没有正确设置递归结束条件,则会造成系统瘫痪。因此,在编写递归函数时必须设计好递归的结束条件。

【例 5.13】 用递归法计算 n!。

计算公式为

$$n! = \begin{cases} 1, & n=0,1 \\ n(n-1)!, & n>1 \end{cases}$$

n=0 或 n=1 为递归结束条件。递归调用可以通过下推和回代两个过程描述。图 5.6 是求 5!的递归调用的示意图。

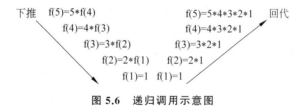

图 5.6 递归调用示意图

```
#include "stdio.h"
long f(int n)
{ long s;
  if(n<0) { printf("Error!"); exit(0);}
  if(n==0||n==1) s=1;                 /* 递归结束条件 */
  else s=n*f(n-1);                    /* 递归调用 */
  return s;
}
```

```
void main()
{ int n; long m;
  printf("n=");
  scanf("%d",&n);
  m=f(n);
  printf("%d!=%ld\n",n,m);
}
```

【运行结果】

```
n=5↙
5!=120
```

递归调用在实际中用得很多,充分利用递归函数可以使程序结构简单清晰,但增加了程序内部调用的复杂性。函数的递归调用是通过系统内部称为栈的结构实现的,调用函数时将现场信息压栈,函数调用结束返回时将会把栈内保存的现场信息弹出,以使程序知道从哪里开始,带着什么数据继续执行。因为递归调用的频繁压栈和弹栈会增加系统的时间和空间复杂程度,所以在编程时是否使用递归调用要根据需求酌情考虑。

5.8 函数指针与返回指针的函数

5.8.1 函数指针

前面已经介绍过,变量有地址,数组有地址,字符串有地址。那么,函数有没有地址呢?答案是肯定的。每个函数都占用了相应的内存单元,它的起始地址由函数名识别,即函数名代表函数的入口地址,也就是函数的指针。函数名是一个地址常量,可以定义指向函数的指针变量,指针变量保存哪个函数的名称,它就指向哪个函数,也就可以通过这个变量调用函数。指向函数的指针变量的定义形式为

函数返回值类型 (* 指针变量名) ([形参表列])

形参表列的格式与函数的引用说明相同。

可以利用指向函数的指针变量调用函数,函数调用的一般形式为

(* 指针变量名) ([实参表列])

或

指针变量名 ([实参表列])

【例 5.14】 求两个整数的最大值、最小值、和、差、积。

```
#include "stdio.h"
int max(int x,int y)                    /*求最大值*/
{ return x>y?x:y; }
int min(int x,int y)                    /*求最小值*/
{ return x<y?x:y; }
```

```
int add(int x,int y)                   /*求和*/
{ return x+y; }
int sub(int x,int y)                   /*求差*/
{ return x-y; }
int mult(int x,int y)                  /*求积*/
{ return x*y; }
void main()
{ int a,b,(*fun)(int x,int y);         /* fun是指向函数的指针变量*/
  scanf("%d%d",&a,&b);
  fun=max;
  printf("max=%d\n",(*fun)(a,b));      /* 等价于printf("max=%d\n",fun(a,b));*/
  fun=min;
  printf("min=%d\n",(*fun)(a,b));      /* 等价于printf("min=%d\n",fun(a,b));*/
  fun=add;
  printf("add=%d\n",(*fun)(a,b));      /* 等价于printf("add=%d\n",fun(a,b));*/
  fun=sub;
  printf("sub=%d\n",(*fun)(a,b));      /* 等价于printf("sub=%d\n",fun(a,b));*/
  fun=mult;
  printf("mult=%d\n",(*fun)(a,b));     /* 等价于printf("mult=%d\n",fun(a,b));*/
}
```

【运行结果】

```
5 10↙
max=10
min=5
add=15
sub=-5
mult=50
```

5.8.2　函数指针作为函数的参数

函数的指针也可以作为函数参数。对例 5.14 增加一个函数 fun()，程序改写如下。

【例 5.15】 求两个整数的最大值、最小值、和、差、积。

```
#include "stdio.h"
int max(int x,int y)                          /*求最大值*/
{ return x>y?x:y; }
int min(int x,int y)                          /*求最小值*/
{ return x<y?x:y; }
int add(int x,int y)                          /*求和*/
{ return x+y; }
int sub(int x,int y)                          /*求差*/
{ return x-y; }
int mult(int x,int y)                         /*求积*/
```

```
{ return x * y; }
void fun(int ( * f)(int x,int y),int x,int y)    /* 输出 */
{ printf("%d\n",( * f)(x,y));
}
void main()
{ int a,b;
  scanf("%d%d",&a,&b);
  fun(max,a,b);                                  /* 输出最大值 */
  fun(min,a,b);                                  /* 输出最小值 */
  fun(add,a,b);                                  /* 输出和 */
  fun(sub,a,b);                                  /* 输出差 */
  fun(mult,a,b);                                 /* 输出积 */
}
```

【运行结果】

5 10↙
10
5
15
-5
50

5.8.3 返回指针的函数

一个函数可以返回 int、char、float、double 等类型值,也可以返回指针类型值。返回指针类型值的函数定义形式为

[存储类别] [函数返回值类型] * 函数名 ([形式参数表])
{ 函数体语句序列 }

【例 5.16】 查找数组元素的最大值。

```
#include "stdio.h"
int * max(int * x,int n)
{ int * p, * q;                /* p 是循环变量,q 用来存放最大值指针 */
  for(q=x,p=x+1;p<x+n;p++)
    if( * p> * q) q=p;
  return q;                    /* 返回最大值指针 */
}
void main()
{ int a[10],i, * m;
  printf("Input 10 datas:");
  for(i=0;i<10;i++)
    scanf("%d",a+i);
  m=max(a,10);
```

```
      printf("max=%d\n", * m);
}
```

【运行结果】

Input 10 datas:<u>90 34 27 889 37 379 674 27 83 63</u>↙
max=889

通常，有一些开辟内存空间的函数返回值为指针类型，返回内存空间的地址。这种情形将在"数据结构"课程中多处用到，这里不再赘述。

5.9　变量的作用域

变量的作用域是指变量在程序中起作用的范围。有的变量在整个程序中起作用，有的变量只在一个文件中起作用，有的变量只在一个函数中起作用，而有的变量只在一个小程序段中起作用。从作用域的角度来看，变量可以分为局部变量和全局变量两大类。

5.9.1　局部变量

在函数内部定义的变量称为局部变量，也称内部变量。局部变量只在定义它的函数内有效，即只有定义它们的函数才能使用它们，不能被其他函数使用。

【例 5.17】　局部变量举例。

```
#include "stdio.h"
void main()
{ int a=2,b=3;              /*定义局部变量 a、b,只能在主函数 main()中使用*/
  void fun(int x);          /*函数引用说明*/
  printf("a=%d\n",a);       /*输出：a=2*/
  fun(b);                   /*函数调用*/
  { int c=4;                /*定义局部变量 c,只能在该复合语句中使用*/
    c * =b;
    printf("c=%d\n",c);     /*输出：c=12*/
  }
  printf("a=%d\n",a);       /*输出：a=2*/
}
void fun(int x)
{ int a=1,d=5;              /*定义局部变量 a、d,只能在函数 fun()中使用*/
  a+=x+d;
  printf("a=%d\n",a);       /*输出：a=9*/
}
```

【运行结果】

a=2
a=9
c=12

```
a=2
```

说明:

(1) 在主函数中定义的变量也是局部变量,只在主函数中有效,并不因为它在主函数中定义而在整个程序或文件中有效。另外,主函数也不能使用其他函数中定义的变量。

(2) 不同函数中定义的局部变量可以同名,它们代表不同的对象,互不干扰。例如,在例 5.17 的主函数中定义了变量 a,在函数 fun()中也定义了变量 a,它们在内存中占用不同的单元,互不影响。

(3) 形式参数也是局部变量,只在它所在的函数中有效,其他函数不能使用。例如,在例 5.17 中,函数 fun()的形参 x 是局部变量,只在函数 fun()中有效。

(4)在复合语句中可以定义变量,在复合语句中定义的变量只在复合语句中有效。例如,在例 5.17 主函数的复合语句中定义的变量 c 只在定义它的复合语句内有效,执行完复合语句后就会释放其占用的内存单元。

5.9.2 全局变量

在函数外部定义的变量称为全局变量,又称外部变量。全局变量的作用域从定义点开始直到文件尾,可以被作用域内的所有函数共用。

【例 5.18】 全局变量举例。

```
#include "stdio.h"
int a=1;                    /*定义全局变量 a,作用域从此处到文件尾*/
void main()
{ int a=2,b=3;              /*定义局部变量 a、b,只能在主函数 main()中使用*/
  void fun(int x);          /*函数引用说明*/
  printf("a=%d\n",a);       /*输出: a=2*/
  fun(b);                   /*函数调用*/
  printf("a=%d\n",a);       /*输出: a=2*/
}
int c=5;                    /*定义全局变量 c,作用域从此处到文件尾*/
void fun(int x)
{ a+=x+c;
  printf("a=%d\n",a);       /*输出: a=9*/
}
```

【运行结果】

```
a=2
a=9
a=2
```

说明:

(1) 在同一个源文件中,如果全局变量和局部变量同名,则在局部变量的作用域内全局变量不起作用。例如,在例 5.18 的主函数中定义了局部变量 a,所以全局变量 a 在主函数中不起作用。

（2）全局变量增加了函数之间的联系。由于在一个全局变量作用域内的所有函数都能使用该全局变量,因此在一个函数中改变全局变量的值就会影响其他函数,相当于各函数之间有了直接的数据联系。一次函数调用,通过 return 语句只能返回一个值,使用全局变量可以得到多个结果。

（3）使用全局变量也存在一些弊端。首先,使用全局变量会使函数的通用性降低。如果将一个使用全局变量的函数移到另一个文件中,则要将有关的全局变量及其值一起移过去。同时,若该全局变量与其他文件中的全局变量同名,则会出现问题,从而降低程序的可靠性和通用性。其次,使用全局变量增加了程序调试的难度,因为全局变量为多个函数共用,当一个函数出错或被修改时,就有可能影响其他函数,从而降低程序的可修改性,增加调试难度。再次,全局变量使用过多还会降低程序的清晰性,因为各函数在执行时都可能改变全局变量的值,因此当某函数执行时,难以判断它使用的全局变量的当前值。最后,全局变量在程序的全部执行过程中都会占用存储单元,有可能造成存储单元的浪费。因此,建议在不必要时不要使用全局变量。

5.10 变量的存储类别

从作用域的角度来看,变量分为局部变量和全局变量。从生存期(存在时间)的角度来看,变量又分为静态存储和动态存储两大类。静态存储的变量在整个程序运行期间分配固定的存储空间。动态存储的变量在程序运行期间根据需要动态地分配存储空间,函数调用开始为其分配地址空间,函数调用结束释放其所占空间。

内存中,供 C 程序使用的存储空间分为程序区和数据区,数据区又分为静态存储区和动态存储区。程序区专门存放源程序;静态型变量在静态存储区分配存储空间,这些变量在程序编译阶段分配存储空间并进行初始化,以后不再进行变量初始化工作;动态型变量在动态存储区分配存储空间,这些变量在函数调用开始分配存储空间,函数调用结束将自动释放其所占的内存空间。

C 语言中,变量有数据类型和存储类别两个属性。严格地说,变量的定义形式为

［存储类别］类型标识符 变量名

对于数据类型,读者已经熟知,如整型、实型、字符型等。存储类别具体分为自动型(auto)、寄存器型(register)、静态型(static)和外部型(extern),下面分别介绍。

5.10.1 局部变量的存储类别

局部变量的存储类别分为自动型、静态型和寄存器型。

1. 自动型局部变量

自动型局部变量在动态存储区分配存储空间,在调用函数时,系统给它们分配存储空间,在函数调用结束后就会自动释放这些存储空间。自动型局部变量使用关键字 auto 作为存储类型说明,例如

```
auto float m;
```

在定义局部变量时,若省略存储类别关键字,则系统默认的存储类别为 auto,例如

```
int a,b,c=10;
```

等价于

```
auto int a,b,c=10;
```

在前面的例子中,所有局部变量定义都没有声明存储类别,系统默认为 auto。

2. 静态型局部变量

静态型局部变量在静态存储区分配存储空间,函数调用结束后,其占用的存储空间不释放,并保留变量的值,在下一次函数调用时,该变量已有值,其值就是上一次函数调用结束时的值。静态型局部变量使用关键字 static 作为存储类型说明,例如

```
static int n;
```

【例 5.19】 静态局部变量举例。

```
#include "stdio.h"
int fun(int a)                /* a 为形式参数,自动型局部变量 */
{ auto int b=0;               /* b 是自动型局部变量 */
  static int c=3;             /* c 是静态型局部变量,只初始化一次 */
  b++;
  c++;
  return a+b+c;
}
void main()
{ int a=2,i;                  /* a 和 i 都是自动型局部变量 */
  for(i=0;i<3;i++)
    printf("%d\t",fun(a));
}
```

【运行结果】

```
7       8       9
```

由于静态局部变量在函数调用结束后不释放存储空间,其值保留,对函数的下一次调用有影响,所以在使用静态局部变量时一定要慎重。那么,在什么情况下使用静态局部变量呢?

(1) 需要保留上次函数调用结束时的值。

(2) 变量初始化后,只被引用而不改变其值。

【例 5.20】 计算 1~5 的阶乘值。

```
#include "stdio.h"
int fac(int n)                /* n 为自动型局部变量 */
{ static int s=1;             /* s 为静态型局部变量,只初始化一次 */
```

```
    s * = n;
    return s;
}
void main()
{ int i;
  for(i=1;i<=5;i++)
    printf("%d!=%d\n",i,fac(i));
}
```

【运行结果】

```
1!=1
2!=2
3!=6
4!=24
5!=120
```

说明：

（1）静态型局部变量属于静态存储类别，在静态存储区中分配存储单元，在整个程序运行期间不释放，但不能被其他函数引用。自动型局部变量属于动态存储类别，在动态存储区中分配存储单元，函数调用结束后即释放。

（2）静态型局部变量在编译时赋初值，函数调用时不再重新赋初值。自动型局部变量在函数调用时赋初值，每次函数调用都会重新分配存储单元并赋初值。

（3）如果在定义静态型局部变量时没有赋初值，则编译程序自动对静态型局部变量赋初值，数值型变量为 0，字符型变量为'\0'。如果在定义动态型局部变量时没有赋初值，则它的值是不确定的，这是因为每次函数调用时都会重新分配存储单元，所分配的存储单元的值是不确定的。

3. 寄存器型局部变量

为了提高程序的执行效率，C 语言允许将局部变量的值放在 CPU 的通用寄存器中，这种变量称为寄存器型局部变量。寄存器型局部变量使用关键字 register 作为存储类型说明，例如

```
register int a,b;
```

说明：

（1）只有自动型局部变量和形式参数可以说明为寄存器型变量。

（2）由于一个计算机系统的寄存器个数是有限的，所以不能定义任意多个寄存器型局部变量。若定义的寄存器型局部变量的个数多于可用的寄存器，则系统自动将多出的寄存器型局部变量作为自动型局部变量处理，为其分配存储单元。

5.10.2　全局变量的存储类别

全局变量是在函数的外部定义的，编译时在静态存储区中分配存储空间，在整个程序运行期间都占用存储空间。全局变量的作用域从变量的定义点开始到它所在的程序文件

末尾。通过引用声明可以扩展全局变量的作用域,引用声明的形式为

  extern 数据类型 变量名;

从作用域的角度来看,全局变量的存储类别分为静态型和外部型。

1. 静态型全局变量

  在定义全局变量时,若在类型名前加一个关键字 static,则说明定义的变量为静态型全局变量。通过引用声明可以扩展静态型全局变量的作用域,但只能在它所在的文件中扩展,不能扩展到程序中的其他文件,也就是说,静态型全局变量只能被它所在文件中的函数使用,不能被其他文件中的函数使用。如果一个函数要使用在它后面定义的全局变量,则应该在使用之前进行引用声明,这样就将该全局变量的作用域的起始点从定义点扩展到引用声明处。

  【例 5.21】 已知一个一维数组存放若干学生的成绩。通过函数调用方式计算平均分、最高分和最低分,要求使用静态型全局变量。

```
#include "stdio.h"
extern float max,min;                    /* 静态型全局变量引用说明 */
float average(float array[],int n)
{ int i;
  float ave=0.0;
  max=min=array[0];
  for(i=0;i<n;i++)
  { ave+=array[i];
    if(max<array[i]) max=array[i];
    if(min>array[i]) min=array[i];
  }
  ave/=n;
  return ave;
}
#define N 10
static float max,min;                    /* 定义静态型全局变量 */
void main()
{ int j;
  float a[N],ave;
  for(j=0;j<N;j++) scanf("%f",a+j);
  ave=average(a,N);
  printf("ave=%f, max=%f, min=%f\n",ave,max,min);
}
```

【运行结果】

34 12 34 656 4 34 346 54 7 90↙
ave=127.099998,max=656.000000,min=4.000000

在该程序中,"extern float max,min;"是静态型全局变量引用说明语句,"static float

max,min;"是静态型全局变量定义语句。如果没有变量引用说明语句,则程序将会出错。当然,可以将全局变量定义语句"static float max,min;"移到前面并取代引用说明语句"extern float max,min;"。由于 max 和 min 是静态型全局变量,所以不能在同一个程序的其他文件中引用这两个变量。

2. 外部型全局变量

在定义全局变量时,若没有给出存储类别,则定义的变量为外部型全局变量。前面介绍的在函数外定义的且未加 static 存储类别的变量都是外部型全局变量。

C 程序由 C 源程序文件组成,C 源程序文件又由函数组成。通过引用声明,外部型全局变量的作用域可以扩展到定义它之前的函数,也可以扩展到程序中的其他文件,也就是说,外部型全局变量不但能被它所在文件中的函数使用,也能被其他文件中的函数使用。如果一个文件要使用另一个文件中定义的外部型全局变量,则需要在使用它们的文件中进行引用声明,说明它们是在其他文件中定义的外部型全局变量,这样就可以在该文件中使用其他文件中定义的外部型全局变量。

【**例 5.22**】 完成例 5.21。要求程序分为两个文件保存,且使用外部型全局变量。

M1.c(源文件 1):

```
#include "stdio.h"
#define N 10
float max,min;                              /*定义外部型全局变量*/
void main()
{ int j;
  float a[N],ave;
  extern float average(float array[],int n);   /*外部函数引用说明*/
  for(j=0;j<N;j++) scanf("%f",a+j);
  ave=average(a,N);
  printf("ave=%f, max=%f, min=%f\n",ave,max,min);
}
```

S1.c(源文件 2):

```
extern float max,min;                        /*外部型全局变量引用说明*/
float average(float array[],int n)
{ int i;
  float ave=0.0;
  max=min=array[0];
  for(i=0;i<n;i++)
  { ave+=array[i];
    if(max<array[i]) max=array[i];
    if(min>array[i]) min=array[i];
  }
  ave/=n;
  return ave;
}
```

【运行结果】 同例 5.21。

在主函数 main()中有辅助函数 average()的引用说明:

```
extern float average(float array[], int n);
```

在 S1.c 中有全局变量 max 和 min 的引用说明:

```
extern float max,min;
```

其中,max 和 min 的定义在 M1.c 文件中。

该程序由两个源文件组成,在 VC++ 6.0 环境中需要创建工程。先创建一个空工程 MS1,然后把 M1.c 和 S1.c 这两个源文件添加到工程中即可。

5.11 内部函数和外部函数

根据函数能否被其他源文件的函数调用,函数可以分为内部函数和外部函数。

5.11.1 内部函数

在定义函数时,若函数的存储类别为 static,则表示该函数是内部函数,例如

```
static int fun(int a,int b)
{ return (a>b?a:b); }
```

内部函数又称静态函数,只能被它所在文件中的函数调用,不能被其他文件中的函数调用。不同文件中的内部函数可以同名,互不干扰。

5.11.2 外部函数

在定义函数时,若函数的存储类别为 extern 或者省略存储类别,则表示该函数是外部函数,例如

```
extern int fun(int a,int b)
{ return (a>b?a:b); }
```

外部函数既能被它所在文件中的函数调用,也能被其他文件中的函数调用。C 语言规定,在定义函数时,若省略存储类别,则系统默认的存储类别为 extern。前面定义的函数中未加 static 的都是外部函数。如果一个文件要调用另一个文件中定义的外部函数,则在调用函数的文件中一定要对被调用的外部函数进行引用声明。

【例 5.23】 通过调用外部函数将一个字符串中的大写字母变为小写字母。
FILE1.c(源文件 1):

```
void main()
{ extern shuru(char str[]);              /*外部函数引用声明*/
  extern daxietoxiaoxie(char str[]);     /*外部函数引用声明*/
  extern shuchu(char str[]);             /*外部函数引用声明*/
  char str[80];
```

```
  shuru(str);
  daxietoxiaoxie(str);
  shuchu(str);
}
```

FILE2.c(源文件 2)：

```
#include "stdio.h"
void shuru(char str[])                    /*外部函数定义*/
{ gets(str); }
```

FILE3.c(文件 3)：

```
void daxietoxiaoxie(char str[])           /*外部函数定义*/
{ int i;
  for(i=0;str[i];i++)
    if(str[i]>='A'&&str[i]<='Z')
      str[i]+=32;
}
```

FILE4.c(源文件 4)：

```
#include "stdio.h"
void shuchu(char str[])                   /*外部函数定义*/
{ printf("%s\n",str); }
```

【运行结果】

Ab1%Cdf↙
ab1%cdf

该程序由四个文件组成,在VC++ 6.0 环境中需要创建工程。先创建一个空工程
FILE,然后把 FILE1.c、FILE2.c、FILE3.c 和 FILE4.c 这四个源文件添加到工程中即可。

5.12　程序设计举例

【例 5.24】　求 1!～10!之和。

```
#include "stdio.h"
long sum(int n)
{ long s=0,t=1;
  int i;
  for(i=1;i<=n;i++)
  { t*=i;                    /*计算 i!*/
    s+=t;                    /*将 i!累加到 s*/
  }
  return s;
}
```

```
void main()
{ long m;
  m=sum(10);
  printf("%ld\n",m);
}
```

【运行结果】

4037913

【例 5.25】 求 $1+\dfrac{1}{1+2}+\dfrac{1}{1+2+3}+\cdots+\dfrac{1}{1+2+3+\cdots+n}$。

```
#include "stdio.h"
double funhe(int n)
{ int i;double t=0,s=0;
  for(i=1;i<=n;i++)
  { t+=i;               /*计算 1+…+i*/
    s+=1/t;             /*将 1/(1+…+i)累加到 s*/
  }
  return s;
}
void main()
{ int n;
  printf("n=");
  scanf("%d",&n);
  printf("%f\n",funhe(n));
}
```

【运行结果】

n=11↙
1.833333

【例 5.26】 求 $1-\dfrac{1}{3}+\dfrac{1}{5}-\dfrac{1}{7}+\cdots+(-1)^{n+1}\times\dfrac{1}{2n-1}$。

```
#include "stdio.h"
float funsn(int n)
{ int i,f;float s=0,t;
  for(i=1,f=1;i<=n;i++)
  { t=1.0/(2*i-1);
    s+=f*t;
    f=-f;
  }
  return s;
}
void main()
```

```
{ int n;
  printf("n=");
  scanf("%d",&n);
  printf("%f\n",funsn(n));
}
```

【运行结果】

```
n=11↙
0.808079
```

【例 5.27】　求 high 以内的 10 个最大素数之和。

```
#include "stdio.h"
int isprime(int m)              /* 判断 m 是否为素数的函数 */
{ int i;
  for(i=2;i<=m/2;i++)
    if(m%i==0) return 0;        /* m 不是素数 */
  return 1;                     /* m 是素数 */
}
int funsu(int high)
{ int sum=0,n=0,i,yes;
  while(high>=2&&n<10)
  { if(isprime(high))           /* 判断 high 是否为素数 */
    { n++;
      printf("%d--%d\n",n,high);
      sum+=high;                /* 累加 */
    }
    high--;
  }
  return sum;
}
void main()
{ int h;
  printf("high=");
  scanf("%d",&h);
  printf("sum=%d\n",funsu(h));
}
```

【运行结果】

```
high=100↙
1----97
2----89
3----83
4----79
5----73
```

```
6----71
7----67
8----61
9----59
10----53
sum=732
```

【例 5.28】 用直接插入排序的方法将一组整数降序排列。

```
#include "stdio.h"
void insertsort(int *a,int n)
{ int i,j,t;
  for(i=1;i<n;i++)
  { for(t=a[i],j=i-1;j>=0&&t>a[j];j--)
      a[j+1]=a[j];                        /* 后移 */
    a[j+1]=t;                             /* 插入 */
  }
}
#define N 10
void main()
{ int x[N],i;
  for(i=0;i<N;i++)
    scanf("%d",x+i);
  insertsort(x,N);
  for(i=0;i<N;i++)
    printf("%d  ",x[i]);
  printf("\n");
}
```

【运行结果】

34 78 12 90 39 87 47 92 65 17↙
92 90 87 78 65 47 39 34 17 12

【例 5.29】 将一个字符串中在另一个字符串中出现的字符删除。

```
#include "stdio.h"
void main()
{ void squ(char a[],char b[]);              /* 函数 squ()的引用说明 */
  char s1[20]="I am a boy",s2[20]="you are a boy";
  squ(s1,s2);
  printf("\n%s",s1);
}
void squ(char x[],char y[])
{ int i=0,j=0;
  while(x[i]!='\0')
  { while(y[j]!='\0')
```

```
    { if(x[i]==y[j])                            /* 找到 */
      { for(j=i;x[j]=x[j+1];j++);               /* 删除 */
        i--;
        break;
      }
      j++;
    }
    i++;j=0;
  }
}
```

【运行结果】

```
Im
```

【例 5.30】　将一个 M×N 的二维数组按列顺序存放到一个一维数组中。

```
#include "stdio.h"
#define M 3                                     /* 行数 */
#define N 4                                     /* 列数 */
void funab(int (*a)[N],int *b,int m,int n)      /* a 为数组指针变量 */
{ int i,j,k=0;
  for(j=0;j<n;j++)                              /* 在二维数组中按列扫描数组元素 */
    for(i=0;i<m;i++)
      b[k++]=*(*(a+i)+j);
}
void main()
{ int x[M][N],y[M*N];
  int i,j;
  printf("Input 2_dimension array:\n");
  for(i=0;i<M;i++)                              /* 输入二维数组元素值 */
    for(j=0;j<N;j++)
      scanf("%d",x[i]+j);
  funab(x,y,M,N);                               /* 函数调用 */
  printf("The 1_dimension array are:\n");
  for(i=0;i<M*N;i++)                            /* 输出一维数组元素值 */
    printf("%d  ",y[i]);
  printf("\n");
}
```

【运行结果】

```
Input 2_dimension array:
1 2 3 4↙
5 6 7 8↙
9 10 11 12↙
```

```
The 1_dimension array are:
1  5  9  2  6  10  3  7  11  4  8  12
```

【例 5.31】 将一个 n 阶方阵的下三角矩阵按行序存入一个一维数组中。

```c
#include "stdio.h"
#define N 5
void funab(int a[][N],int * b,int n)
{ int i,j,k=0;
  for(i=0;i<n;i++)
    for(j=0;j<=i;j++)
    b[k++]= * ( * (a+i)+j);
}
void main()
{ int x[N][N]={{1, 2, 3, 4, 5 },
              {6, 7, 8, 9, 10},
              {11,12,13,14,15},
              {16,17,18,19,20},
              {21,22,23,24,25}},y[N * (N+1)/2];
  int i,j;
  printf("The 2_dimension array are:\n");
  for(i=0;i<N;i++)                    /* 输出矩阵 */
  { for(j=0;j<N;j++)
       printf("%4d",x[i][j]);
    printf("\n");
  }
  funab(x,y,N);                       /* 函数调用 */
  printf("The lower triangular array are:\n");
  for(i=0;i<N;i++)                    /* 输出一维数组中存放的下三角矩阵 */
  { for(j=0;j<=i;j++)
      printf("%4d",y[i * (i+1)/2+j]);
    printf("\n");
  }
}
```

【运行结果】

```
The 2_dimension array are:
   1   2   3   4   5
   6   7   8   9  10
  11  12  13  14  15
  16  17  18  19  20
  21  22  23  24  25
The lower triangular array are:
   1
   6   7
```

```
11   12   13
16   17   18   19
21   22   23   24   25
```

【例 5.32】　已知一个长度为 N(N+1)/2 的一维数组,将其中元素按行序作为下三角矩阵,构成一个关于主对角线对称的 N 阶方阵。

```c
#include "stdio.h"
#define N 5
void funab(int a[],int b[][N])
{ int i,j,k=0;
  for(i=0;i<N;i++)
  { for(j=0;j<i;j++)
      b[i][j]=b[j][i]=a[k++];
    b[i][i]=a[k++];
  }
}
void main()
{ int x[N*(N+1)/2]={1,2,3,4,5,6,7,8,9,10,11,12,13,14,15},y[N][N];
  int i,j,k;
  printf("The 1_dimension as lower trianpular array are:\n");
  for(i=k=0;i<N;i++)
  {  for(j=0;j<=i;j++)
       printf("%4d",x[k++]);
     printf("\n");
  }
  funab(x,y);
  printf("The 2_dimension equally triangulars array are:\n");
  for(i=0;i<N;i++)
  { for(j=0;j<N;j++)
      printf("%4d",y[i][j]);
    printf("\n");
  }
}
```

【运行结果】

```
The 1_dimension as lower trianpular array are:
   1
   2   3
   4   5   6
   7   8   9  10
  11  12  13  14  15
The 2_dimension equally triangulars array are:
   1   2   4   7  11
   2   3   5   8  12
```

```
    4   5   6   9  13
    7   8   9  10  14
   11  12  13  14  15
```

【例 5.33】 在一个 N×N 的矩阵中填入数字 1～ N²(N 为奇数),使得每一列、每一行、每一条对角线的累加和都相等。

```c
#include "stdio.h"
#define N 5
void fun(int a[][N],int n)
{  int i,j,m;
   m=1;i=0;j=n/2;                    /* 先将 1 存放到第 1 行中间位置 */
   while(m<=n*n)
   { a[i][j]=m;
     m++;
     if(a[(i-1+n)%n][(j-1+n)%n]!=0) i=(i+1)%n;     /* 找下一个数存放位置 */
     else { i=(i-1+n)%n;j=(j-1+n)%n; }
   }
}
void main()
{ int a[N][N]={0},i,j;              /* 数组 a 存放结果,初始化为 0 */
  fun(a,N);                         /* 函数调用 */
  for(i=0;i<N;i++)                  /* 输出 */
  { for(j=0;j<N;j++)
      printf("%5d",a[i][j]);
    printf("\n");
  }
}
```

【运行结果】

```
15    8    1   24   27
16   14    7    5   23
22   20   13    6    4
 3   21   19   12   10
 9    2   25   18   11
```

【例 5.34】 汉诺塔问题。

有 3 根柱子,分别标记为 A、B 和 C,A 柱上有若干大小不同的盘子叠放成塔形,如图 5.7 所示。现将 A 柱上的这些盘子借助于 B 柱移到 C 柱上。但是每次只能移动一个盘子,而且大盘不能放到小盘之上。请给出移动方法。

这是一个比较典型的递归程序设计,可以想象先把 A 柱上的除最下面的盘子外的所有盘子都移到 B 柱上,然后把最大的盘子移到 C 柱上,再把 B 柱上的盘子移到 C 柱上,这样做就可以完成了。但是把一些盘子移到 B 柱上及从 B 柱上再移到 C 柱上又是一个递归问题。

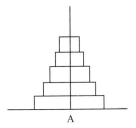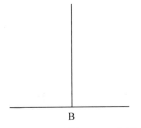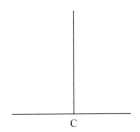

图 5.7 汉诺塔问题示意图

```c
#include "stdio.h"
void move(char x,char y)
{ printf("%c ——>>%c\n",x,y);
}
int count=0;
void hanoi(int n,char A,char B,char C)
{ if(n==1)
  { move(A,C); count++; }
  else
  { hanoi(n-1,A,C,B);
    move(A,C); count++;
    hanoi(n-1,B,A,C);
  }
}
void main()
{ int n;
  printf("How many plates? "); scanf("%d",&n);
  hanoi(n,'A','B','C');
  printf("Total moved:%d\n",count);
}
```

【运行结果】

How many plates? 4↙

```
A ——>>B
A ——>>C
B ——>>C
A ——>>B
C ——>>A
C ——>>B
A ——>>B
A ——>>C
B ——>>C
B ——>>A
C ——>>A
B ——>>C
```

```
A ——>>B
A ——>>C
B ——>>C
Total moved:15
```

习　　题

1. 单项选择题

(1) C 语言中,如果对函数类型未加说明,则函数的隐含类型为(　　)。

　　① double　　　　　② void　　　　　③ int　　　　　④ char

(2) 下列对函数的叙述中不正确的是(　　)。

　　① 函数的返回值是通过函数中的 return 语句获得的

　　② 函数不能嵌套定义

　　③ 一个函数中有且只有一个 return 语句

　　④ 函数中没有 return 语句,并不是不带回值

(3) 用数组名作为函数调用时的实参,实际上传递给形参的是(　　)。

　　① 数组全部元素的值　　　　　　　② 数组首地址

　　③ 数组第一个元素的值　　　　　　④ 数组元素的个数

(4) 下列对静态局部变量的叙述中不正确的是(　　)。

　　① 静态局部变量在整个程序运行期间都不释放

　　② 在一个函数中定义的静态局部变量可以被另一个函数使用

　　③ 静态局部变量是在编译时赋初值的

　　④ 数值型静态局部变量的初值默认为 0

(5) 函数调用语句"f((s1,s2),(s3,s4,s5));"中参数的个数是(　　)。

　　① 1　　　　　　② 2　　　　　　③ 4　　　　　　④ 5

(6) C 语言中函数隐含的存储类别是(　　)。

　　① auto　　　　　② static　　　　　③ extern　　　　　④ register

(7) 普通变量作为实参时,它和对应形参之间的数据传递方式是(　　)。

　　① 地址传递

　　② 单向值传递

　　③ 由实参传给形参,再由形参传给实参

　　④ 由用户指定传递方式

(8) 若有以下定义和说明,在必要的赋值之后,对 fun()函数的正确调用语句是(　　)。

```
int fun(int  * c) {…}
void main()
{ int  (* a)()=fun,* b(),w[10],c;
        ⋮
    }
```

① a＝a(w);　　　② (＊a)(＆c)　　　③ b＝＊b(w)　　　④ fun(b)

(9) 若函数定义如下,则该函数的返回值是(　　)。

```
char * fun(char * p)
{ return p;}
```

① 无确定的值　　　　　　　　② 形参 p 中存放的地址值

③ 一个临时存储单元的地址　　　④ 形参 p 自身的地址值

(10) 要求函数的功能是交换 x 和 y 的值,且通过正确函数调用返回交换结果。能正确执行此功能的函数是(　　)。

```
① funa(int * x,int * y)
  { int * p;
   * p= * x; * x= * y; * y= * p;
  }
② funb(int x,int y)
  { int t;
   t= x;x= y;y= t;
  }
③ func(int * x,int * y)
  { * x= * y; * y= * x;}
④ fund(int * x,int * y)
  { * x= * x+ * y; * y= * x- * y; * x= * x- * y;}
```

2. 程序分析题

(1) 下列函数的功能是什么?

```
void ch(int * p1,int * p2)
{ int p;
  if(* p1> * p2) {p= * p1; * p1= * p2; * p2=p;}
}
```

(2) 下列函数的功能是什么?

```
float av(float a[],int n)
{ int i;float s;
  for(i=0,s=0;i<n;i++) s=s+a[i];
  return(s/n);
}
```

(3) 写出下列程序的运行结果。

```
#include "stdio.h"
unsigned fun(unsigned num)
{ unsigned k=1;
  do { k * =num%10;num/=10;}while(num);
```

```
      return k;
}
void main()
{ unsigned n=26;
   printf("%d\n",fun(n));
}
```

（4）写出下列程序的运行结果。

```
#include "stdio.h"
long fib(int n)
{ if(n>2) return(fib(n-1)+fib(n-2));
   else return(2);
}
void main()
{ printf("%ld\n",fib(5)); }
```

（5）写出下列程序的运行结果。

```
#include "stdio.h"
void fun(char * s)
{ char t, * p, * q;
   p=s;q=s;
   while(* q) q++;
   q--;
   while(p<q)
   { t= * p++; * p= * q--; * q=t; }
}
void main()
{ char a[]="ABCDEFG";
   fun(a);puts(a);
}
```

（6）写出下列程序的运行结果。

```
#include "stdio.h"
int f(int a)
{ int b=0;
   static c=3;
   a=c++,b++;
   return a;
}
void main()
{ int a=2,i,k;
   for(i=0;i<2;i++)
   k=f(a++);
   printf("%d\n",k);
```

```
}
```

（7）写出下列程序的运行结果。

```
#include "stdio.h"
int a=100;
void fun()
{ int a=10;
  printf("%d\n",a);
}
void main()
{ printf("%d\n",a++);
  { int a=30;
    printf("%d\n",a);
  }
  fun();
  printf("%d\n",a);
}
```

（8）写出下列程序的运行结果。

```
#include "stdio.h"
char * fun(char * s,char c)
{ while(* s&&* s!=c) s++;
  return s;
}
void main()
{ char * s="abcdefg",c='c';
  printf("%s\n",fun(s,c));
}
```

（9）有以下程序，所生成的可执行文件为 f1.exe，运行时若从键盘上输入：f1 abc bcd，则输出结果是什么？

```
#include "stdio.h"
void main(int argc ,char * argv[])
{ while(argc>1)
  { printf("%c", * (* (++argv)));
    argc--;
  }
}
```

（10）写出下列程序的运行结果。

```
#include "stdio.h"
void ast(int x,int y,int * cp,int * dp)
{ * cp=x+y;
```

```
  * dp=x-y;
}
void main()
{ int a,b,c,d;
  a=4;b=3;
  ast(a,b,&c,&d);
  printf("%d %d\n",c,d);
}
```

3. 程序填空题(在下列程序的_____处填上正确的内容,使程序完整)

(1) 下列程序使用指向函数的指针变量调用函数 max()求最大值。

```
#include "stdio.h"
void main()
{ int max(int x,int y);
  int (*p)(int x,int y);
  int a,b,c;
  p=_____;
  scanf("%d  %d",&a,&b);
  c=_____;
  printf("a=%d  b=%d  max=%d\n",a,b,c);
}
int max(int x, int y)
{ int z;
  if(x>y)  z=x;
  else z=y;
  return(z);
}
```

(2) 下列函数为二分法查找 key 值。数组中的元素值已递增排序,若找到 key,则返回对应的下标,否则返回−1。

```
int binary(int a[],int n,int key)
{ int  low,high,mid;
  low=0;
  high=n-1;
  while(_____)
  { mid=(low+high)/2;
    if(key<a[mid])
      _____;
    else if(key>a[mid])
         _____;
        else return(mid);
  }
  return(-1);
}
```

（3）下列函数是将 b 字符串连接到 a 字符串的后面，并返回 a 中新串的长度。

```
int strcen(char a[],char b[])
{ int num=0,n=0;
  while(*(a+num)!=_____) num++;
  while(b[n])
  { *(a+num)=b[n];
    num++;
    _____;
  }
  *(a+num)='\0';
  return(num);
}
```

（4）下列 fun() 函数的功能是将形参 x 的值转换成二进制数，所得二进制数的每一位数存放在一维数组中返回，二进制数的最低位放在 0 下标处，其他位依次递增。

```
int fun(int x,int b[])
{ int k=0,r;
  do
  { r=x%_____;
    b[k++]=r;
    x/=_____;
  }while(x);
  return k-1;
}
```

（5）下列函数用来在 w 数组中插入 x。n 所指向的存储单元中存放 w 数组中字符的个数。数组 w 中的字符已按从小到大的顺序排列，插入后数组 w 中的字符仍有序。

```
void fun(char *w,char x,int *n)
{ int i,p;
  p=0;
  w[*n]=x;
  while(x>w[p]) p++;
  for(i=*n;i>p;i--) w[i]=_____;
  w[p]=x;
  ++*n;
}
```

4. 程序改错题（下列每段程序中各有一个错误，请找出并改正）

（1）函数 fun() 的功能是计算 $1+\dfrac{1}{2}+\dfrac{1}{3}+\cdots+\dfrac{1}{m}$。

```
fun(int m)
{ double t=1.0;
  int i;
```

```
   for(i=2;i<=m;i++)
     t+=1.0/i;
   return t;
}
```

(2) 函数 str_space()的功能是统计字符串中的空格数。

```
void str_space(char * str,int * num)
{ * num=0;
  while( * str!='\0')
  if( * str++==' ')  num++;
}
```

(3) 函数 fun()的功能是将 a 所指字符串中的字符和 b 所指字符串中的字符按排列的顺序交叉合并到 c 所指数组中,过长的剩余字符连接在 c 所指数组的尾部。

```
void fun(char a,char b,char c)
{ while( * a&& * b)
  { * c= * a;c++;a++;
    * c= * b;c++;b++;
  }
  if( * a=='\0')
    while( * b){ * c= * b;c++;b++;}
  else
    while( * a){ * c= * a;c++;a++;}
   * c='\0';
}
```

(4) 函数 fun()的功能是在串 s 中查找子串 t 的个数。

```
int fun(char * s, char * t)
{ int n;char * p, * r;
  n=0;
  while( * s)
  { p=s;r=t;
    while( * s&& * r)
      if( * r== * p) { r++;p++;}
      else  break;
    if(r=='\0') n++;
    s++;
  }
  return  n;
}
```

(5) 函数 my_cmp()的功能是比较字符串 s 和 t 的大小,当 s 等于 t 时返回 0,否则返回 s 和 t 的第一个不同的字符的 ASCII 码值的差,即当 s>t 时返回正值,当 s<t 时返回负值。

```
int my_cmp(char * s, * t)
{ while( * s== * t)
  { if( * s=='\0') return(0);
    s++;t++;
  }
  return( * s- * t);
}
```

5. 程序设计题

(1) 编写程序,通过函数调用方式计算 $y=|x|$。

(2) 编写程序,通过函数调用方式判断一个数是否为素数。

(3) 编写程序,通过函数调用方式计算字符串的长度(可编写递归函数)。

(4) 编写程序,通过函数调用方式删除字符串中的非英文字符。

(5) 编写程序,通过函数调用方式将 n×n 矩阵转置。

(6) 编写程序,通过函数调用方式将一个整数逆置(可编写递归函数),如 123 逆置后为 321。

(7) 编写程序,通过函数调用方式统计字符串中各个数字字符出现的次数。

(8) 编写程序,通过函数调用方式计算 n×n 矩阵中各行最小数之和。

(9) 编写程序,通过函数调用方式输出 a~b 的回文数。回文数是指这个数在逆置后不变,如 121 就是回文数。

(10) 编写程序,通过函数调用方式将一个十制数转换成相应的二进制数(可编写递归函数)。

(11) 编写程序,通过函数调用方式统计一个英文句子中最长的单词的字符数。

(12) 编写程序,通过函数调用方式将一个整数转换成字符串,如整数 123 对应的字符串为"123"。

(13) 编写程序,用递归函数将一维数组 a 中的前 k 个元素逆置。

(14) 编写程序,通过函数调用方式将 n×m 矩阵按行逆置。

(15) 编写程序,通过函数调用方式将 n×m 矩阵中满足下列条件的数及所在的行标和列标输出。该数是所在行的最小值,又是所在列的最大值,即"鞍点"。

第 **6** 章

CHAPTER

结构体、共用体和枚举

前面已经介绍了整型、实型、字符型等基本类型,也介绍了指针类型、空类型和构造类型的数组。除此之外,C 语言还提供了结构体类型、共用体类型和枚举类型。本章将详细介绍这三种数据类型。

6.1 结构体类型与变量

在实际应用中,有许多不是同一种类型的数据需要集合到一起的例子,例如人事管理、工资管理、学生管理等。不同类型的数据是不能用简单的数组完成存储的,但若不用数组存储,数据元素之间的关系又不能体现出来。为此,C 语言提供了一种构造数据类型——结构体类型。

6.1.1 结构体类型定义

结构体类型定义的一般形式为

struct 结构体类型名
{ 类型 1   成员 1;
  类型 2   成员 2;

  类型 n   成员 n;
};

例如

```
struct student
{ short num;
  char name[20];
  char sex;
  short age;
  float score;
  char addr[30];
};
```

说明:

(1) 结构体类型由"struct 结构体类型名"统一说明和引用。

(2) 只有变量才分配内存空间,类型定义并不分配内存空间。

(3) 结构体中说明的各个成员类似于前面的变量,但在类型定义时不分配内存空间。

(4) 相同类型的成员可以合在一个类型下说明,如

```
struct student
{ short num,age;
  char name[20],sex,addr[30];
  float score;
};
```

(5) 结构体类型定义一定要以分号(;)结束。

(6) 结构体类型可以嵌套定义,即在结构体类型定义中又有结构体类型的成员,如

```
struct STU
{ short num,age;
  char name[20],sex,addr[30];
  struct course
  { float Chinese,Math,Physics,English;
  }score;        /* 定义结构体类型 struct course,同时定义该类型成员 score */
};
```

(7) 结构体类型有作用范围,即与变量一样,结构体也有全局和局部之分。在一个函数内定义的结构体类型是局部的,只能在定义它的函数内定义该结构体类型的局部变量;在函数之外定义的结构体类型是全局的,可以在其后定义该结构体类型的全局变量和局部变量。

6.1.2 结构体变量的定义和引用

定义结构体类型变量有以下三种形式(以上面的结构体类型 struct student 为例)。

(1) 在定义结构体类型之后再定义结构体类型变量,如

```
struct student a,b,c;
```

定义了三个结构体类型变量 a、b 和 c。

(2) 在定义结构体类型的同时定义结构体类型变量,如

```
struct student
{ short num;
  char name[20],sex;
  short age;
  float score;
  char addr[30];
}a,b,c;
```

定义了三个结构体类型变量 a、b 和 c。

　　(3) 在定义无名结构体类型的同时定义结构体类型变量,如

```
struct
{ short num;
  char name[20],sex;
  short age;
  float score;
  char addr[30];
}a,b,c;
```

定义了三个结构体类型变量 a、b 和 c。这种形式只能在此定义变量,因为没有类型名称,所以这种形式的结构体类型无法重复使用。

　　结构体类型变量可以初始化,各成员的值以集合方式给出,例如

```
struct STU a={4102,21,"Li Ping",'F',"Beijing Road 11#",{87,63,54,72}};
```

　　除初始化外,不允许以集合方式给结构体变量整体赋值,但类型相同的结构体变量之间可以整体赋值,例如

```
struct STU a={4102,21,"Li Ping",'F',"Beijing Road 11#",{87,63,54,72}},b;
b=a;
```

　　系统为结构体型变量分配地址连续的内存空间,并按照各成员定义的顺序分配,存储空间的大小为变量各个成员所占存储空间的总和,例如

　　若有定义

```
struct student
{ short num;
  char name[20],sex;
  short age;
  float score;
  char addr[30];
}a;
```

则变量 a 的内存分布如图 6.1 所示。

结构体变量成员的引用方式为

结构体变量名.成员名[.成员名…]

一般地,要引用到最底层的成员。

结构体变量成员的用法与同类型的变量相同,例如

```
struct STU a;
a.age=20
strcpy(a.name ,"Li Ping")
a.score.Math=70
a.age++
```

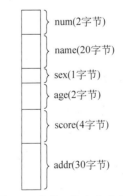

图 6.1　变量 a 的内存分布图

```
scanf("%d", &a.num);
```

【例 6.1】 结构体成员引用举例。

```
#include "stdio.h"
void main()
{ struct STU                    /* 定义局部结构体类型 */
  { short num,age;
    char name[20],sex,addr[30];
    struct
    { float Chinese,Math,Physics,English;
    }score;
  };
  struct STU a={4102,21,"Li Ping",'F',"Beijing Road 11#",{87,63,54,72}},b;
  b=a;                          /* 结构体变量整体赋值 */
  printf("No.:%hd\nName:%s\nSex:%c\nAddr:%s\n",b.num,b.name,b.sex,b.addr);
  printf("Chinese:%5.1f\nMath:%5.1f\n",b.score.Chinese,b.score.Math);
  printf("Physics:%5.1f\nEnglish:%5.1f\n",b.score.Physics,b.score.English);
}
```

【运行结果】

```
No.:4102
Name:Li Ping
Sex:F
Addr:Beijing Road 11#
Chinese: 87.0
Math: 63.0
Physics: 54.0
English: 72.0
```

结构体变量的值也可以从键盘上读入,但只能通过读入各成员值的方式实现。同样,结构体变量值的输出也是通过输出各成员值的方式实现。

思考题:将上面程序中的变量 a 及其各个成员的地址输出,分析各个成员的存储关系及整个变量所占用的存储空间。

6.2 结构体数组

与普通数组一样,也可以定义结构体数组。结构体数组中的每个元素相当于一个结构体变量,用法与结构体变量相同。通常,结构体数组都是一维的,当然也可以定义多维的。一维结构体数组相当于一张二维数据表,表的横向相当于记录,而列向相当于属性,用于描述每条记录的所有信息。例如,表 6.1 可以用结构体数组处理。

表 6.1 二维数据表

学号	姓名	计算机成绩	英语成绩	总成绩
202149	王学海	83	77	160
203120	刘玉芳	89	72	161
201034	邱 玲	76	68	144
200537	李红梅	82	74	156

与结构体变量的定义一样,结构体数组的定义也有三种形式,例如

```
struct student                    /*定义结构体类型*/
{ char num[7],name[7];
  int com,eng,total;
};
struct student stu[4];            /*定义结构体数组*/
```

用第一种形式定义了一个含有 4 个元素的结构体数组 stu。

结构体数组可以初始化,数组各元素的值以集合方式给出,例如

```
struct student stu[4]={ {"202149","王学海", 83,77,0},
                        {"203120","刘玉芳",89,72,0},
                        {"201034","邱玲",76,68,0},
                        {"200537","李红梅",82,74,0} };
```

结构体数组元素的用法与同类型的变量相同。

结构体数组元素成员的一般引用方式为

数组名[下标].成员名[.成员名.…]

【例 6.2】 输出表 6.1 的信息。

```
#include "stdio.h"
#define N 4
struct student                    /*定义全局结构体类型*/
{ char num[7],name[7];
  int com,eng,total;
};
void main()
{ int i;
  struct student stu[N]={{"202149","王学海", 83,77,0},
                         {"203120","刘玉芳",89,72,0},
                         {"201034","邱玲",76,68,0},
                         {"200537","李红梅",82,74,0}};  /*结构体数组初始化*/
  printf("学号\t 姓名\t 计算机成绩\t 英语成绩\t 总成绩\n");
  for(i=0;i<N;i++)
  { stu[i].total=stu[i].com+stu[i].eng;               /*计算总成绩*/
```

```
        printf("%s\t%s\t%d\t\t",stu[i].num,stu[i].name,stu[i].com);
        printf("%d\t\t%d\n",stu[i].eng,stu[i].total);
    }
}
```

【运行结果】

学号	姓名	计算机成绩	英语成绩	总成绩
202149	王学海	83	77	160
203120	刘玉芳	89	72	161
201034	邱玲	76	68	144
200537	李红梅	82	74	156

【例 6.3】 统计候选人得票数。假设有 3 个候选人，由 10 个选民参加投票选出一个代表。

```
#include "stdio.h"
struct person
{ short int code;
  char name[20];
  int count;
}leader[3]={{1,"li",0},{2,"zhang",0},{3,"xue",0}};     /*初始化*/
void main()
{ int i; short int select;
  printf("1--li   2--zhang   3--xue\n");
  for(i=0;i<10;i++)
  { printf("%d\tPlease input your result:",i+1);
    scanf("%hd",&select);
    leader[select-1].count++;
  }
  printf("-----====The result=====----\n");
  for(i=0;i<3;i++)
    printf("%hd\t%s\t%d\n",leader[i].code,leader[i].name,leader[i].count);
}
```

【运行结果】

```
1--li   2--zhang   3--xue
1  Please input your result:1↙
2  Please input your result:1↙
3  Please input your result:2↙
4  Please input your result:1↙
5  Please input your result:3↙
6  Please input your result:1↙
7  Please input your result:3↙
8  Please input your result:3↙
9  Please input your result:2↙
```

```
10 Please input your result:1↙
---------====The result=========
1       Li      5
2       Zhang   2
3       Xue     3
```

6.3　结构体类型数据的指针

前面介绍了各种各样的指针和指针变量,有指向基本类型变量的指针,有指向数组的指针,也有指向函数的指针。本节介绍指向结构体类型数据的指针。

6.3.1　结构体变量的指针与指针变量

每个变量都有它的存储地址,结构体变量也不例外,它的地址可以通过取地址符"&"得到。例如,结构体变量 a(见图 6.1)的地址为 &a,它的第一个成员的地址 &a.num 也是它的地址,即 &a 和 &a.num 都是结构体变量 a 的指针。变量的指针是常量,可以定义指向结构体变量的指针变量。与结构体变量的定义一样,结构体指针变量的定义也有三种形式,例如

```
struct student
{ long num;
  char name[20],sex;
    float score;
} stu, * p;
```

用第二种形式定义了一个结构变量 a,同时定义了一个结构体指针变量 p。

用结构体指针变量可以引用其所指向的结构体变量的成员,引用方式如下。

(* 结构体指针变量名).成员名
结构体指针变量名->成员名

其中,"·"和"—>"是取成员运算符,优先级高于单目运算符,结合方向为左结合。

这两种引用方法是等价的。值得注意的是,第一种引用方式中的圆括号不能省略,其原因是取成员运算符"·"的优先级比间接访问运算符"＊"的优先级高。

这样,引用结构体变量的成员就有以下三种方式。

结构体变量名.成员名
(* 结构体指针变量名).成员名
结构体指针变量名->成员名

【例 6.4】　结构体变量成员引用举例。

```
#include "stdio.h"
#include "string.h"
struct student
{ long num;
```

```
    char name[20],sex;
    float score;
};
void main()
{struct student stu, * p;
  p=&stu;
  stu.num=89101;
  strcpy(stu.name,"Li Lin");
  stu.sex='M';
  stu.score=89.5;
  printf("No.:%ld\nname:%s\nsex:%c\nscore:%f\n",
    stu.num,stu.name,stu.sex,stu.score);
  printf("No.:%ld\nname:%s\nsex:%c\nscore:%f\n",
    ( * p).num, ( * p).name, ( * p).sex, ( * p).score);
  printf("No.:%ld\nname:%s\nsex:%c\nscore:%f\n",
    p->num,p->name,p->sex,p->score);
}
```

【运行结果】

```
No.:89101
name:Li Lin
sex:M
score:89.500000
No.:89101
name:Li Lin
sex:M
score:89.500000
No.:89101
name:Li Lin
sex:M
score:89.500000
```

程序中的 3 个 printf()函数的输出结果是相同的,说明了 3 种引用方式是等价的。

6.3.2　结构体数组的指针与指针变量

与基本类型数组一样,结构体数组的指针就是结构体数组在内存中的起始地址,结构体数组名代表数组的起始地址。既可以定义指向结构体数组元素的指针变量,也可以用指向结构体数组元素的指针变量引用数组元素的成员,其定义和用法与指向结构体变量的指针变量相同。

【例 6.5】　用结构体指针变量引用数组元素举例。

```
#include "stdio.h"
#define N 3
struct student                    /*定义全局结构体类型 */
```

```
{ int num;
  char name[20],sex;
  int age;
};
struct student stu[N]={{10101,"Li Lin",'M',18},
                       {10102,"Wan Fen",'M',19},
                       {10104,"Liu Min",'F',20}};        /*结构体数组初始化*/
void main()
{ struct student *p;
  printf(" No.\tName\tSex\tAge\n");
  for(p=stu;p<stu+N;p++)        /*用结构体指针变量 p 引用数组元素成员*/
    printf("%d\t%s\t%c\t%d\n",p->num,p->name,p->sex,p->age);
}
```

【运行结果】

```
No.     Name      Sex    Age
10101   Li Lin    M      18
10102   Wan Fen   M      19
10104   Liu Min   F      20
```

由于 p 是指向结构体数组的指针变量,所以它可以进行自加运算(p++),其每次移动都是移动到当前数组元素的下一个数组元素的首地址。

6.3.3　结构体指针与变量作函数参数

与基本类型变量一样,结构体变量和结构体指针也可以作为函数的参数,函数的返回值也可以是结构体类型的数据和指针。

【例 6.6】　结构体变量作为函数参数举例。

```
#include "stdio.h"
struct st
{ char c;
  short h;
  char str[4];
};
void print(struct st x)
{ printf("%c  %hd  %s\n",x.c,x.h,x.str);}
main()
{ struct st a={'A',10,"USA"};
  print(a);
}
```

【运行结果】

```
A  10  USA
```

函数 print()的功能是输出结构体变量 x 的值。函数调用开始,为形参 x 分配存储单元,同时进行参数传递,参数传递方式见图 6.2。此时的参数传递实际上是多个赋值运算,即将实参各成员的值依次赋给形参的相应成员。

【例 6.7】 结构体指针作为函数参数举例。

```
#include "stdio.h"
struct st
{ char c;
  short h;
  char str[4];
};
void print(struct st * x)
{ printf("%c  %hd  %s\n",x->c,x->h,x->str);}
void main()
{ struct st a={'A',10,"USA"};
  print(&a);
}
```

【运行结果】 同例 6.6。

函数 print()的功能是输出指针变量 x 所指向变量的值。函数调用开始,为形参 x 分配存储单元,同时进行参数传递,参数传递方式见图 6.3。此时传递给形参的是变量的地址,函数 print()是用指向变量 a 的指针变量 x 引用变量 a 的成员。

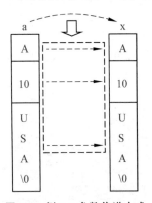

图 6.2　例 6.6 参数传递方式

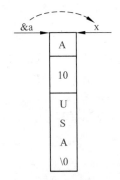

图 6.3　例 6.7 参数传递方式

【例 6.8】 找出例 6.5 中的第一个女生的记录。

```
#include "stdio.h"
#define N 3
struct student
{ int num;
  char name[20],sex;
  int age;
};
struct student stu[N]={{10101,"Li Lin",'M',18},
```

```
                        {10102, "Wan Fen", 'M', 19},
                        {10104, "Liu Min", 'F', 20}};
void main()
{ struct student * p;
  struct student * search(struct student * s, int n);
  p=search(stu, N);
  if(p)
    printf("%d\t%s\t%c\t%d\n", p->num, p->name, p->sex, p->age);
  else printf("Not exist!\n");
}
struct student * search(struct student * s, int n)
{ struct student * q=s;
  for(; q<s+n; q++)
    if(q->sex=='F' q->sex=='f') return q;
  return NULL;
}
```

【运行结果】

```
10104    Liu Min F    20
```

该程序是用返回指针值函数实现的,也可以用返回结构体类型数据或结构体指针作为函数参数的方法实现,请读者自行完成。

6.3.4 自定义类型

定义结构体类型变量时,往往会觉得类型名较长,不便于书写和阅读。C 语言提供了一个自定义类型关键字——typedef,使用它可以将一些较为复杂的类型名简单化。typedef 的一般格式为

typedef 原类型名 新类型名；

其作用是为一个数据类型起一个新的名字。

例如:

```
typedef int INTEGER;                    /* 给 int 起了一个别名 INTEGER */
typedef float REAL;                     /* 给 float 起了一个别名 REAL */
typedef struct {int year, month, day;} DATE;  /* 给无名结构体类型起了一个别名 DATE */
```

注意:使用 typedef 并不是定义了一个新类型,而是给原有的类型增加了一个更加简单、容易理解、便于记住和使用的类型名。这个类型名与原有的类型名除名称之外是完全等价的。

例如:

```
INTEGER a;          /* 相当于 int a; */
REAL f;             /* 相当于 float f; */
DATE today;         /* 相当于 struct{ int year, month, day;} today; */
```

为了避免错误,在定义新类型名时,通常按照以下步骤进行。

(1) 先按照定义变量的方法写出定义体,如

```
struct {int year,month,day;} today;
```

(2) 将变量名换成新类型名,如

```
struct {int year,month,day;} DATE;
```

(3) 在最前面加上 typedef,如

```
typedef struct {int year,month,day;} DATE;
```

(4) 用新的类型名定义变量,如

```
DATE yesterday, today, tomorrow;
```

例如,自定义一个数组类型名 ARRAY 的步骤如下。

```
int a[100];
int ARRAY[100];
typedef int ARRAY[100];
```

若有定义:

```
ARRAY a,b,c;
```

则标识符 a、b 和 c 都被定义为具有 100 个分量的整型一维数组,相当于以下定义形式。

```
int a[100],b[100],c[100];
```

再如,自定义一个结构体类型名 ST 和结构体指针类型名 STU 的步骤如下。

```
struct student stu, * p;
struct student ST, * STU;
typedef struct student ST, * STU;
ST s1,s2;
```

若有定义:

```
STU p,q;
```

则标识符 s1 和 s2 被定义为 struct student 类型的变量,而标识符 p 和 q 被定义为指向 struct student 类型的指针变量。

可以将例 6.8 改成以下程序。

```
#include "stdio.h"
typedef struct student
{ int num;
  char name[20],sex;
  int age;
}ST, * STU;
ST stu[3]={{10101,"Li Lin",'M',18},
          {10102,"Wan Fen",'M',19},
          {10104,"Liu Min",'F',20}};
```

```
void main()
{ STU p,search();
  p=search(stu,3);
  if(p)
  printf("%d\t%s\t%c\t%d\n",p->num,p->name,p->sex,p->age);
  else printf("Not exist!\n");
}
STU search(STU s,int n)
{ STU q=s;
  for(;q<s+n;q++)
    if(q->sex=='F' q->sex=='f') return q;
  return NULL;
}
```

【运行结果】　同例 6.8。

注意：虽然 typedef 和 ♯ define 都是给一个对象取一个别名，但它们是有区别的。typedef 是为已有类型重新命名，而 ♯ define 是为字符序列定义一个新名。

6.4　链表的基本知识

　　链表是一种常用的存储数据的结构，它可以根据需要动态地进行存储空间的分配和回收。数据元素之间的关系是通过链接的形式体现的。每个数据元素以一个结点的形式存在，结点由数据域和指针域两部分构成。数据域由一个或多个数据项组成；指针域存储与该结点链接的结点的起始地址。根据指针域中指针的个数，链表可以分为由一个指针构成的单（向）链表、由两个指针构成的双（向）链表等。本节将以单链表为例介绍关于链表的基本知识。图 6.4 是一个单链表的存储结构图，链表中有一个称为"头指针"的变量，在图 6.4 中以 head 表示，当然，也可以用其他标识符表示，它存放链表第一个结点的首地址，用于标识一个链表。在对链表进行操作时，这个指针是必需的，而且不能丢失，否则无法确定整个链表。

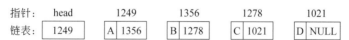

图 6.4　单链表存储结构图

　　从图 6.4 可以看出，head 指向第一个数据结点（称为首元结点）；第一个数据结点的指针域又指向第二个结点直到最后一个结点（称为尾结点）。表尾的指针域中存放着一个空指针，表明它不再指向任何结点，整个链表到此为止。空指针是必须有的，否则链表将无法正常结束。NULL 是一个空指针常量，值为 0，在头文件 stdio.h 中定义，使用该常量时应将该头文件包含进来。

　　整个单链表是通过指针顺序链接的。常用带箭头的短线（→）表示这种链接关系，用"∧"表示空指针（NULL）。例如，单链表（图 6.4）的示意图如图 6.5 所示。这就像一队小朋友手牵着手由老师领着走一样，这时，手就相当于指针，老师的手相当于头指针（head），最后一个小朋友空着的一只手相当于空指针(NULL)。

图 6.5　单链表示意图

6.4.1　动态分配和释放空间的函数

C 语言系统提供了分配和回收存储空间的函数,在链表操作中用于申请和释放结点空间。

1. 存储空间分配函数

一般调用格式为

malloc(size)

其中,size 是存储空间的大小(字节数)。

功能:在动态存储区获取 size 个字节的连续存储空间。

返回值:若分配成功,则返回分配空间的起始地址(void 类型),否则返回空指针(NULL)。

2. 连续空间分配函数

一般调用格式为

calloc(n,size)

其中,size 是存储空间的大小(字节数),n 是大小为 size 的存储空间的数目。

功能:在动态存储区获取 n 个 size 个字节的连续存储空间。

返回值:若分配成功,则返回分配空间的起始地址(void 类型),否则返回空指针(NULL)。

用该函数可以动态地获取一个一维数组空间,其中 n 为数组元素个数,数组元素的大小为 size 个字节。

3. 空间再分配函数

一般调用格式为

realloc(addr, size)

其中,addr 是原存储空间的起始地址,size 是新存储空间的大小(字节数)。

功能:在动态存储区获取重新分配的 size 个字节的连续存储空间,同时将原空间(由参数 addr 指定的)数据顺序复制到新分配的存储空间并释放原空间。

返回值:若分配成功,则返回新分配空间的起始地址(void 类型),否则返回空指针(NULL)。

4. 空间释放函数

一般调用格式为

free(addr)

其中,addr 是存储空间的起始地址。

功能:释放由指针 addr 所指向的存储空间。

返回值:无。

注意:上述三个分配存储空间函数的返回值类型都为空指针类型(void ＊),在具体应用时一定要进行强制类型转换,只有转换成实际的指针类型才能正确使用。另外,不使用的空间一定要及时回收,以免浪费宝贵的内存空间。

6.4.2 链表的基本操作

链表的基本操作包括建立、输出、插入、删除和查找。下面以学生成绩表为例详细介绍单链表的基本操作。

假设学生成绩表中只含姓名和成绩两项,则链表结点数据类型为

```
#include "stdio.h"
#include "stdlib.h"
typedef struct student
{ char name[20];
  int score;
  struct student ＊next;        /＊结点指针域＊/
} ST, ＊STU;                     /＊自定义链表结点数据类型名 ST 和指针类型名 STU＊/
```

1.建立单链表

建立单链表是指在程序执行过程中将一个个新生成的结点顺次链接到已建立的链表上,上一个结点的指针域存放下一个结点的起始地址,同时给各个结点的数据域赋值。建立链表的过程实质上就是输入链表的过程。只有建立一个链表,才能对它进行操作。建立链表的步骤如下。

(1) 生成首元结点,并输入数据,如

```
head=(STU)malloc(sizeof(ST));scanf("%s %d",head->name,&head->score);
```

(2) 生成新结点,并输入结点数据,如

```
q=(STU)malloc(sizeof(ST));scanf("%s %d",q->name,&q->score);
```

(3) 链接新结点,如

```
p->next=q;
```

(4) 指针跳转到新结点上,如

```
p=q;
```

(5) 重复步骤(2)~(4),直到所有结点都建立完毕,转至步骤(6)。

(6) 尾结点的指针域置空,如

```
p->next=NULL;
```

【例 6.9】 编写一个函数,建立一个学生成绩链表。

```
STU crelink(int n)              /* 建立一个由 n 个结点构成的单链表,返回链表头指针 */
{ int i;
  STU p,q,head;
  if(n<=0) return NULL;         /* 参数 n 不合理,返回空指针 */
  head=(STU)malloc(sizeof(ST));      /* 生成首元结点 */
  printf("Input datas:\n");
  scanf("%s%d",head->name,&head->score);
  p=head;                       /* p 作为链接下一个结点 q 的指针 */
  for(i=1;i<n;i++)
  { q=(STU)malloc(sizeof(ST));
    scanf("%s %d",q->name,&q->score);
    p->next=q;                  /* 链接 q 结点 */
    p=q;                        /* 从 p 跳到 q 上,再准备链接下一个结点 q */
  }
  p->next=NULL;                 /* 尾结点指针域置为空 */
  return head;                  /* 返回已建立的单链表头指针 */
}
```

这种建立链表的方法是将新生成的结点从表尾接入,所以也称为"尾接法"。对应地,也可以将生成的结点插入链表中的第一个结点之前,称为"首插法",请读者自行练习。

2. 输出单链表

输出链表是指从链表的首元结点开始依次输出链表中各结点数据域的值,直到尾结点为止。输出链表的步骤如下。

(1) 安排一个指针指向首元结点,如

```
p=head;
```

(2) 若 p==NULL,则转至步骤(5),否则转至步骤(3)。

(3) 输出结点值,如

```
printf("%s\t%f\n",p->name,p->score);
```

(4) 将指针移到下一个结点,如

```
p=p->next;
```

(5) 输出结束。

【例 6.10】 编写程序,输出用例 6.9 建立的单链表。

```
void list(STU head)        /* 输出单链表 */
{ STU p=head;              /* 从头指针出发,依次输出各结点的值,直到遇到 NULL */
  while(p!=NULL)
  { printf("%s\t%d\n",p->name,p->score);
    p=p->next;             /* p 指针顺序后移一个结点 */
  }
}
```

```
void main()
{ STU h;int n;
  printf("Please input number of node:"); scanf("%d",&n);
  h=crelink(n);              /*建立单链表*/
  list(h);                   /*输出单链表*/
}
```

【运行结果】

```
Please input number of node:4↙
Input datas:
A 10↙
B 20↙
C 30↙
D 40↙
A        10
B        20
C        30
D        40
```

3. 插入结点

插入结点是指在链表的指定位置插入一个新结点。假设在 p 结点后插入新结点 s，则插入结点的步骤如下。

（1）生成新结点，如

```
s=(STU)malloc(sizeof(ST));
scanf("%s %d",s->name,&s->score);
```

（2）插入新结点，如

```
s->next=p->next;
p->next=s;
```

【例 6.11】　编写程序，在用例 6.9 建立的单链表的第 i 个结点之后插入一个新结点。

```
STU insnode(STU head,int i)
{ STU s,p;
  int j=1;                    /*用于查找第 i 个结点*/
  if(i<0) return NULL;         /*参数 i 值不合理*/
  s=(STU)malloc(sizeof(ST));
  printf("Input new node datas:");
  scanf("%s %d",s->name,&s->score);
  if(i==0)                    /*在第一个结点之前插入*/
  { s->next=head;
    head=s;
    return head;
  }
```

```
        p=head;                        /* 查找插入位置 */
        while(j<i&&p!=NULL)
        { j++;
          p=p >next;
        }
        if(!p) return NULL;            /* 参数 i 超过表长 */
        s->next= p->next;              /* 在第 i 个结点之后插入新结点,即在 p 结点后插入 */
        p->next=s;
        return head;
    }
    void main()
    { STU h;int n;
      printf("Please input number of node:"); scanf("%d",&n);
      h=crelink(n);                    /* 建立单链表 */
      list(h);                         /* 输出单链表 */
      printf("Insert after which node:");
      scanf("%d",&n);                  /* 输入插入位置 */
      h=insnode(h,n);                  /* 插入结点 */
      list(h);                         /* 输出单链表 */
    }
```

【运行结果】

```
Please input number of node:3↙
Input datas:
a 10↙
b 20↙
c 30↙
a       10
b       20
c       30
Insert after which node: 2↙
Input new node datas:W 99↙
a       10
b       20
W       99
c       30
```

思考题:如何在第 i 个结点之前插入一个新结点?

4. 删除结点

删除结点是指将链表中指定位置的结点删除。假设删除 p 结点的后继结点,则删除结点的步骤如下。

(1) 指定要删除的结点,如

```
s=p->next;
```

（2）摘掉要删除的结点，如

p->next=s->next;

（3）回收已摘掉的结点，如

free(s);

【**例 6.12**】　编写程序，删除用例 6.9 建立的单链表的第 i 个结点。

```
STU delnode(STU head,int i)
{ STU p,s;
  int j;
  if(i<1) return NULL;              /* 参数 i 不合理 */
  if(i==1)                          /* 删除的结点是第一个结点 */
  { if(head!=NULL)
    { s=head;
      head=s->next;
      free(s);
    }
    return head;
  }
  s=head->next;                     /* 查找第 i 个结点,用 s 标记 */
  p=head;
  j=2;
  while(j<i&&s!=NULL)
  { j++;p=s;s=s->next; }
  if(!s) return NULL;               /* 参数 i 超过表长 */
  p->next=s->next;                  /* 摘除 s 结点 */
  free(s);                          /* 回收已摘掉的结点 */
  return head;
}
void main()
{ STU h;int n;
  printf("Please input number of node:"); scanf("%d",&n);
  h=crelink(n);                     /* 建立单链表 */
  list(h);                          /* 输出单链表 */
  printf("Which node you want to delete:");
  scanf("%d",&n);                   /* 输入删除结点位置 */
  h=delnode(h,n);                   /* 删除结点 */
  list(h);                          /* 输出单链表 */
}
```

【运行结果】

```
Please input number of node:4↙
Input datas:
```

```
a 10↙
b 20↙
c 30↙
d 40↙
a        10
b        20
c        30
d        40
Which node you want to delete:3↙
a        10
b        20
d        40
```

思考题：如何删除第 i 个结点的前驱结点或后继结点？

在前面的插入和删除函数中，都要对第一个结点进行特殊考虑。如果不考虑第一个结点能行吗？回答是不行的！因为一般的方法只能是对某个结点的后继进行插入和删除操作，但第一个结点不是任何结点的后继，所以只能特殊考虑。

那么，可否在第一个结点之前附加一个结点，这个结点不用于存放数据，只是为了操作方便呢？这当然是可以的，通常称这个附加的结点为"头结点"，加上头结点的链表又称为"带头结点的链表"。头结点的存在将给插入和删除操作带来方便，因为不再需要对第一个结点进行特殊考虑。在带头结点的链表中，头指针要指向头结点，头结点的后面才是由首元结点开始的依次链接的各个数据结点。

【例 6.13】 带头结点的单链表的基本操作程序。

```c
#include "stdio.h"
#include "stdlib.h"
typedef struct student
{ char name[20];
  int score;
  struct student * next;
} ST, * STU;                     /*自定义链表结点数据类型名 ST 和指针类型名 STU */
STU crelinkhead(int n)           /*建立一个有 n 个结点的单链表,返回头指针 */
{ int i;
  STU p,q,head;
  if(n<=0) return NULL;          /*参数 n 不合理,返回空指针 */
  head=(STU)malloc(sizeof(ST)); /*生成头结点 */
  p=head;                        /*p 作为链接下一个结点 q 的指针 */
  printf("Input %d node datas:\n",n);
  for(i=1;i<=n;i++)
  { q=(STU)malloc(sizeof(ST));
    scanf("%s %d",q->name,&q->score);
    p->next=q;                   /*链接 q 结点 */
    p=q;                         /*p 跳到 q 上,再准备链接下一个结点 q* /
```

```
  }
  p->next=NULL;                      /* 尾结点指针域置为空 */
  return head;                       /* 返回已建立的单链表头指针 */
}
listhead(STU head)                   /* 输出带头结点单链表 */
{ STU p=head->next;
  printf("The linklist is:\n");
  while(p!=NULL)                     /* 从第一个数据结点开始依次输出,直到遇到 NULL */
  { printf("%s\t%d\n",p->name,p->score);
    p=p->next;                       /* p 指针顺序后移一个结点 */
  }
}
STU insnodehead(STU head,int i)  /* 在第 i 个结点之后插入新结点 */
{ STU s,p,q;
  int j=0;
  if(i<0) return NULL;               /* 参数 i 值不合理 */
  s=(STU)malloc(sizeof(ST));
  printf("Input new node datas:");
  scanf("%s %d",s->name,&s->score);
  p=head; q=head->next;              /* 查找新结点的位置 */
  while(j<i&&q!=NULL)
  { j++;
    p=q;
    q=q->next;
  }
  if(j<i) return NULL;               /* 参数 i 值超过表长 */
  printf("Insert a new node after the %d node. ",i);
  p->next=s;                         /* 插入新结点 */
  s->next=q;
  return head;
}
STU delnodehead(STU head,int i)  /* 删除单链表的第 i 个结点 */
{ STU p, s;
  int j;
  if(i<1) return NULL;               /* 参数 i 值不合理 */
  s=head->next;                      /* 查找第 i 个结点的位置,用 s 标记 */
  p=head;
  j=1;
  while(j<i&&s!=NULL)
  { j++;p=s;s=s->next;}
  if(s==NULL) return NULL;           /* 参数 i 值超过表长 */
  printf("After deleted the %d node.",i);
  p->next=s->next;                   /* 摘除 s 结点 */
  free(s);                           /* 回收已摘掉的结点 */
```

```
    return head;
}
void main()
{ STU h;int n;
    printf("Please input number of node:");
    scanf("%d",&n);                  /*输入表长*/
    h=crelinkhead(n);                /*建立带头结点单链表*/
    listhead(h);                     /*输出带头结点单链表*/
    printf("Insert after which node:");
    scanf("%d",&n);                  /*输入结点插入位置*/
    h=insnodehead(h,n);              /*插入结点*/
    listhead(h);                     /*输出带头结点单链表*/
    printf("Delete which node:");
    scanf("%d",&n);                  /*输入删除结点位置*/
    h=delnodehead(h,n);              /*删除结点*/
    listhead(h);                     /*输出带头结点单链表*/
}
```

【运行结果】

```
Please input number of node:4↙
Input 4 node datas:
A 10↙
B 20↙
C 30↙
D 40↙
The linklist is:
A        10
B        20
C        30
D        40
Insert after which node: 2↙
Input new node datas:W 99↙
Insert a new node after the 2 node.The linklist is:
A        10
B        20
W        99
C        30
D        40
Delete which node: 4↙
After deleted the 4 node. The linklist is:
A        10
B        20
W        99
D        40
```

查找操作已经在插入和删除操作中介绍过,这里不再赘述。

链表可以根据需要获取存储空间,没用的数据结点又可以及时回收。那么,它与数组相比有什么优缺点呢?

(1) 在存储结构上,数组是顺序存储结构,即逻辑上相邻的数据元素的存储地址也相邻;而链表是一种链式存储结构,即逻辑上相邻的数据元素的存储地址不一定相邻。

(2) 在存取数据上,数组是随机存取方式;而链表是顺序存取方式。因为链表只能沿着头指针的方向顺序往下找,数组则只须通过下标就可以方便地存取相应的数据。

(3) 在数据处理上,数组非常适合于查找、更新和排序;而链表则适用于插入和删除操作。因为在链表上进行插入和删除操作时不需要移动大量的数据元素;数组则不然,插入和删除操作平均要移动一半的数据元素。

(4) 在空间上,数组的存储空间是固定不变的;而链表则可以根据需要随时获取和释放空间。

从上面的分析可以看出,数组和链表都是用于存放大量数据元素的结构,它们各有优缺点,在具体运用时一定要根据需要选取合适的数据结构。

6.5　结构体位段

前面介绍的数据存取都是以字节为单位的。实际上,有时存储一个数据不必用一个或多个字节,只须使用一个或几个二进制位即可。例如,在存放真假值时,只须使用一个二进制位存放 1 或 0 即可。这样,在一个字节中就可以存放多个数据,从而节省大量的存储空间。使用二进制位存储信息的方法有很多,其中最主要的一种就是位段。

C 语言允许以二进制位为单位指定结构体成员所占空间的长度,这种以位为单位的成员就称为"位段"或"位域(bit field)",例如

```
struct packed_data
{ unsigned short a:2;          /*指定成员 a 占 2 位 */
  unsigned short b:6;          /*指定成员 b 占 6 位 */
  unsigned short c:5;          /*指定成员 c 占 5 位 */
  unsigned short d:3;          /*指定成员 d 占 3 位 */
  short int i;                 /*指定成员 i 为短整型,占 16 位 */
}data;                         /*定义结构体类型变量 data */
```

变量 data 的内存分配如图 6.6 所示。成员 a、b、c、d 分别占 2 位、6 位、5 位、3 位,i 为无符号短整型成员,占 2 字节。这样,变量 data 共占 4 字节。

16位		3位	5位	6位	2位
i		d	c	b	a

图 6.6　内存分配示意图

由于位段本身在一个结构体中,所以其存取方法与结构体成员的存取方法相同。若有:data.a=2,data.b=37,data.c=28,data.d=6,data.i=300,则内存数据图如图 6.7 所示。

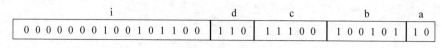

图 6.7 内存数据图

在给位段成员赋值时,一定要注意成员的取值范围。例如,a 占 2 位,其取值范围为 00~11,即 0~3。如果数据超出了它们的取值范围,将会丢失。

使用位段时应注意以下几点。

(1)一个位段的长度不能超过一个存储单元。

(2)一个位段不能跨越两个存储单元。若当前存储单元剩余的二进制位数小于位段长度,则剩余的二进制位不用,系统自动到下一个存储单元为该位段分配空间。

(3)用户不想用的二进制位可以定义成无名位段,例如

```c
struct packed_data
{ unsigned short a:2;
  unsigned short :6;          /* 无名位段,占 6 位,不用 */
  unsigned short c:5;
  unsigned short d:3;
  short int i;
}data;
```

(4)设置长度为 0 的位段,使得下一个位段从下一字节开始存放,例如

```c
struct packed_data
{ unsigned short a:2;
  unsigned short b:0;          /* 位段长度为 0 */
  unsigned short c:5;          /* 位段 c 从下一字节开始存放 */
  unsigned short d:3;
  short int i;
}data;
```

(5)位段成员的类型必须指定为无符号整型。

(6)位段数据可以按整型数据引用和输出。

(7)不能定义位段数组。

【例 6.14】 位段操作举例。

```c
#include "stdio.h"
typedef struct
{ unsigned short a:2;
  unsigned short b:6;
  unsigned short c:5;
  unsigned short d:3;
  unsigned short i;
} bitfield;
void main()
```

```
{ bitfield btf;
  btf.a=1;
  btf.b=2;
  btf.c=3;
  btf.d=5;
  btf.i=0;
  printf("sizeof(btf)=%hd\n",sizeof(bitfield));
  printf("btf.a=%hd\n",btf.a);
  printf("btf.b=%hd\n",btf.b);
  printf("btf.d=%hd\n",btf.d);
  printf("btf=%hxH\n",btf);
  printf("\nPlease input 16 bit hexidecimal number:");
  scanf("%4x",&btf);
  printf("btf.a=%hd\n",btf.a);
  printf("btf.b=%hd\n",btf.b);
  printf("btf.d=%hd\n",btf.d);
  printf("btf=%hu\n",btf);
}
```

【运行结果】

```
sizeof(btf)=4
btf.a=1
btf.b=2
btf.d=5
btf=a309H

Please input 16 bit hexidecimal number:9ae4↙
btf.a=0
btf.b=57
btf.d=4
btf=39652
```

6.6 共用体类型与变量

在实际问题中,有时需要将不同类型的数据存放到同一段内存中,需要什么类型的数据就存放什么类型的数据。这些数据的起始地址都是相同的,数据之间相互覆盖,只有最后一次存入的数据才是有效的。为此,C 语言提供了一种构造数据类型——共用体类型。

6.6.1 共用体类型定义

共用体类型定义的一般形式为

union 共用体类型名

```
{ 类型 1   成员 1;
  类型 2   成员 2;
     ⋮
  类型 n   成员 n;
};
```

例如：

```
union data
{ short int i;
  char ch;
  float f;
};
```

从定义形式上看，它与结构体类型的定义极为相似，唯一不同的就是类型说明关键字。结构体类型说明关键字是 struct，共用体类型说明关键字为 union。

6.6.2 共用体变量的定义和引用

同结构体变量的定义类似，共用体类型变量的定义也有以下三种形式(以上面的共用体类型 union data 为例)。

(1) 在定义共用体类型之后再定义共用体类型变量，如

```
union data a,b,c;
```

定义了三个共用体类型变量 a、b 和 c。

(2) 在定义共用体类型的同时定义共用体类型变量，如

```
union data
{ short int i;
  char ch;
  float f;
}a,b,c;
```

定义了三个共用体类型变量 a、b 和 c。

(3) 在定义无名共用体类型的同时定义共用体类型变量，如

```
union
{ short int i;
  char ch;
  float f;
}a,b,c;
```

定义了三个共用体类型变量 a、b 和 c。但这种形式只能在此定义变量，因为没有类型名称，所以这种形式的共用体类型无法重复使用。

系统为共用体变量分配地址连续的内存空间，但共用体变量的成员不像结构体变量那样顺序存储，而是叠放在同一个地址开始的空间上。例如，变量 a 的内存分布如图 6.8 所

示。一个共用体变量所占的内存长度为最长成员所占的长度。例如,变量 a 所占的内存长度为 4 字节,也就是成员 f 所占的内存长度。

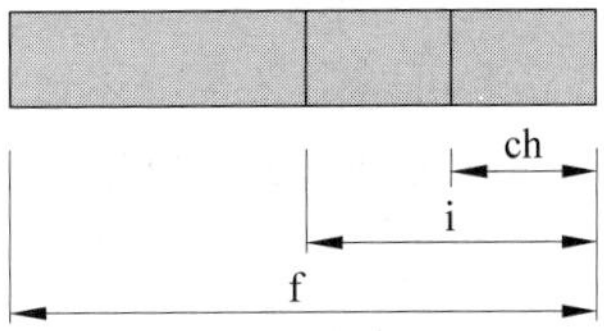

共用体成员的引用方式与结构体成员的引用方式相同,也要引用到最底层的成员,共用体成员的引用形式为

图 6.8　共用体变量 a 的内存分布图

共用体变量名.成员名[.成员名.…]

【例 6.15】　共用体类型举例。

```c
#include "stdio.h"
union data
{ char c;
  short int s;
  long int i;
};
void main()
{ union data ua;
  ua.i=0x11223344;
  printf("c=%x\ts=%x\ti=%lx\n",ua.c,ua.s,ua.i);
  ua.s=0x5566;
  printf("c=%x\ts=%x\ti=%lx\n",ua.c,ua.s,ua.i);
  ua.c=0x77;
  printf("c=%x\ts=%x\ti=%lx\n",ua.c,ua.s,ua.i);
}
```

【运行结果】

```
c=44    s=3344    i=11223344
c=66    s=5566    i=11225566
c=77    s=5577    i=11225577
```

说明:

(1) 共用体变量及其所有成员的起始地址都相同,如 &ua、&ua.c、&ua.s 和 &ua.i 都是共用体变量 ua 的指针。

(2) 不能对共用体变量进行初始化,例如下列初始化是错误的。

```c
union data ua={'a',1,100};
```

(3) 不能用常量对共用体变量进行赋值,例如下列赋值是错误的。

```c
ua=100;
```

(4) 共用体变量之间可以赋值,共用体变量、共用体指针都可以作为函数参数,函数也可以带回共用体类型数据。

(5) 在某一时刻,共用体变量只有一个成员起作用,即最后被赋值的成员。

(6) 可以使用共用体指针变量引用共用体变量成员,其引用方式与结构体相同。

(7) 可以定义共用体数组。

(8) 共用体类型可以嵌套定义,结构体类型和共用体类型之间也可以嵌套定义。

思考题:输出例 6.15 中变量 ua 及其各个成员的地址,分析各个成员的存储关系及变量 ua 所占的存储空间。

【例 6.16】 假设有若干人员的记录,其中有学生和教师。学生记录包括学号、姓名、性别、职业、成绩;教师记录包括编号、姓名、性别、职业、职称。输入记录信息并输出。

记录类型为结构体,最后一项(成绩/职称)的类型为共用体。先输入(或输出)前四项,然后根据职业确定最后一项是输入(或输出)成绩还是职称。

```c
#include "stdio.h"
#define N 2
struct
{ int num;
  char name[20],sex,job;
  union
  { int score;
    char post[10];
  }category;
}person[N];
void main()
{ int n,i;
  printf("Input num,name,sex,job,score or post for %d person:\n",N);
  for(i=0;i<N;i++)
  { scanf("%d %s %c %c",&person[i].num,person[i].name,&person[i].sex,
      &person[i].job);
    if(person[i].job=='s')
      scanf("%d",&person[i].category.score);
    else if(person[i].job=='t')
        scanf("%s",person[i].category.post);
      else printf("Input error!\n");
  }
  printf("\nNo.\tName\tSex\tJob\tscore|post\n");
  for(i=0;i<N;i++)
  { if(person[i].job=='s')
      printf("%d\t%s\t%c\t%c\t%d\n",person[i].num,person[i].name,
        person[i].sex,person[i].job,person[i].category.score);
    else printf("%d\t%s\t%c\t%c\t%s\n",person[i].num,person[i].name,
        person[i].sex,person[i].job,person[i].category.post);
  }
}
```

【运行结果】

```
Input num,name,sex,job,score or post for 2 person:
1002 ma M s 98↙
2001 liu F t professor↙
No.     Name     Sex     Job     Score|Post
1002    ma       M       s       98
2001    liu      F       t       professor
```

6.7 枚举类型与变量

在实际问题中,有些变量的取值被限定在一个有限的范围内。例如,一个星期只有 7 天,一年只有 12 个月等。如果把这些变量说明为整型、字符型或其他类型显然是不妥当的。为使数据更简洁、更易读,C 语言提供了一种基本数据类型——枚举类型。枚举是指变量的值屈指可数,可以一一列举出来,变量取值仅限于所列值。

6.7.1 枚举类型定义

枚举类型定义的一般格式为

enum 枚举类型名
{ 枚举常量 1[=序号 1],
　枚举常量 2[=序号 2],
　　　⋮
　枚举常量 n[=序号 n]
};

其中,枚举常量是一种符号常量,也称枚举元素,要符合标识符的起名规则。序号是枚举常量对应的整数值,可以省略。若省略序号,则按照系统规定进行处理。

注意:类型定义中各个枚举常量之间要用“,”间隔,而不是“;”,最后一个枚举元素的后面无“,”。

例如:

```
enum weekday
{ sun,
  mon,
  tue,
  wed,
  thu,
  fri,
  sat
};
```

实际上,为了看上去更方便,往往横向书写,例如

```
enum weekday{ sun,mon,tue,wed,thu,fri,sat};
```

这里列出了枚举类型 enum weekday 所有可能的 7 个值。省略序号,系统默认从 0 开始连续排列,7 个枚举元素的序号依次为:0、1、2、3、4、5、6。如果遇到有改变的序号,则序号从被改变的位置开始连续递增。例如,若把上面的枚举类型改为以下形式:

```
enum weekday{sun,mon=6,tue,wed,thu=20,fri,sat};
```

则 7 个枚举元素的序号依次为:0、6、7、8、20、21、22。

6.7.2 枚举变量与枚举元素

与结构体变量和共用体变量类似,定义枚举类型变量也有以下三种形式(以上面的枚举类型 enum weekday 为例)。

(1) 在定义枚举类型之后再定义枚举类型变量,如

```
enum weekday yesterday,today,tomorrow;
```

定义了三个枚举类型变量 yesterday、today 和 tomorrow。

(2) 在定义枚举类型的同时定义枚举类型变量,如

```
enum weekday{ sun,mon,tue,wed,thu,fri,sat} yesterday,today,tomorrow;
```

定义了三个枚举类型变量 yesterday、today 和 tomorrow。

(3) 在定义无名枚举类型的同时定义枚举类型变量,如

```
enum { sun,mon,tue,wed,thu,fri,sat} yesterday,today,tomorrow;
```

定义了三个枚举类型变量 yesterday、today 和 tomorrow。但这种形式只能在此定义变量,因为没有类型名称,所以这种形式的枚举类型无法重复使用。

说明:

(1) 可以使用枚举元素给枚举型变量赋值,如

```
today=sun;
```

(2) 枚举型变量之间可以赋值,如

```
yesterday=today;
```

(3) 枚举元素是常量,不能对枚举元素进行赋值(定义类型时除外)。

(4) 不能将一个整数直接赋给枚举变量,必须进行强制类型转换才能赋值,如

```
today=(enum weekday)5;
```

(5) 枚举变量和枚举元素都可以进行关系运算,比较时使用的是其序号,如若有赋值语句"today=sun;",则"today==sat"的结果为假(值为 0)。

(6) 枚举变量可以进行自加自减运算。

(7) 不能直接输出枚举元素,因为它们既不是字符串,也不是整数,C 语言中又没有输出枚举类型数据的格式符。那么应该如何输出枚举元素呢?通常使用 switch 语句与

字符串输出函数实现。

【例 6.17】 口袋中有红、黄、蓝、白、黑 5 种颜色的球各 1 个。每次从口袋中取出 3 个球,问得到 3 种不同颜色球的所有可能取法,并打印出每种组合的 3 种颜色。

```c
#include "stdio.h"
void main()
{ enum color{red,yellow,blue,white,black};
  enum color i,j,k,pri;
  int n,loop;
  n=0;
  for(i=red;i<=black;i++)
    for(j=i+1;j<=black;j++)
      for(k=j+1;k<=black;k++)
        { printf("%-4d",++n);
        for(loop=1;loop<=3;loop++)
        { switch(loop)
          { case 1:pri=i;break;
            case 2:pri=j;break;
            case 3:pri=k;break;
          }
          switch(pri)            /*根据序号,输出相应的标识符*/
          { case red: printf("%-10s","red");break;
            case yellow: printf("%-10s","yellow");break;
            case blue:  printf("%-10s","blue");break;
            case white: printf("%-10s","white");break;
            case black: printf("%-10s","black");break;
          }
        }
        printf("\n");
      }
  printf("\ntotal:%5d\n",n);
}
```

【运行结果】

```
1   red      yellow    blue
2   red      yellow    white
3   red      yellow    black
4   red      blue      white
5   red      blue      black
6   red      white     black
7   yellow   blue      white
8   yellow   blue      black
9   yellow   white     black
10  blue     white     black
```

```
total:   10
```

引入枚举常量可以使数据的含义更加清晰易懂。例如,在例 6.17 中,用整数 1、2、3、4、5 表示红、黄、蓝、白、黑以解决问题也是可以的,但不如使用枚举标识符更为直观。

6.8　程序设计举例

【例 6.18】 将学生成绩表(如表 6.1 所示)按总成绩排名次。

```
#include "stdio.h"
#define N 4
struct student
{ char num[7],name[7];
  int com,eng,total;
};
void main()
{ int i;
  struct student stu[N]={{"202149","王学海", 83,77,0},
                         {"203120","刘玉芳",89,72,0},
                         {"201034","邱玲",76,68,0},
                         {"200537","李红梅",82,74,0}};
  void sorttotal(struct student s[], int n);
  sorttotal(stu,N);
  printf("学号\t姓名\t计算机成绩\t英语成绩\t总成绩\n");
  for(i=0;i<N;i++)
  { stu[i].total=stu[i].com+stu[i].eng;
    printf("%s\t%s\t%d\t\t%d\t\t%d\n",
        stu[i].num,stu[i].name,stu[i].com,stu[i].eng,stu[i].total);
  }
}
void sorttotal(struct student s[], int n)
{ int i,j,k;
  struct student t;
  for(i=0;i<n;i++)
    s[i].total=s[i].com+s[i].eng;
  for(i=0;i<n-1;i++)
  { for(k=i,j=i+1;j<n;j++)
      if(s[k].total<s[j].total) k=j;          /*排名次一定是按总成绩降序排列*/
    if(i!=k)
    { t=s[k];s[k]=s[i];s[i]=t; }
  }
}
```

【运行结果】

学号	姓名	计算机成绩	英语成绩	总成绩
203120	刘玉芳	89	72	161
202149	王学海	83	77	160
200537	李红梅	82	74	156
201034	邱玲	76	68	144

【例 6.19】　输出学生成绩表(如表 6.1 所示)中的各科最高成绩和姓名(假设只有一人)。在主函数中输出,在另一个函数中查找。

```
#include "stdio.h"
#define N 4
typedef struct
{ char num[7],name[7];
  int com,eng,total;
}STU;
void main()
{ STU s[N]={{"202149","王学海", 83,77,0},
            {"203120","刘玉芳",89,72,0},
            {"201034","邱玲",76,68,0},
            {"200537","李红梅",82,74,0}};
  STU maxcom,maxeng;
  STU maxcomandeng(STU s[],STU * maxcom,int n);
  maxeng=maxcomandeng(s,&maxcom,N);
  printf("计算机: ");
  printf("%s\t%d\n",maxcom.name,maxcom.com);
  printf("英  语: ");
  printf("%s\t%d\n",maxeng.name,maxeng.eng);
}
STU maxcomandeng(STU s[],STU * maxcom, int n)
{ int i;
  STU maxeng;
  maxeng= * maxcom=s[0];
  for(i=1;i<n;i++)
  { if(maxeng.eng<s[i].eng) maxeng=s[i];
    if(maxcom->com<s[i].com) * maxcom=s[i];
  }
  return maxeng;
}
```

【运行结果】

计算机:刘玉芳　89
英　语:王学海　77

通过一次函数调用得到多个返回值的方法有两种:一种是用指针作为函数参数,另一种是使用全局变量。该程序用结构体指针变量作为函数参数,得到计算机成绩最高的学生信息,用 return 返回结构体类型数据,得到英语成绩最高的学生信息。

【例 6.20】 已知某年的元旦是星期几,请打印该年某个月份的日历。

```c
#include "stdio.h"
typedef enum {sun,mon,tue,wed,thu,fri,sat} weekday;
typedef struct
{ int year,month,day;
  weekday week;
}daily;
void main()
{ daily days;
  void montable(daily d);
  printf("Which year?");scanf("%d",&days.year);    /*某年的日历*/
  printf("year %4d,Month 1,day 1 is weekday?\n",days.year);
  printf("0-Sun,1-Mon,2-Tue,3-Wed,4-Thu,5-Fri,6-Sat:");
  scanf("%d",&days.week);                           /*当年元旦是星期几*/
  days.month=days.day=1;
  montable(days);
}
void montable(daily d)
{ int i,s,ds; daily md;
  md.year=d.year;md.day=1;
  printf("Which month?");scanf("%d",&md.month);    /*查看当年某月的日历*/
  for(s=0,i=1;i<=md.month;i++)
  { switch(i)
    { case 1: case 3: case 5: case 7: case 8: case 10: case 12:ds=31;break;
      case 2:ds=(md.year%4==0&&md.year%100!=0||md.year%400==0)?29:28;break;
      case 4: case 6: case 9: case 11:ds=30;
    }
    s+=ds;
  }
  s-=ds;
  md.week=(s+d.week)%7;
  printf("    -=%4d Year,%2d Month==-\n",md.year,md.month);
  printf("...................................\n");
  printf("%5s%5s%5s%5s%5s%5s%5s\n",
              "Sun","Mon","Tue","Wed","Thu","Fri","Sat");
  printf("...................................\n");
  for(i=0;i<md.week*5;i++) printf(" ");
  for(i=1;i<=ds;i++)
  { printf("%5d",i);
    if(++md.week==7){ md.week=0;printf("\n");}
  }
```

```
    if(md.week!=0) printf("\n");
    printf(".....................................\n");
}
```

【运行结果】

```
Which year?2020↙
year 2020,Month 1,day 1 is weekday?
0-Sun,1-Mon,2-Tue,3-Wed,4-Thu,5-Fri,6-Sat:3↙
Which month?2↙
      --==2020 Year,2 Month==--
.....................................
Sun   Mon   Tue   Wed   Thu   Fri   Sat
.....................................
                                    1
 2     3     4     5     6     7     8
 9    10    11    12    13    14    15
16    17    18    19    20    21    22
23    24    25    26    27    28    29
.....................................
```

思考题：如何打印某年所有月份的日历？若不知道元旦是星期几(可能仅知道当天是星期几)，能否打印任何一年的日历表？另外，该程序中的枚举型数据是否可以用整型代替？

【例 6.21】 将两个带头结点的单链表连接成一个带头结点的单链表。

```c
#include "stdio.h"
#include "stdlib.h"
typedef struct lnode
{ int data;                              /* 结点数据域 */
  struct lnode * next;                   /* 结点指针域 */
}lnode, * linklist;
linklist crelink()                       /* 建立单链表,返回头指针 */
{ linklist p,q,head; int x;
  p=head=(linklist)malloc(sizeof(lnode));  /* 生成头结点,并用 p 指向该结点 */
  printf("Input node datas(-1=End):\n");
  scanf("%d",&x);
  while(x!=-1)                           /* 以-1 作为输入结束条件 */
  { q=(linklist)malloc(sizeof(lnode));
    q->data=x;
    p->next=q;                           /* 连接 q 结点 */
    p=q;                                 /* p 跳到 q 上,再准备连接下一个结点 q */
    scanf("%d",&x);
  }
  p->next=NULL;                          /* 尾结点指针域置为空 */
```

```
    return head;                        /*返回单链表头指针*/
}
linklist concatlink(linklist h1,linklist h2)
{ linklist p=h1;
  while(p->next!=NULL) p=p->next;
  p->next=h2->next;
  free(h2);
  return h1;
}
void listhead(linklist head)            /*输出带头结点的链表*/
{ linklist p=head->next;                /*从第一个数据结点出发,依次输出*/
  printf("The linklist is:\n");
  while(p!=NULL)                        /*从第一个数据结点开始,依次输出*/
  { printf("%5d",p->data);
    p=p->next;                          /*p指针顺序后移一个结点*/
  }
  printf("\n");
}
void main()
{ linklist h1,h2;
  system("cls");                        /*清屏*/
  h1=crelink();
  listhead(h1);
  h2=crelink();
  listhead(h2);
  h1=concatlink(h1,h2);
  listhead(h1);
}
```

【运行结果】

```
Input node datas(-1=End):1 2 3 4 5 6 -1↙
The linklist is:
    1    2    3    4    5    6
Input node datas(-1=End):0 9 8 7 -1↙
The linklist is:
    0    9    8    7
The linklist is:
    1    2    3    4    5    6    0    9    8    7
```

有关单链表的操作还有很多,感兴趣的读者可以自行练习。

习　　题

1. 单项选择题
(1) 在说明一个结构体变量时,系统分配给它的存储空间是(　　)。

　① 该结构体中第一个成员所需的存储空间

　② 该结构体中最后一个成员所需的存储空间

　③ 该结构体中占用最大存储空间的成员所需的存储空间

　④ 该结构体中各成员所需的存储空间的总和

（2）以下对枚举类型的叙述不正确的是（　　）。

　① 定义枚举类型用 enum 开头

　② 枚举常量的值是一个常数

　③ 一个整数可以直接赋给一个枚举变量

　④ 枚举值可以用来做判断比较

（3）若有如下定义，则变量 a 在内存中占用的字节个数为（　　）。

```
union ctype
{ short int i;
  char ch[5];
}a;
```

　① 6　　　　　　　② 5　　　　　　　③ 7　　　　　　　④ 2

（4）若有语句：enum color{red=-1,yellow,blue,white};，则 blue 的机内值是（　　）。

　① 0　　　　　　　② 1　　　　　　　③ 2　　　　　　　④ 3

（5）若使指针变量 p 指向一个 double 类型的动态存储单元，则下列语句中正确的
是（　　）。

　① p=double(malloc(sizeof(double)));

　② p=(double)malloc(sizeof(double));

　③ p=(*double)malloc(sizeof(double));

　④ p=(double *)malloc(sizeof(double));

（6）若有如下定义，则能输出字母 M 的语句是（　　）。

```
struct person {char name[9];int age;};
struct person class[10]={"John",17,"Paul",19,"Mary",18,"Adam",16};
```

　① printf("%c\n",class[3].name);

　② printf("%c\n",class[3].name[1]);

　③ printf("%c\n",class[2].name[1]);

　④ printf("%c\n",class[2].name[0]);

（7）若已建立如图 6.9 所示的单链表结构，在该链表结构中，指针 p、s 分别指向图 6.9
中所示的结点，则不能将 s 所指的结点插入链表末尾仍构成单向链表的语句组是（　　）。

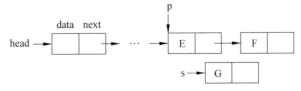

图 6.9　单链表结构

① p＝p—＞next;s—＞next＝p;p—＞next＝s;

② p＝p—＞next;s—＞next＝p—＞next;p—＞next＝s

③ s—＞next＝NULL;p＝p—＞next;p—＞next＝s;

④ p＝(＊p).next;(＊s).next＝(＊p).next;(＊p).next＝s;

(8) 若一个单向链表中的结点含有两个域,其中 data 是指向字符串的指针域,next 是指向结点的指针域,则此结构的类型定义为(　　　　)。

① struct link{char ＊ data;struct link ＊ next;};

② struct link{char data;struct link ＊ next;};

③ struct link{char ＊ data;struct link next;};

④ struct link{char data;struct link next;};

(9) 设有如下定义,则对 data 中的 a 成员的正确引用是(　　　　)。

```
struct sk{int a;int b;}data, * p=&data;
```

① (＊p).data.a

② (＊p).a

③ p—＞data.a

④ p.data.a

(10) 设有如下定义和说明:

```
typedef union {long i;short int k[5];char c;}DATA;
struct data {short int cat;DATA cow;double dog;}zoo;
DATA max;
```

则语句 printf("％d",sizeof(zoo)＋sizeof(max));的执行结果是(　　　　)。

① 26　　　　② 30　　　　③ 18　　　　④ 8

2. 程序分析题

(1) 写出下列程序的运行结果。

```c
#include "stdio.h"
void main()
{ union {char c;char i[4];}z;
  z.i[0]=0x39;z.i[1]=0x36;
  printf("%c\n",z.c);
}
```

(2) 写出下列程序的运行结果。

```c
#include "stdio.h"
void main()
{ struct student
  { char name[10];
    float k1;
    float k2;
  }a[2]={{"zhang",100,70},{"wang",70,80}}, * p=a;
  printf("\nname: %s total=%f",p->name,p->k1+p->k2);
  printf("\nname: %s total=%f\n",a[1].name,a[1].k1+a[1].k2);
}
```

（3）写出下列程序的运行结果。

```
#include "stdio.h"
void main()
{ enum em {em1=3,em2=1,em3};
  char * aa[]={"AA","BB","CC","DD"};
  printf("%s%s%s\n",aa[em1],aa[em2],aa[em3]);
}
```

（4）写出下列程序的运行结果。

```
#include "stdio.h"
void main()
{ union
  { char s[2];
    short int i;
  }g;
  g.i=0x4142;
  printf("g.i=%hx\n",g.i);
  printf("g.s[0]=%x\t g.s[1]=%x\n",g.s[0],g.s[1]);
  g.s[0]=1;
  g.s[1]=0;
  printf("g.s=%hx\n",g.i);
}
```

（5）写出下列程序的运行结果。

```
#include "stdio.h"
void main()
{ struct num {int x;int y;}sa[]={{2,32},{8,16},{4,48}};
  struct num * p=sa+1;
  int x;
  x=p->y/sa[0].x * ++p->x;
  printf("x=%d p->x=%d\n",x,p->x);
}
```

3. 程序填空题（在下列程序的_____处填上正确的内容，使程序完整）

（1）下列程序的功能是计算两个复数的和。

```
#include "stdio.h"
#include "stdlib.h"
struct comp
{ float re;
  float im;
};
struct comp * m(struct comp * x,struct comp * y)
{ _____;
```

```
  z=(struct comp *)malloc(sizeof(struct comp));
  z->re=x->re+y->re;
  z->im=x->im+y->im;
  return _____;
}
void main()
{ struct comp *t;
  struct comp a,b;
  a.re=1;a.im=2;
  b.re=3;b.im=4;
  t=m(_____);
  printf("t.re=%f,t.im=%f",(*t).re,(*t).im);
}
```

（2）结构体数组中存有三个人的姓名和年龄，以下程序的功能是输出三人中最年长者的姓名和年龄。

```
#include "stdio.h"
struct man
{ char name[20];
  int age;
}person[]={{"Mary",16},{"Tom",21},{"Jim",18}};
void main()
{ struct man *p,*q;
  int old=0;
  for(p=person;_____;p++)
    if(old<p->age)
    {q=p;_____;}
  printf("%s  %d\n",_____);
}
```

（3）函数 print()的功能是输出如图 6.10 所示的链表。

```
#include "stdio.h"
struct  stu
{ int data;
  _____;
};
void  print (head)
struct  stu  *head;
{ struct stu  *p;
  p=head;
  while(p!=NULL)
  { printf("%5d", p->data);
    _____;
  }
```

图 6.10 链表

```
        printf("\n");
}
```

（4）以下函数 creat()用来建立一个带头结点的单向链表，新产生的结点总是插在链表的尾部。单向链表的头指针作为函数的返回值。

```
#include "stdio.h"
#include "stdlib.h"
struct list
{ char data;
  struct list * next;
};
struct list * creat()
{ struct list * h, * p, * q;
  char ch;
  h=_____ malloc(sizeof(struct list));
  q=h;
  ch=getchar();
  while(ch!='?')
  { p=_____ malloc(sizeof(struct list));
    p->data=ch;
    q->next=p;
    q=p;
    ch=getchar();
  }
  q->next=NULL;
  _____;
}
```

（5）下列程序用来建立一个含有 10 结点且不带头结点的单向链表，新产生的结点总是插在第一个结点之前。

```
#include "stdio.h"
#include "stdlib.h"
#define NULL 0
struct student
{ int no;
  int score;
  struct student * next;
};
void main()
{ struct student  * head, * p;  int i;
  head=_____ ;
  for(i=0 ; i<10; i++)
  { p=(struct student *)malloc(sizeof(struct student));
    scanf("%d%d",&p->no,&p->score);
```

```
    p->next=head;
    head=_____;
  }
  for(p=head; p!=NULL; p=p->next)
    printf("%d,%d\n",p->no,p->score);
}
```

4. 程序改错题（下列每段程序中各有一个错误，请找出并改正）

（1）下列程序的功能是输出结构体变量的值。

```
#include "stdio.h"
student struct
{ long int num;
  char name[10];
  char sex;
}a={89241,"zhang",'M'};
void main()
{ printf("%ld %s %c\n",a.num,a.name,a.sex); }
```

（2）下列程序的功能是输出结构体变量的值。

```
#include "stdio.h"
void main()
{ struct  worker
  { int num;
    char name[20];
    int age;
  }person, * p;
  p=&person;
  person={100,"chenxi",23};
  printf("%d %s %d\n",person.num,p->name,( * p).age);
}
```

（3）下列程序的功能是输出枚举变量的值。

```
#include "stdio.h"
enum data {sun,mon,tue,wen,thu,fri,sat};
void main()
{ enum data day;
  day=mon;
  printf("%s",day);
}
```

（4）下列函数的功能是统计不带头结点的链表的结点数。

```
#include<stdio.h>
struct node
```

```
{ int data; struct node * next;};
count(struct node * head)
{ int n=0;
  while(head!=NULL)
  { n++;
    head++;
  }
  return n;
}
```

5. 程序设计题

（1）编写程序，用结构体数组存放表 6.2 中的数据，然后输出每个人的姓名和工资实发数（基本工资＋浮动工资－支出）。

表 6.2　工资表

姓名	基本工资	浮动工资	支出
zhao	6230.14	400.00	760.00
qian	4506.57	120.00	560.00
sun	3600.62	0.00	200.00

（2）编写程序，输入 10 个职工的编号、姓名、基本工资、职务工资，求出"基本工资＋职务工资"最少的职工，并输出该职工记录。

（3）编写程序，输入 10 个学生的学号、姓名和 3 门课程的成绩，将总分最高的学生的信息输出。

（4）编写程序，输入表 6.3 中的数据，并用结构体数组进行存放。按外语成绩按升序排序并输出。

表 6.3　学生成绩表

姓名	语文	数学	外语
zhao	97.5	89.0	78.0
qian	90.0	93.0	87.5
sun	75.0	79.5	68.5
li	82.5	69.5	54.0

（5）建立一个存放学生数据的单向链表，然后删除指定学号的学生数据结点。

（6）建立两个单向链表 a 和 b，然后从 a 中删除在 b 中存在的结点。

（7）将一个单链表逆置，即结点的顺序前后颠倒。

第 **7** 章

CHAPTER

文 件 系 统

存储在变量、数组或链表中的数据不能长久保存,因为程序运行结束将自动释放存储空间。可以把数据存储在文件中,通过程序读写数据。为此,C 语言提供了文件打开、文件读写和文件关闭等文件操作函数。

7.1　文件系统概述与文件类型

文件(File)是程序设计中的一个重要概念。文件一般是指存储在外部介质上的数据的集合。操作系统以文件为单位对数据进行管理,文件以文件名为标识。操作系统对文件实行"按名存取"原则。

C 语言把文件看成一个字符(字节)的序列,即文件是由一个个字符(字节)数据顺序组成的。根据数据的存放形式,可以将其分为 ASCII 码文件和二进制文件。ASCII 码文件又称文本文件或正文文件,其每一字节中存放一个 ASCII 码数据,代表一个字符。二进制文件是把内存中的数据按其在内存中的存储形式原样输出到磁盘文件中。例如,在 VC++ 环境中,"10000"这个数据在内存中占 4 字节,用二进制文件存储也占 4 字节;而用 ASCII 码文件存储则要占 5 字节,比用二进制形式存储占用的存储空间多。ASCII 码文件在处理上比较方便,不需要进行中间的数据转换过程。

实际上,C 文件是一个二进制流或 ASCII 码流,它把数据看作一连串的字符(字节),而不考虑数据的边界,这是因为它不是由记录构成的。C 语言对文件的存取以字符(字节)为单位。输入/输出数据流的开始和结束仅受程序控制,而不受物理符号(如回车换行符)控制。也就是说,输出时不会自动用回车换行符作为数据的结束标志,输入时也不以回车换行符作为数据的间隔,这种文件称为流式文件。C 语言允许对文件按字符进行存取,增加了处理的灵活性。

C 语言的文件处理系统有两种:缓冲区文件系统和非缓冲区文件系统。

缓冲区文件系统是指系统自动地在内存中为每一个正在使用的文件开辟一个内存缓冲区。从内存向磁盘文件输出数据时,先将数据传送到内存缓冲区,待装满缓冲区后再将数据一起送到磁盘中。从磁盘文件向内存读入数据时,一次从磁盘文件中将一批数据传送到内存缓冲区(充满缓冲区),然后从内存缓冲区中逐个将数据传送给接收变量。

非缓冲区文件系统的缓冲区的大小和位置是由程序员根据程序需要自行设定的。现在使用得比较多的是缓冲区文件系统,非缓冲区文件系统已经基本上不再使用。

用户在使用文件时,文件要调入内存,并通过一个结构体类型的指针与文件建立联系,从而对文件进行操作控制。这个结构体类型的指针是对文件信息的描述,如文件的描述符、缓冲区的大小、文件的长度、文件中当前处理的数据位置等。不同的 C 系统对这个指针类型有不同的描述信息,C 语言中的文件结构体类型如下。

```
typedef struct
{   short          level;              /* 缓冲区满或空的程度 */
    unsigned       flags;              /* 文件状态标志 */
    char           fd;                 /* 文件描述符 */
    unsigned char  hold;               /* 若无缓冲区则不读取字符 */
    short          bsize;              /* 缓冲区的大小 */
    unsigned char  * buffer;           /* 数据缓冲区的位置 */
    unsigned char  * curp;             /* 指针当前的指向 */
    unsigned       istemp;             /* 临时文件指示器 */
    short          token;              /* 用于有效性检查 */
} FILE;                                /* 自定义文件类型名 FILE * /
```

通常使用这个文件类型定义结构体类型的指针变量,使之与文件建立联系,例如

```
FILE * fp;                             /* 定义了一个文件类型的指针变量 */
```

只有通过这样的指针变量才可以访问 FILE 类型的数据,通过 FILE 类型的数据可以进一步管理和使用内存缓冲区中的文件信息,从而与磁盘文件建立联系。也就是说,通过文件指针变量能够找到与之相关的文件。这个文件类型的定义说明存放在头文件 stdio.h 中,所以在进行文件操作时一定要包含该头文件。

在后续各章节中,如果未加说明,fp 均为文件类型的指针变量。

7.2 文件的打开与关闭

要想使用 C 文件,必须先打开它,打开文件的目的是将文件调入内存,并与文件指针建立联系,从而对文件进行操作。文件在使用完后一定要及时关闭,关闭文件的目的是使文件指针与文件脱离,并将文件从内存写入磁盘,从而保存对文件的修改。

7.2.1 文件打开函数

一般调用格式为

fp=fopen(文件名,"打开方式")

功能：按照使用方式打开指定文件，并与文件指针建立联系。

返回值：若成功，则返回文件结构体信息在缓冲区中的起始地址，否则返回一个空指针 NULL，如

```
fp=fopen("file1.dat","r")
```

表示以只读文本的方式打开文件 file1.dat。打开文件实际上规定了三个操作：一是打开哪个文件；二是以何种使用方式打开该文件；三是与哪个文件指针建立联系。其中，文件名可以用字符串常量、字符数组名或字符指针变量表示，文件名中可以包含文件所在的盘符和路径。文件的打开方式如表 7.1 所示。

表 7.1　文件的打开方式

文件打开方式	含　　义
r(只读文本)	为读打开一个文本文件
w(只写文本)	为写打开一个文本文件
a(追加文本)	向文本文件尾部追加数据
rb(只读二进制)	为读打开一个二进制文件
wb(只写二进制)	为写打开一个二进制文件
ab(追加二进制)	向二进制文件尾部追加数据
r+(读写文本)	为读/写打开一个文本文件
w+(读写文本)	为读/写建立一个新的文本文件
a+(读写文本)	为读/写打开一个文本文件
rb+(读写二进制)	为读/写打开一个二进制文件
wb+(读写二进制)	为读/写建立一个新的二进制文件
ab+(读写二进制)	为读/写打开一个二进制文件

说明：

(1) r 表示只读(read only)，w 表示只写(write only)，a 表示追加(append)，b 表示二进制(binary)，"+"表示可读可写。

(2) 用 r 方式打开文件时，文件必须存在。用 w 方式打开文件时，如果文件不存在，则先建立文件，否则先删除、再新建。用 a 方式打开文件时，如果文件不存在，则先建立文件，否则文件中的位置指针会移到文件末尾，准备追加数据。含"+"时，该文件可读可写。

如果不能实现打开操作，fopen()函数将返回一个出错信息。出错原因可能是用 r 方式打开了一个不存在的文件、磁盘出故障、磁盘已满、无法新建文件等。在程序中可以用函数返回值判断文件是否被成功打开并做相应处理，常用以下方式打开文件。

```
if((fp=fopen(文件名,"打开方式"))==NULL)
{ printf("Cannot open this file!\n");
  exit(0);
```

```
}
```

注意：向文本文件写入数据时,系统自动将回车换行符转换为一个换行符;从文本文件读出数据时,系统又将换行符转换成回车和换行两个字符。二进制文件不进行这种转换。

程序开始运行时,系统自动打开三个标准文件:标准输入文件、标准输出文件和标准出错输出文件。标准输入文件和标准输出文件分别对应键盘、显示器或打印机等。因此,输入和输出操作都不需要打开终端文件,系统会正常地从键盘接收数据,从显示器输出数据。C 系统自动定义了三个文件指针常量 stdin、stdout 和 stderr,分别指向标准输入文件、标准输出文件和标准出错输出文件。

7.2.2 文件关闭函数

文件关闭是指使文件与对应的文件指针脱钩,同时将内存文件写入磁盘。

一般调用格式为

fclose(fp)

功能：关闭 fp 所指向的文件。

返回值：若成功,则返回 0,否则返回 EOF(−1)。

应该养成在程序终止前关闭所有打开的文件的习惯。如果不及时关闭文件,内存中的信息就不会被存储到磁盘上,可能造成数据丢失。

7.3 文件的读写操作

在文件打开之后,就可以对其进行读写操作。常用的文件读写函数有字符读写、字符串读写、数据字块读写和格式化读写等。

7.3.1 读写一个字符函数

1. 读一个字符函数

一般调用格式为

fgetc(fp)

功能：从 fp 指向的文件中读出一个字符到内存。

返回值：若成功,则返回读出字符,否则返回文件结束标志 EOF(−1)。

通常,会将读出的字符赋给一个字符变量,即

ch=fgetc(fp)

其中,ch 是用户定义的字符型变量。

由于在 stdio.h 中有以下形式的宏定义:

```
#define getc(fp) fgetc(fp)
```

```
#define getchar() fgetc(stdin)
```

由此可知,getc()函数的功能与 fgetc()函数相同,getchar()函数是 fgetc()函数的一种特殊情况,即从键盘读取一个字符,这个函数已经在第 2 章中介绍过。

2. 写一个字符函数

一般调用格式为

fputc(ch,fp)

功能:将内存中的一个字符(ch)写入 fp 所指向的文件中。

返回值:若成功,则返回写入字符,否则返回文件结束标志 EOF(−1)。

在 stdio.h 中有以下形式的宏定义:

```
#define putc(ch,fp) fputc((ch),fp)
#define putchar(ch) fputc((ch),stdout)
```

由此可知,putc()函数的功能与 fputc()函数相同,putchar()函数是 fputc()函数的一种特殊情况,即将字符输出到终端设备(显示器或打印机),这个函数已经在第 2 章中介绍过。

【例 7.1】　将从键盘输入的一组字符(遇"♯"结束)写入磁盘文件中,并将写入文件中的字符再输出到屏幕上。

```
#include "stdio.h"
#include "stdlib.h"
void main()
{ FILE * fp;
  char ch,filename[10];
  printf("Input filename:"); scanf("%s",filename);
  if((fp=fopen(filename,"w"))==NULL)
  { printf("Cannot create this file!\n");
    exit(0);
  }
  printf("Please input text(#==End):\n");
  while((ch=getchar())!='#')
    fputc(ch,fp);
  fclose(fp);
  if((fp=fopen(filename,"r"))==NULL)
  { printf("Cannot open this file!\n");
    exit(0);
  }
  while((ch=fgetc(fp))!=EOF)
    putchar(ch);
  fclose(fp);
}
```

【运行结果】

```
Input filename:file71.txt↙
Please input text(#==End):
```

```
abcdefghijk↙
1234567890↙
!@#%^&()_-+=↙

abcdefghijk
1234567890
!@
```

输入文件名 file71.txt 后创建空文件,输入三行文本后把"♯"号之前的所有字符依次写入文件。屏幕上输出的是写入文件的全部字符。

EOF(−1)是文本文件的结束标志,有时也是文件操作出错的标志,它在头文件 stdio.h 中定义,在使用时一定要包含该头文件。

使用 EOF(−1)作为文本文件结束标志是合理的,因为字符的 ASCII 码值不可能是 −1。但不能用 EOF(−1)测试二进制文件是否结束,这是因为−1 可以是二进制文件中的数据,可以使用测试文件结束函数 feof()判断文件是否结束。

一般调用格式为

feof(fp)

功能: 测试二进制文件或文本文件是否结束。

返回值: 若文件结束返回 1,否则返回 0。

可以把例 7.1 中的程序段

```
while((ch=fgetc(fp))!=EOF)
  putchar(ch);
```

改为

```
while(!feof(fp))
  putchar(fgetc(fp));
```

二者的运行结果是完全相同的,这样修改可能会使程序更简单。

7.3.2 读写一个字符串函数

1. 读一个字符串函数

一般调用格式为

fgets(str,n,fp)

功能: 从 fp 指向的文件中读取一个长度至多为 n−1 的字符串,并存入从 str 开始的内存单元中。

在从文件中读出 n−1 个字符后,系统自动在串尾加上字符串结束标志'\0',并存入从 str 开始的内存单元。若在读完 n−1 个字符之前遇到行结束标志(回车)或文件结束标志 (EOF),则读出操作结束,并将这些字符存入从 str 开始的内存单元中。

返回值:若成功,则返回 str 的值,否则返回空指针 NULL。

例如:

```
char s[81];
fgets(s,81,fp);  /* 从 fp 指向的文件中读取一个长度至多为 80 的字符串并存入数组 a 中 */
```

2. 写一个字符串函数

一般调用格式为

fputs(str,fp)

其中,str 可以是字符串常量,也可以是字符串的存储地址(一般为字符数组名或字符指针变量名)。

功能:将 str 指向的字符串写入 fp 指向的文件中。

在写入字符串时,若遇到'\0',则自动结束操作,'\0'不写入。

返回值:若成功,则返回 0,否则返回 EOF(−1)。

例如:

```
char s[81]="China";
fputs(s,fp)           /* 将 s 指向的字符串"China"写入 fp 指向的文件中 */
```

【例 7.2】　将从键盘输入的 4 行字符串写入磁盘文件中,再将写入文件中的字符串输出到屏幕上。

```
#define N 4
#include "stdio.h"
#include "stdlib.h"
void main()
{ FILE * fp;
  char ch[80],filename[20];
  int i;
  printf("Input filename:");                /* 输入文件名 */
  gets(filename);
  if((fp=fopen(filename,"w"))==NULL)         /* 按只写方式打开文件 */
  { printf("Cannot create this file!\n");
    exit(0);
  }
  printf("Input %d line strings:\n",N);
  for(i=1;i<=N;i++)                          /* 输入字符串并写入文件 */
  { gets(ch);
    fputs(ch,fp);fputc('\n',fp);
  }
```

```
    fclose(fp);                          /*写操作结束,关闭文件*/
    if((fp=fopen(filename,"r"))==NULL)   /*按只读方式打开文件*/
    { printf("Cannot open this file!\n");
      exit(0);
    }
    printf("From file: %s\n",filename);
    for(i=1;i<=N;i++)                     /*从文件中读取字符串并输出*/
    { fgets(ch,80,fp);
      printf("%s",ch);
    }
    fclose(fp);                           /*读操作结束,关闭文件*/
}
```

【运行结果】

```
Input filename:d:\\sss.txt↙
Input 4 line strings:
How are you?↙
Good morning.↙
What day is today?↙
See you tomorrow.↙
From file: d:\\sss.txt
How are you?
Good morning.
What day is today?
See you tomorrow.
```

注意：在VC++环境中,输入文件路径时的"\\"可以改为"\";但在程序中指定路径时,除♯include 命令中的路径外,必须使用"\\",原因是字符串中的"\\"是转义字符,表示"\"。

7.3.3　读写一个数据字块函数

文件中的数据不一定要一个字符一个字符地读写,可以一个数据一个数据地读写,也可以一组数据一组数据地读写,这就需要对一个数据字块进行读写操作。

1. 读一个数据字块函数

一般调用格式为

fread(buffer, size, count, fp)

其中,buffer 是读出数据的存放地址；size 是一个数据块的大小(字节数)；count 是数据块的数目。

功能：从 fp 指向的文件中读出 count 个大小为 size 字节的数据,并存入从 buffer 开始的内存单元中。

返回值：若成功,则返回 count 值,否则返回非 count 值。

例如：

```
float f[2];
fread(f,4,2,fp);          /*从 fp 指向的文件中读取 2 个 4 字节的数据并存储到数组 f 中 */
```

2. 写一个数据字块函数
一般调用格式为

fwrite(buffer,size,count,fp)

其中，buffer 是写入数据的存放地址；size 是一个数据块的大小（字节数）；count 是数据块的数目。

功能：把从 buffer 开始的 count 个大小为 size 字节的数据写入 fp 指向的文件中。

返回值：若成功，则返回 count 值，否则返回非 count 值。

例如：

```
short int a[10]={1,2,3,4,5,6,7,8,9,10};
fwrite(a,2,10,fp);          /*将数组 a 中的 10 个 2 字节数据写到 fp 指向的文件中 */
```

一般地，用 fread()函数和 fwrite()函数进行读写操作时，文件应以二进制方式打开，这样输入和输出都不会发生字符转换，从而保证原样读写。

【例 7.3】　先将一个实数及 5 个整数写入文件 TEXT.txt 中，再读出并显示。

```
#include "stdio.h"
#include "stdlib.h"
void main()
{ int a[5]={10,20,30,40,50},b[5],i;
  float f=3.14159,ff;
  FILE * fp;
  if((fp=fopen("TEXT.txt","wb"))==NULL)  /*按只写二进制方式打开 TEXT.txt 文件 */
  { printf("Cannot open this file!\n");
    exit(0);
  }
  fwrite(&f,sizeof(float),1,fp);
  fwrite(a,sizeof(int),5,fp);                /*5 个整数分别处理 */
  fclose(fp);
  if((fp=fopen("TEXT.txt","rb"))==NULL)  /*按只读二进制的方式打开 TEXT.txt 文件 */
  { printf("Cannot open this file!\n");
    exit(0);
  }
  fread(&ff,sizeof(float),1,fp);
  fread(b,sizeof(a),1,fp);                    /*5 个整数按一个整体处理 */
  printf("ff=%f\nb=\t",ff);
  for(i=0;i<5;i++) printf("%d\t",b[i]);
  printf("\n");
  fclose(fp);
}
```

【运行结果】

```
ff=3.141590
b=     10     20     30     40     50
```

【例 7.4】　从键盘上输入 N 名学生的记录并存入磁盘文件 STUDENT.txt 中,再从文件中调出男生的记录并显示到屏幕上。

```c
#include "stdio.h"
#include "stdlib.h"
#define N 4
typedef struct
{ char num[8];
  char name[10];
  char sex;
  int age;
  int score;
}STU;
void save(void)
{ int i;STU s[N];
  FILE * fp;
  if((fp=fopen("STUDENT.txt","wb"))==NULL)
  { printf("Cannot open this file!\n");
    exit(0);
  }
  for(i=0;i<N;i++)
  { scanf("%s %s %c%d%d",
          s[i].num,s[i].name,&s[i].sex,&s[i].age,&s[i].score);
    fwrite(s+i,sizeof(STU),1,fp);
  }
  fclose(fp);
}
void loadm(void)
{ int i;
  FILE * fp;
  STU s[N];
  if((fp=fopen("STUDENT.txt","rb"))==NULL)
  { printf("Cannot open this file!\n");
    exit(0);
  }
  for(i=0;i<N;i++)
  { fread(s+i,sizeof(STU),1,fp);
    if(s[i].sex=='M'||s[i].sex=='m')
      printf("%s\t%s\t%c\t%d\t%d\n",
              s[i].num,s[i].name,s[i].sex,s[i].age,s[i].score);
```

```
    }
    fclose(fp);
}
void main()
{ save();
  loadm();
}
```

【运行结果】

<u>2010001 li m 20 90</u>↙

<u>2010002 wang f 19 80</u>↙

<u>2010301 zhang f 21 78</u>↙

<u>2010304 qian m 18 89</u>↙

2010001 li　　　　m　　　20　　　　90

2010304 qian　　　m　　　18　　　　89

7.3.4　文件的格式化读写函数

第 2 章中介绍的格式化输入/输出函数 scanf( )和 printf( )是针对标准输入文件(键盘)和标准输出文件(显示器或打印机)的,对于磁盘文件,也可以按照指定格式读写数据。

1. 格式化读入函数

一般调用格式为

fscanf(fp,"格式控制字符串",地址表列)

功能:按格式要求从 fp 指向的文件中读取数据,并送入指定的内存单元。

返回值:若成功,则返回 1,否则返回 -1。

fscanf( )函数与 scanf( )函数相比,除了 fscanf( )函数多一个参数(fp)之外,没有其他区别。实质上,scanf( )函数等价于 fscanf(stdin,"格式控制字符串",地址表列)。例如:

```
int a,b;
fscanf(fp,"%d %d",&a,&b);        /* 从 fp 指向的文件中读取两个整数,分别赋值给变量
                                    a 和 b * /
fscanf(stdin,"%d %d",&a,&b);     /* 等价于 scanf("%d %d",&a,&b); * /
```

注意:从文件中读取数据时,"格式控制字符串"的安排必须与文件中数据存放的格式一致。

2. 格式化输出函数

一般调用格式为

fprintf(fp,"格式控制字符串",输出表列)

功能:将输出表列中的数据按照指定的格式要求写入 fp 指向的文件中。

返回值:若成功,则返回输出的字节数,否则返回 EOF(-1)。

fprintf( )函数与 printf( )函数相比,除了 fprintf( )函数多一个参数(fp)之外,没有其

他区别。实质上,printf("格式控制字符串",输出表列)函数等价于 fprintf(stdout,"格式控制字符串",输出表列),例如:

```
int a=3,b=4;
fprintf(fp,"a=%d\tb=%d",a,b);        /* 将 a 和 b 的值按照指定格式写入 fp 指向的文件 */
fprintf(stdout,"a=%d\tb=%d",a,b);/* 等价于 printf("a=%d\tb=%d",a,b); */
```

用 fprintf()函数和 fscanf()函数对磁盘文件进行读写,使用方便,容易理解;但在输入时要将 ASCII 码值转换为二进制形式,在输出时又要将二进制形式转换成字符,花费的时间较多。因此,在内存与磁盘频繁交换数据的情况下,最好不使用这两个函数,而是使用 fread()函数和 fwrite()函数。

7.4　文件定位与随机读写

以上介绍的几个文件操作函数在读写文件中的数据时并没有显式地指出数据在文件中的位置。实际上,文件中有一个位置指针,它随着读写操作的进行顺序地后移。然而,这样的移动只能实现顺序读写。要想在某个位置进行读写,即随机读写,则需要进行文件的位置指针定位。关于文件中的位置指针定位,有以下几个函数。

1. 位置指针复位函数

一般调用格式为

rewind(fp)

功能:将 fp 指向的文件的位置指针置于文件的开头。

返回值:无。

【例 7.5】　有一个磁盘文件,先把它的内容显示到屏幕上,再把它的内容复制到另一个文件中。

```
#include "stdio.h"
void main()
{ FILE * fp1, * fp2;
  fp1=fopen("lt7_5.c","r");
  fp2=fopen("lt7_5new.c","w");
  while(!feof(fp1)) putchar(fgetc(fp1));
  rewind(fp1);                    /* 文件的位置指针复位 */
  while(!feof(fp1)) fputc(fgetc(fp1),fp2);
  fclose(fp1);
  fclose(fp2);
}
```

【运行结果】　略。

2. 位置指针随机定位函数

随机读写是指可以在文件中的任意位置读写数据。使用 fseek()函数可以改变文件中的位置指针的位置。

一般调用格式为

fseek(fp,位移量,起始点)

功能:在 fp 指向的文件中以"起始点"为基点,将位置指针向前(文件尾方向)或向后(文件头方向)移动"位移量"个字节的距离。

返回值:若成功,则返回 0,否则返回非 0 值。

其中,文件中的起始点可以由常量标识,也可以由数字标识,如表 7.2 所示。

表 7.2 文件位置描述符

起始点	常量名标识	数字表示
文件开始	SEEK_SET	0
文件当前位置	SEEK_CUR	1
文件末尾	SEEK_END	2

位移量是指以"起始点"为基点,向前(文件尾方向)或向后(文件头方向)移动的字节数。位移量是一个长整型数,当位移量超过 64KB 时也不至于出现错误,如

```
fseek(fp,100L,0);            /* 以文件头为基点,向前移动 100 字节 */
fseek(fp,-4L,1);             /* 以当前位置为基点,向后移动 4 字节 */
fseek(fp,-10L,SEEK_END);     /* 以文件尾为基点,向后移动 10 字节 */
```

【例 7.6】 在磁盘文件 student.dat 中有 10 条学生记录,将第 1、3、5、7、9 条记录显示到屏幕上。

```
#define N 10
#include "stdio.h"
#include "stdlib.h"
typedef struct
{ char num[6],name[10],sex;
  int age,score;
}STU;
void savestu()            /* 从键盘上输入学生记录函数,创建磁盘文件 student.dat */
{ STU s[N];
  FILE * fp;
  int i;
  if((fp=fopen("student.dat","wb"))==NULL)
  { printf("Cannot create this file!\n");
    exit(0);
  }
  printf("Input %d student record: Num\tName\tSex\tAge\tScore\n",N);
  for(i=0;i<N;i++)
  { scanf("%s %s %c%d%d",s[i].num,s[i].name,&s[i].sex,&s[i].age,&s[i].score);
    fwrite(s+i,sizeof(STU),1,fp);
```

```
    }
  fclose(fp);
}
void main()
{ int i;
  STU s[N];
  FILE * fp;
  savestu();
  if((fp=fopen("student.dat","rb"))==NULL)
  { printf("Cannot open this file!\n");
    exit(0);
  }
  for(i=0;i<N;i+=2)
  { fseek(fp,i * sizeof(STU),0);
    fread(s+i,sizeof(STU),1,fp);
    printf("%s\t%s\t%c\t%d\t%d\n",
            s[i].num,s[i].name,s[i].sex,s[i].age,s[i].score);
  }
  fclose(fp);
}
```

【运行结果】 略。

3. 检测当前位置指针的位置函数

一般调用格式为

ftell(fp)

功能：检测当前位置指针的位置距离文件头有多少字节的距离。

返回值：若成功,则返回实际位移量(长整型),否则返回-1L。

例如：

```
i=ftell(fp);
if(i==-1L) printf("Error\n");
```

利用这个函数还可以测试一个文件所占的字节数,例如

```
fseek(fp,0L,2);              /* 将文件的位置指针移到文件末尾 * /
volume=ftell(fp);           /* 测试文件尾到文件头的字节数 * /
```

4. 错误处理函数

(1) 文件操作出错测试函数

一般调用格式为

ferror(fp)

功能：测试文件操作中使用的一些函数是否出现错误。

返回值：若出错,则返回非 0 值,否则返回 0。

其实,前面介绍的每个文件操作函数都有返回值,根据返回值就可以测试该函数对文件的操作是否出错。而 ferror()函数是一个统一的测试函数,用起来较为方便。

注意:每调用一次文件操作函数,就会产生一个新的 ferror()函数值,因此只有当前的测试是最有效的。例如,在执行 fopen()函数时,系统自动将 ferror()函数的初始值置为 0。

(2) 清除错误标志函数

一般调用格式为

clearerr(fp)

功能:将文件出错标志置为 0。

返回值:无。

只要出现错误标志,就会一直保留,直到对同一文件调用 clearerr()函数、rewind()函数或任何其他输入/输出函数。这个错误标志可能会造成对其他读写操作是否出现错误的误判,因此在使用 ferror()函数进行出错测试之后,应立刻使用 clearerr()函数清除这个错误标志。

7.5 程序设计举例

【**例 7.7**】 将 100 以内的所有素数写入磁盘文件 sushu.txt 中。

```c
#include "stdio.h"
void main()
{ FILE * fp;
  int i,m;
  fp=fopen("sushu.txt","w");
  for(m=2;m<=100;m++)
  { for(i=2;i<=m/2;i++)
      if(m%i==0)break;
    if(i>m/2) fprintf(fp,"%4d",m);
  }
  fclose(fp);
}
```

【**运行结果**】 查看 sushu.txt 文件。

【**例 7.8**】 计算磁盘文件 sushu.txt 中的所有素数之和。

```c
#include "stdio.h"
void main()
{ FILE * fp;
  int s=0,m;
  fp=fopen("sushu.txt","r");
  while(fscanf(fp,"%d",&m)!=-1)
    s+=m;
```

```
    printf("s=%d\n",s);
    fclose(fp);
}
```

【运行结果】

```
s=1060
```

【例 7.9】 利用命令行参数完成 DOS 系统内部命令 copy 的功能。

DOS 系统的 copy 功能是将任意一个磁盘文件中的内容复制到指定的文件中。

(1) 完成键盘输入复制功能。

```
#include "stdio.h"
#include "stdlib.h"
void main(int argc,char * argv[])
{ FILE * fp;
  char ch;
  if(argc!=2)
  { printf("Input arguments error!\n");
    exit(0);
  }
  fp=fopen(argv[1],"w");
  while((ch=getchar())!='#')
    fputc(ch,fp);
  fclose(fp);
}
```

假设经过编译和连接生成了可执行文件 ccopy.exe,运行带命令行参数程序的方法请参见例 5.9。

【运行结果】

```
ccopy abc.txt↙              /* 在命令提示符窗口中输入该命令行 */
I am a teacher Ma,↙
What's your name?↙
Have you get up?↙
You must study hard.↙
#↙
```

"#"号之前的内容被存入文本文件 abc.txt 中。

(2) 完成文件复制功能。

```
#include "stdio.h"
#include "stdlib.h"
void main(int argc,char * argv[])
{ FILE * fp1, * fp2;
  char ch;
  if(argc!=3)
```

```
  { printf("Input arguments error!\n");
    exit(0);
  }
  if((fp1=fopen(argv[1],"r"))==NULL)
  { printf("The file %s can\'t open!\n",argv[1]);
    exit(0);
  }
  fp2=fopen(argv[2],"w");
  while((ch=fgetc(fp1))!=EOF)
    fputc(ch,fp2);
  fclose(fp1);
  fclose(fp2);
}
```

假设经过编译和连接生成了可执行文件 cfcopy.exe,运行带命令行参数程序的方法请参见例 5.9。

【运行结果】

cfcopy abc.txt aabbcc.txt✓   /* 在命令提示符窗口中输入该命令行 * /

可以检查到文件 aabbcc.txt 与文件 abc.txt 的内容是完全一样的。

(3) 完成两个文件的连接功能。

```
#include "stdio.h"
#include "stdlib.h"
void main(int argc,char * argv[])
{ FILE * fp1, * fp2;
  char ch;
  if(argc!=3)
  { printf("Input arguments error!\n");
    exit(0);
  }
  if((fp1=fopen(argv[1],"a"))==NULL)
  { printf("The file %s can\'t open!\n",argv[1]);
    exit(0);
  }
  if((fp2=fopen(argv[2],"r"))==NULL)
  { printf("The file %s can\'t open!\n",argv[2]);
    exit(0);
  }
  while((ch=fgetc(fp2))!=EOF)
    fputc(ch,fp1);
  fclose(fp1);
  fclose(fp2);
}
```

假设经过编译和连接生成可执行文件 clcopy.exe。运行带命令行参数程序的方法，请参见例 5.9。

【运行结果】

clcopy abc.txt　　aabbcc.txt↙　　　　　／＊在命令提示符窗口中输入该命令行＊／

在文件 abc.txt 中可以看到，其内容为原 abc.txt 中的内容与 aabbcc.txt 中的内容之和，且原 abc.txt 中的内容在前，aabbcc.txt 中的内容在后。

【例 7.10】 有一组学生记录，每个学生记录包含学号、姓名、计算机成绩、英成绩语和总成绩五项。计算总成绩并将学生记录存入文件 stufile.txt。

```c
#include "stdio.h"
#define N 10
typedef struct
{ char num[7],name[9];
  int com,eng,total;
}student;
void main()
{ int i;FILE * fp;
  student stu[N]={ {"202149","王学海", 83,77,0},
                   {"203120","刘玉芳",89,71,0},
                   {"201034","邱玲",76,69,0},
                   {"202062","郑玉梁",63,82,0},
                   {"201458","吕文斌",79,57,0},
                   {"201841","赵成",53,61,0},
                   {"202621","李可心",92,68,0},
                   {"203117","刘宁",76,60,0},
                   {"203302","张晨曦",71,65,0},
                   {"202512","钱宇航",88,90,0}};
  fp=fopen("stufile.txt","w");
  printf("学号\t 姓名\t 计算机\t 英语\t 总成绩\n");
  for(i=0;i<N;i++)
  { stu[i].total=stu[i].com+stu[i].eng;
    printf("%s\t%s\t%d\t%d\t%d\n",
        stu[i].num,stu[i].name,stu[i].com,stu[i].eng,stu[i].total);
    fprintf(fp,"%s\t%s\t%d\t%d\t%d\n",
        stu[i].num,stu[i].name,stu[i].com,stu[i].eng,stu[i].total);
  }
  fclose(fp);
}
```

【运行结果】

学号	姓名	计算机	英语	总成绩
202149	王学海	83	77	160

203120	刘玉芳	89	71	160
201034	邱玲	76	69	145
202062	郑玉梁	63	82	145
201458	吕文斌	79	57	136
201841	赵成	53	61	114
202621	李可心	92	68	160
203117	刘宁	76	60	136
203302	张晨曦	71	65	136
202512	钱宇航	88	90	178

同时,该结果也写入文件 stufile.txt 中。

【例 7.11】　将例 7.10 文件 stufile.txt 中的学生记录按总成绩降序排列后存入文件 stusort.txt 中。

```c
#include "stdio.h"
#include "stdlib.h"
#define N 10
typedef struct
{ char num[7],name[9];
  int com,eng,total;
}student;
void main()
{ int i,j;FILE * fp;
  student stu[N],t;
  fp=fopen("stufile.txt","r");
  if((fscanf(fp,"%s\t%s\t%d\t%d\t%d\n",
    stu[0].num,stu[0].name,&stu[0].com,&stu[0].eng,&stu[0].total))==-1)
    exit(0);
  i=1;
  while((fscanf(fp,"%s\t%s\t%d\t%d\t%d\n",
    stu[i].num,stu[i].name,&stu[i].com,&stu[i].eng,&stu[i].total))!=-1)
  { for(j=i-1,t=stu[i];j>=0&&t.total>stu[j].total;j--)
      stu[j+1]=stu[j];
    stu[j+1]=t;
    i++;
  }
  fclose(fp);
  fp=fopen("stusort.txt","w");
  for(j=0;j<i;j++)
    fprintf(fp,"%s\t%s\t%d\t%d\t%d\n",
      stu[j].num,stu[j].name,stu[j].com,stu[j].eng,stu[j].total);
  fclose(fp);
}
```

【运行结果】　查看 stusort.txt 文件。

【例 7.12】 将例 7.10 文件 stufile.txt 中的记录按总成绩降序进行排列,总成绩相同的记录按学号升序排列后存入文件 stusort.txt 中。

```
#include "stdio.h"
#include "string.h"
#include "stdlib.h"
#define N 10
typedef struct
{ char num[7],name[9];
  int com,eng,total;
}student;
void main()
{ int i,j;FILE * fp;
  student stu[N],t;
  fp=fopen("stufile.txt","r");
  if((fscanf(fp,"%s\t%s\t%d\t%d\t%d\n",
      stu[0].num,stu[0].name,&stu[0].com,&stu[0].eng,&stu[0].total))==-1)
    exit(0);
  i=1;
  while((fscanf(fp,"%s\t%s\t%d\t%d\t%d\n",
      stu[i].num,stu[i].name,&stu[i].com,&stu[i].eng,&stu[i].total))!=-1)
  { for(j=i-1,t=stu[i];j>=0&&t.total>stu[j].total;j--)
      stu[j+1]=stu[j];
    while(t.total==stu[j].total&&strcmp(t.num,stu[j].num)<0)
      stu[j+1]=stu[j--];
    stu[j+1]=t;
    i++;
  }
  fclose(fp);
  fp=fopen("stusort.txt","w");
  for(j=0;j<i;j++)
    fprintf(fp,"%s\t%s\t%d\t%d\t%d\n",
      stu[j].num,stu[j].name,stu[j].com,stu[j].eng,stu[j].total);
  fclose(fp);
}
```

【运行结果】 查看 stusort.txt 文件。

【例 7.13】 已知文件 intefile.txt 中有若干 4 位无符号整数,并以空格间隔。请将每个整数的首末位上的数字交换后存入文件 exchinte.txt 中。

```
#include "stdio.h"
#include "stdlib.h"
void main()
{ FILE * fp1, * fp2;
  int x,a,b;
```

```
    if((fp1=fopen("intefile.txt","r"))==NULL)
    { printf("Can not open file intefile.txt!\n");
      exit(0);
    }
    fp2=fopen("exchinte.txt","w");
    while(fscanf(fp1,"%d",&x)!=-1)
    { a=x/1000;
      b=x%10;
      x=(b*100+x%1000/10)*10+a;
      fprintf(fp2,"%4d ",x);
    }
    fclose(fp1);
    fclose(fp2);
}
```

【运行结果】 先准备好 intefile.txt 文件,运行后查看 exchinte.txt 文件。

【例 7.14】 已知文件 intefile.txt 中有若干 4 位无符号整数,并以空格间隔。若由千位数字和十位数字组成的两位整数大于由个位数字和百位数字组成的两位整数,则将这样的 4 位数按由小到大的顺序存入文件 sortinte.txt 中。

例如:对于 3826,32>68 不成立;对于 8623,82>36 成立,则存入文件 sortinte.txt 中。

```
#include "stdio.h"
#include "stdlib.h"
void main()
{ FILE * fp1, * fp2;
  int x,a,b,data[1000],i,j;
  if((fp1=fopen("intefile.txt","r"))==NULL)
  { printf("Can not open file intefile.txt!\n");
    exit(0);
  }
  fp2=fopen("sortinte.txt","w");
  i=0;
  while(fscanf(fp1,"%d",&x)!=-1)
  { a=x/1000*10+x/100%10;
    b=x%10*10+x/100%10;
    if(a>b)
    { for(j=i-1;j>=0&&x<data[j];j--)
        data[j+1]=data[j];
      data[j+1]=x;
      i++;
    }
  }
  for(j=0;j<i;j++)
```

```
      fprintf(fp2,"%4d ",data[j]);
    fclose(fp1);
    fclose(fp2);
}
```

【运行结果】 先准备好 intefile.txt 文件,运行后查看 sortfile.txt 文件。

【例 7.15】 将一篇英文文章 Engfile.txt 中的所有单词的第一个字母变成大写。

```
#include "stdio.h"
#include "stdlib.h"
#include "ctype.h"
void main()
{ FILE * fp;
  char ch;
  if((fp=fopen("Engfile.txt","r+"))==NULL)   /* 按读写方式打开文件 */
  { printf("Can not open file intefile.txt!\n");
    exit(0);
  }
  while((ch=fgetc(fp))!=EOF)
  { while(ch!=EOF&&!isalpha(ch)) ch=fgetc(fp);
    if(islower(ch))
    { ch-=32;
      fseek(fp,-1,1);                         /* 为写入字符,将位置指针定位 */
      fputc(ch,fp);
      fseek(fp,1,1);                          /* 为读出字符,将位置指针定位 */
    }
    while(isalpha(ch)) ch=fgetc(fp);
  }
  fclose(fp);
}
```

【运行结果】 先准备好 Engfile.txt 文件,运行后查看 Engfile.txt 文件。

【例 7.16】 将例 7.15 文件 Engfile.txt 中的每个单词倒序存放。

```
#include "stdio.h"
#include "ctype.h"
void main()
{ FILE * fp;
  char s[100][81];
  int i,n;
  void exchangeword(char * s);
  fp=fopen("Engfile.txt","r");
  n=0;
  while(!feof(fp))
  { fgets(s[n],80,fp);
    exchangeword(s[n]);
```

```
      n++;                   /*统计行数*/
    }
    fclose(fp);
    fp=fopen("Engfile.txt","w");
    for(i=0;i<n;i++)
      fputs(s[i],fp);
    fclose(fp);
  }
  void exchangeword(char * s)
  { char t, * p, * q;
    while( * s!='\0')
    {  while( * s&&!isalpha( * s)) s++;
      p=q=s;
      while( * q&&isalpha( * q)) q++;
      s=q--;                 /*p和q定位到单词头和尾,s定位到未处理的字符起始点*/
      while(p<q)
      { t= * p; * p= * q; * q=t;
        p++;q--;
      }
    }
  }
```

【运行结果】　运行后查看 Engfile.txt 文件。

【例 7.17】　删除例 7.15 文件 Engfile.txt 中多余的空格,使得每个单词之间只能有一个空格。

```
  #include "stdio.h"
  #include "ctype.h"
  void delspace(char * s)
  { char * p, * q;
    p=q=s;
    while( * q!='\0')
    {  while(isspace( * q)) q++;
      while(!isspace( * p++= * q)&& * q)q++;
    }
  }
  void main()
  { FILE * fp;
    char s[100][81];
    int i,n;
    fp=fopen("Engfile.txt","r");
    n=0;
    while(!feof(fp))
    { fgets(s[n],80,fp);
      delspace(s[n]);
      n++;
```

```
    }
    fclose(fp);
    fp=fopen("Engfile.txt","w");
    for(i=0;i<n;i++)
      fputs(s[i],fp);
    fclose(fp);
}
```

【运行结果】 运行后查看 Engfile.txt 文件。

习 题

1. 单项选择题

（1）下列叙述中正确的是（　　）。

　　① 对文件操作必须先打开文件

　　② 对文件操作必须先关闭文件

　　③ 对文件操作的顺序没有要求

　　④ 对文件操作前必须先测试文件是否存在,然后打开文件

（2）C 语言中,指向系统的标准输入文件的指针是（　　）。

　　① stdout　　　　　　② stdin　　　　　　③ stderr　　　　　　④ stdprn

（3）C 语言可以处理的文件类型是（　　）。

　　① 文本文件和数据文件　　　　　　② 文本文件和二进制文件

　　③ 数据文件和文本文件　　　　　　④ 数据代码文件

（4）C 语言中,库函数 fgets(str,n,fp)的功能是（　　）。

　　① 从 fp 指向的文件中读取长度为 n 的字符串存入 str 开始的内存

　　② 从 fp 指向的文件中读取长度不超过 n−1 的字符串存入 str 开始的内存

　　③ 从 fp 指向的文件中读取 n 个字符串存入 str 开始的内存

　　④ 从 str 开始的内存中读取至多 n 个字符存入 fp 指向的文件

（5）若 fp 是指向某文件的指针,且已读到文件的末尾,则表达式 feof(fp)的值
为（　　）。

　　① EOF　　　　　　② −1　　　　　　③ 非零值　　　　　　④ NULL

（6）下列程序向文件输出的结果是（　　）。

```
#include "stdio.h"
void main()
{ FILE * fp;
  fp=fopen("test.txt","wb");
  fprintf(fp,"%d%5.0f%c%d",58,76273.0,'-',2278);
  fclose(fp);
}
```

　　① 58□76273□−□2278　　　　　　② 5876273.000000−2278

③ 5876273-2278　　　　　　　　　④ 因文件为二进制文件而不可读

（7）下列对 C 语言的文件存取方式的叙述中正确的是（　　）。

　　① 只能顺序存取　　　　　　　　　② 只能随机存取

　　③ 可以顺序存取，也可以随机存取　④ 只能从文件的开头存取

（8）下列语句中，将 c 定义为文件型指针的是（　　）。

　　① FILE　c;　　　② FILE　* c;　　　③ file　c;　　　　④ file　* c;

（9）标准库函数 fputs(p1,p2)的功能是（　　）。

　　① 从 p1 指向的文件中读取一个字符串存入 p2 开始的内存

　　② 从 p2 指向的文件中读取一个字符串存入 p1 开始的内存

　　③ 从 p1 开始的内存中读取一个字符串存入 p2 指向的文件

　　④ 从 p2 开始的内存中读取一个字符串存入 p1 指向的文件

（10）已知一个文件中存放若干学生数据，其数据结构为

```
struct st
{ char name[10];
  int age;
  float s[5];
}
```

定义一个数组：struct st a[10];，假设文件已正确打开，则不能正确地从文件中读取 10 名学生数据到数组 a 的是（　　）。

　　① fread(a,sizeof(struct st),10,fp);

　　② for(i=0;i<10;i++)
　　　　fread(a[i],sizeof(struct st),1,fp);

　　③ for(i=0;i<10;i++)
　　　　fread(a+i,sizeof(struct st),1,fp);

　　④ for(i=0;i<5;i+=2)
　　　　fread(a+i,sizeof(struct st),2,fp);

2. 程序分析题

（1）下列程序的功能是什么？

```
#include "stdio.h"
#include "stdlib.h"
void main()
{ FILE * fp1, * fp2;
  if((fp1=fopen("c:\\user\\p1.c","r"))==NULL)
  { printf("Can not open file!\n");
    exit(0);
  }
  if((fp2=fopen("d:\\p1.c","w"))==NULL)
  { printf("Can not open file!\n");
    exit(0);
```

```
    }
    while(1)
    { if(feof(fp1)) break;
      fputc(fgetc(fp1),fp2);
    }
    fclose(fp1);fclose(fp2);
}
```

(2) 下列程序的功能是什么？

```
#include "stdio.h"
#include "stdlib.h"
void main()
{ FILE * fp;
  int num=0;
  if((fp=fopen("TEST.txt","r"))==NULL)
  { printf("Can not open file!\n");
    exit(0);
  }
  while(fgetc(fp)!=EOF)
    num++;
  fclose(fp);
  printf("num=%d",num);
}
```

3. 程序填空题(在下列程序中的_____处填上正确的内容,使程序完整)

(1) 下列程序的功能是从键盘输入一个文件名,然后把从键盘输入的字符依次存放到磁盘文件中,直到输入一个"♯"为止。

```
#include "stdio.h"
#include "stdlib.h"
void main()
{  FILE * fp;
   char ch,filename[20];
   scanf("%s",filename);           /* 用户输入的存在磁盘上的文件名 */
   if(_____)
   { printf("cannot open file\n");
     exit(0);
   }
   while((ch=getchar())!='♯')
     _____;
   fclose(fp);
}
```

(2) 下列程序的功能是从一个二进制文件中读取结构体数据,并把读出的数据显示在屏幕上。

```
#include "stdio.h"
struct rec
{ int a;
  float b;
};
void recout(FILE * fp)
{ struct rec r;
  do
  { fread(_____,sizeof(struct rec),_____,fp);
    if(_____)_____;
    printf("%d,%f",r.a,r.b);
  }while(1);
}
void main()
{ FILE * fp;
  fp=fopen("file.dat","rb");
  recout(fp);
  fclose(fp);
}
```

（3）下列程序的功能是将文件 student.txt 中的第 i 个学生的信息输出。

```
#include "stdio.h"
#include "stdlib.h"
struct stu
{ char name[10];int num;int age;}stud[10];
void main()
{ int i;
  FILE * fp;
  if((fp=fopen("student.txt","rb"))==NULL)
  { printf("cannot open file\n");
    exit(0);
  }
  scanf("%d",&i);
  fseek(_____);
  fread(_____,sizeof(struct stu),1,fp);
  printf("%s %d %d\n",stud[i-1].name,stud[i-1].num,stud[i-1].age);
}
```

4. 程序改错题（下列每段程序中各有一个错误，请找出并改正）

（1）下列程序的功能是显示文件 data.txt 的内容。

```
#include "stdio.h"
void main()
{ FILE * fp;
  char  ch;
```

```
    fp=fopen("data.txt","w");
    ch=fgetc(fp);
    while(ch!=EOF) {putchar(ch);ch=fgetc(fp);}
    fclose(fp);
}
```

（2）下列程序的功能是将一个结构体数据写入磁盘文件 f1.txt 中。

```
#include "stdio.h"
struct rec
{ int a;
  char b;
};
void main()
{ struct rec r;
  file * f1;
  r.a=100;
  r.b='G'-32;
  f1=fopen("f1.txt","w");
  fwrite(&r,sizeof(r),1,f1);
  fclose(f1);
}
```

5．程序设计题

（1）编写程序，统计一个文本文件中含有英文字母的个数。

（2）编写程序，实现两个文本文件的连接。

（3）编写程序，对名为 CCW.txt 的磁盘文件中"@"之前的所有字符进行加密，加密的方法是将每一个字符的 ASCII 码值减 10。

（4）从键盘输入一组以"♯"结束的字符，若字符为小写字母，则将其转换成大写字母，然后输出到磁盘文件 little.txt 中保存。

（5）将一个磁盘文件中的空格删除后存入另外一个文件中。

（6）有 5 名学生，每名学生有 4 门课程的成绩，从键盘输入每名学生的数据（学号、姓名和 4 门课程的成绩）并计算平均成绩，将原有数据和计算出的平均成绩存入磁盘文件 file.txt 中。

（7）将题（6）的 file.txt 文件中的学生数据按平均成绩升序进行排序处理，然后将排序后的学生数据存入新文件 newfile.txt 中。

（8）编写函数，实现两个文本文件的比较。若二者相等，则返回 0；否则返回第一次不相等的两个字符的 ASCII 码值的差。

（9）编写程序，将一个文本文件的每行内容逆置后存入原文件。

（10）编写程序，将文件 file.c 中的注释部分删除。注释部分以"/ * "开始，以" * /"结束。

第 8 章 常见错误和程序调试

CHAPTER

C 语言功能强、使用方便灵活,但 C 语言编译程序对语法的检查并没有其他高级语言那样严格,这给程序调试带来了许多不便。为此,本章将对初学者在学习和使用 C 语言时经常出现的错误进行归纳和总结,以便于读者查阅和参考。

8.1 C 程序中的错误种类

C 程序中的错误包括语法错误、语义错误和运行错误。

1. 语法错误

语法错误是指违背了 C 语言的语法规定,主要包括语句的结构或拼写中存在的错误。对于此类错误,编译程序能够将其检查出来,并给出警告和错误提示信息。

- 错误(**error**):无法生成目标文件,必须改正后才能生成目标文件。
- 警告(**warning**):程序可运行,但结果有可能不正确。

【例 8.1】 语法错误举例。

```
#include "stdio.h"
void main()
{ int i,sum=0;
  for(i=1,i<=100,i++) sum+=i;
  printf("sum=%d\n",sum);
}
```

for 语句规定括号内必须有且仅有两个分号(;),上面程序的 for 语句中存在语法错误,在编译时会给出错误信息,应将语句

```
for(i=1,i<=100,i++) sum+=i;
```

改为

```
for(i=1;i<=100;i++) sum+=i;
```

2. 语义错误

语义错误是指程序并没有违背语法规则,程序可运行,但运行结果出错或与预期不一致。这是由于程序设计人员设计的算法或编写的程序有错误,因此通知给系统的指令与解题的原意不同,即出现逻辑上的混乱。语义错误一般很难查找,需要通过检测程序并分析运行结果才能最终解决。

【例 8.2】 语义错误举例。

```c
#include "stdio.h"
#define PI 3.14
void main()
{ float r,v;
  scanf("%f",&r);
  v=4/3 * PI * r * r * r;
  printf("v=%.2f\n",v);
}
```

该程序的本意是计算球的体积,程序没有语法错误,但程序的运行结果却不正确,其原因是两个整数相除的结果为整型,会自动舍弃小数部分,应将语句

```c
v=4/3 * PI * r * r * r;
```

改为

```c
v=4.0/3 * PI * r * r * r; 或 v=4/3.0 * PI * r * r * r; 或 v=4 * PI * r * r * r/3;
```

3. 运行错误

运行错误是指程序既无语法错误,也无逻辑错误,但在程序运行时会出现错误,甚至停止运行。这通常是由于输入数据的格式不正确或者系统的运行环境所造成的,通常与内存空间的开辟和使用有关。

【例 8.3】 运行错误举例。

```c
#include "stdio.h"
void main()
{ int a,b,c;
  scanf("a=%d,b=%d",&a,&b);
  c=a/b;
  printf("c=%d\n",c);
}
```

该程序的功能是输入 a 和 b 的值,输出 a/b 的值。该程序没有错误,但在运行程序时,如果数据的输入格式不正确或者变量 b 的输入值为 0,就会出现运行错误。该程序的正确输入为

a=30,b=6↙ (假设需要分别给变量 a 和 b 赋值 30 和 6)

若没有在合适的位置输入"a=""," 和 "b=",或者 b 的输入值为 0,则运行时会出错。

8.2　C 程序常见错误及分析

1.代码中含有非英文字符

【例 8.4】 输出提示信息。

```
#include "stdio.h"
void main()
{ printf("代码中不能使用全角字符\n");
}
```

除了字符串和注释外,代码中的所有符号必须为英文半角符号。该程序在编译时会出错,原因是函数语句中的双引号和分号都是全角字符,应将语句

```
printf("代码中不能使用全角字符\n");
```

改为

```
printf("代码中不能使用全角字符\n");
```

2. 忽略标识符的大小写

【例 8.5】 输出变量的值。

```
#include "stdio.h"
void main()
{ int a=5;
  printf("%d",A);
}
```

C 语言区分英文字母的大小写。编译时,编译程序把 a 和 A 认作为两个不同的变量名,并给出"A"没有定义的错误提示信息。习惯上,符号常量名用大写字母表示,变量名用小写字母表示,以增加可读性,应将语句

```
printf("%d",A);
```

改为

```
printf("%d",a);
```

【例 8.6】 输出字符串。

```
#include "stdio.h"
void Main()
{ printf("hello!\n");
}
```

该程序在编译时会出错,因为一个 C 语言程序有且只有一个主函数,主函数名为 main,这是系统给定的,用户不能修改。

【例 8.7】 求一个整数的绝对值。

```
#include "stdio.h"
void main()
{ int a;
  scanf("%d",&a);
  If(a<0) a=-a;
  printf("%d\n",a);
}
```

C 语言中的 32 个关键字都是小写,且 C 语言区分字母的大小写。该程序在编译时会出错,因为 If 不是关键字,应将语句

```
If(a<0) a=-a;
```

改为

```
if(a<0) a=-a;
```

3. 变量未定义

【例 8.8】 计算两个整数的和。

```
#include "stdio.h"
void main()
{ a=3;b=4;
  sum=a+b;
  printf("sum=%d\n",sum);
}
```

C 语言要求对程序中使用到的每一个变量必须说明其类型,即先定义、后使用。该程序中没有对 a、b 和 sum 进行定义,因此编译时会出错,应在函数体的开头加上变量说明语句

```
int a,b,sum;
```

【例 8.9】 计算 $y = x^2 - 10$ 的值。

```
#include "stdio.h"
void main()
{ int x;
  x=10;
  int y;
  y=x * x-10;
  printf("y=%d\n",y);
}
```

C 语言中,除了复合语句外,函数中变量的定义都必须在函数体的说明部分中完成,不能在程序中间定义变量。该程序中变量 y 的定义位置不合法,编译时会出错,应删除语句

```
int y;
```

同时将语句

```
int x;
```

改为

```
int x,y;
```

【例 8.10】　利用指针输出整型变量的值。

```
#include "stdio.h"
void main()
{ int * p=&a,a=10;
  printf("* p=%d\n",* p);
}
```

程序中虽然定义了变量 a,但该变量在定义前已被使用,编译程序认为变量 a 没有定义,应将语句

```
int * p=&a,a=10;
```

改为

```
int a=10,* p=&a;
```

4. 忘记变量初始化

【例 8.11】　输出数组元素的和。

```
#include "stdio.h"
void main()
{ int i,sum;
  int a[5]={1,3,5,7,9};
  for(i=0;i<5;i++)
    sum+=a[i];
  printf("sum=%d\n",sum);
}
```

变量 sum 没有初始化,其值不确定,输出的结果不正确,编译时会给出警告信息,应将语句

```
int i,sum;
```

改为

```
int i,sum=0;
```

【例 8.12】　把从键盘输入的字符串输出。

```
#include "stdio.h"
```

```
void main()
{ char str[80], * p;
  gets(p);
  puts(p);
}
```

该程序没有给指针变量 p 赋值就引用它,编译时会给出警告信息,应将语句

```
char str[80], * p;
```

改为

```
char str[80], * p=str;
```

即先定义一个大小合适的字符数组 str,然后将数组 str 的起始地址赋给指针变量 p,此时 p 有了确定的值,再用函数 gets()把从键盘输入的字符串存放到字符数组 str 中。

5. 混淆字符常量与字符串常量的区别

【例 8.13】 输出字符变量的值。

```
#include "stdio.h"
void main()
{ char c="a";
  printf("%c",c);
}
```

字符常量是由一对单引号括起来的单个字符,字符串常量是由一对双引号括起来的字符序列。C语言规定,以'\0'作为字符串结束标志,它是系统自动加上的,所以字符串"a"实际上包含'a'和'\0'两个字符,把它赋给一个字符变量是不行的,应将语句

```
char c="a";
```

改为

```
char c='a';
```

6. 使用运算符"%"时忽略了数据类型

【例 8.14】 输出金额中最低位(分)的值。

```
#include "stdio.h"
void main()
{ float a=267.45;
  printf("%d\n",a%10);
}
```

该程序在编译时会出错,因为求余运算符"%"要求分子和分母必须同为整型,实型数据不允许进行求余运算。按照分离整数个位的思路,应先将 a 乘以 100,然后进行强制类型转换,最后通过取余运算得到最低位的值,可将语句

```
printf("%d\n",a%10);
```

改为

```
printf("%d\n",(int)(a*100)%10);
```

7. 使用运算符"/"时忽略了数据类型

【例 8.15】 输入一个华氏温度,根据下列公式输出其对应的摄氏温度。

$$C=\frac{5}{9}(F-32)$$

```
#include "stdio.h"
void main()
{ float f,c;
  printf("输入华氏温度: ");
  scanf("%f",&f);
  c=5/9*(f-32);
  printf("摄氏温度是: %f\n",c);
}
```

该程序没有语法错误,但无论 f 的值是多少,程序的输出结果都是 0,这是因为 5/9 的值是 0,即两个整数相除的结果为整数,舍弃了小数部分,可将语句

```
c=5/9*(f-32);
```

改为

```
c=5.0/9*(f-32);或 c=5/9.0*(f-32); 或 c=5*(f-32)/9;
```

8. 误把"＝"作为"＝＝"使用

【例 8.16】 若 a 和 b 的值相等,则输出 Yes,否则输 No。

```
#include "stdio.h"
void main()
{ int a=3,b=4;
  if(a=b)printf("Yes\n");
  else printf("No\n");
}
```

在 C 语言中,"＝"是赋值运算符,"＝＝"是关系运算符。程序中的"a＝b"是赋值表达式,即先将 b 的值赋给 a,然后判断 a 的值是否为真,只要 b 的值不为 0,程序的输出结果一定为 Yes,应将语句

```
if(a=b)printf("Yes\n");
```

改为

```
if(a==b) printf("Yes\n");
```

9. 忽略自增(自减)运算符的细节

【例 8.17】 写出下列程序的运行结果。

```c
#include "stdio.h"
void main()
{ int i,k;
  i=5;
  k=(++i)+(++i);
  printf("%d  %d\n",i,k);
}
```

变量 i 的值是 7,但变量 k 的值是 14,而不是 13,因为语句

```c
k=(++i)+(i++);
```

等价于

```c
i=i+1;i=i+1;k=i+i;
```

【例 8.18】 将数组元素 a[0]的值输出后加 1。

```c
#include "stdio.h"
void main()
{ int a[]={10,20,30,40,50}, * p;
  p=a;
  printf("%d  ", * p++);
}
```

单目运算符的结合方向为右结合。因此, * p++ 等价于 * (p++)。执行过程是先输出 p 指向的数组元素 a[0]的值,然后再使 p 加 1,即 p 指向数组元素 a[1]。若想在输出数组元素 a[0]的值后使 a[0]的值加 1,应将语句

```c
printf("%d  ", * p++);
```

改为

```c
printf("%d  ",( * p)++);
```

10. 混淆数学表达式和 C 语言表达式的区别

【例 8.19】 计算 y=5x+3 的值。

```c
#include "stdio.h"
void main()
{ int x=4,y;
  y=5x+3;
  printf("y=%d\n",y);
}
```

该程序在编译时会出错,因为 y=5x+3 是数学表达式,对应的 C 语言表达式为 y=

$5 * x + 3$。

【例 8.20】　计算下列函数值。

$$y = \begin{cases} x^2, & 1 < x < 10 \\ 10, & x \leqslant 1, x \geqslant 10 \end{cases}$$

```c
#include "stdio.h"
void main()
{ int x=-4,y=10;
  if(1<x<10) y=x*x;
  printf("y=%d\n",y);
}
```

程序中的“$1 < x < 10$”是数学表达式,其对应的 C 语言表达式为逻辑表达式“$x > 1 \&\& x < 10$”。该程序在编译时不会出错,因为程序中的“$1 < x < 10$”是合法的 C 语言关系表达式,根据关系运算“$<$”的运算规则,表达式“$1 < x$”的值是 1 或 0,无论 x 的值是多少,表达式“$1 < x < 10$”的值都是 1,输出结果总是 x 的平方值。

【例 8.21】　计算 $y = |x|$ 的值。

```c
#include "stdio.h"
void main()
{ int x,y;
  x=-1;
  y=|x|;
  printf("y=%d\n",y);
}
```

该程序在编译时会出错,因为 $y = |x|$ 是数学表达式,不是合法的 C 语言表达式。C 语言中没有求绝对值运算符,求一个数的绝对值可以使用系统函数(求整数绝对值函数为 abs(),求实数绝对值函数为 fabs()),也可以使用条件表达式或分支语句实现。

【例 8.22】　计算正方体的体积。

```c
#include "stdio.h"
void main()
{ int x=2,y;
  y=x^3;
  printf("y=%d\n",y);
}
```

该程序在编译时不会出错,但输出结果却不正确,这是因为“$\wedge$”是按位异或运算符,$x \wedge 3$ 是合法的 C 语言表达式,其值为 1,可将语句

```c
y=x^3;
```

改为

```c
y=x*x*x;
```

11. 函数 scanf()的输入项前缺少取地址符

【例 8.23】 输出两个整数的和。

```c
#include "stdio.h"
void main()
{ int a,b,sum;
  scanf("%d %d",a,b);
  printf("%d+%d=%d\n",a,b,a+b);
}
```

在使用函数 scanf()输入数据时,需要指明"向哪个地址标识的单元送值",即函数中的每一个接收项都必须为地址。如果变量名前缺少地址符,在编译时虽然不会报错,但变量得不到输入的数据,应将语句

```c
scanf("%d %d",a,b);
```

改为

```c
scanf("%d%d",&a,&b);
```

12. 在函数 scanf()的输入项前加了不该加的取地址符

【例 8.24】 输出字符串的长度。

```c
#include "stdio.h"
#include "string.h"
void main()
{ char str[80];
  scanf("%s",&str);
  printf("length=%d\n",strlen(str));
}
```

该程序中的 str 是数组名,代表数组的起始地址,函数 scanf()中的输入项是字符数组名,不必再加取地址符"&",应将语句

```c
scanf("%s",&str);
```

改为

```c
scanf("%s",str);
```

【例 8.25】 输出数组元素的和。

```c
#include "stdio.h"
void main()
{ int a[3], * p,sum=0;
  for(p=a;p<a+3;p++)
  { scanf("%d",&p);
    sum+= * p;
  }
```

```
   printf("sum=%d\n",sum);
}
```

该程序中,p 是指向数组元素的指针变量,初始值为第一个元素的地址,p++ 使 p 指向下一个数组元素。因为 p 已经是数组元素的地址,所以在使用 p 输入数据时不能再加取地址符"&",应将语句

```
scanf("%d",&p);
```

改为

```
scanf("%d",p);
```

13. 数据输入的组织形式与要求不符

【例 8.26】　计算长方形的面积。

```
#include "stdio.h"
void main()
{ int a,b;
   scanf("a=%d,b=%d",&a,&b);
   printf("a=%d,b=%d\n",a,b);
}
```

在用函数 scanf() 输入数据时,格式控制字符串中的普通字符必须原样输入。若 a 的值为 3,b 的值为 4,则正确的数据输入形式为:a=3,b=4↙。其他输入形式,如 3,4↙、3 4↙、3:4↙ 等都是错误的。

【例 8.27】　把输入的 3 个小写字母转换为大写字母并输出。

```
#include "stdio.h"
void main()
{ char ch1,ch2,ch3;
   scanf("%c%c%c",&ch1,&ch2,&ch3);
   printf("%c%c%c\n",ch1-32,ch2-32,ch3-32);
}
```

在使用"%c"格式输入字符时,空格字符和转义字符都作为有效字符输入。若输入:a□b□c↙,则 ch1 的值为 a,ch2 的值为□,ch3 的值为 b。正确的输入形式为:abc↙。

14. 输入/输出的数据类型与所用格式说明符不一致

【例 8.28】　输出变量 a 和 b 的值。

```
#include "stdio.h"
void main()
{ int a=5;
   float b=1.5;
   printf("%f  %d\n",a,b);
}
```

该程序在编译时不会给出出错信息,但运行结果将与原意不符,输出为

```
0.000000  1073217536
```

它们并不是按照赋值的规则进行转换,而是将数据在存储单元中的形式按格式符的要求组织输出(整数以补码的形式存储,实数在内存中以规范化的浮点数存储,数符为1位、阶码为8位、尾数为23位),应将语句

```
printf("%f  %d\n",a,b);
```

改为

```
printf("%d  %f\n",a,b);
```

15. 语句后面缺少分号

【例8.29】 输出两个整数中的最小值。

```
#include "stdio.h"
void main()
{ int a,b;
  a=1
  b=2;
  printf("%d\n",a>b?b:a);
}
```

分号(;)是C语句中不可缺少的一部分,语句末尾必须有分号。编译时,编译程序在"a=1"后面没有发现分号,就把下一行的"b=2;"连接到了上一行,认为"a=1b=2;"是一个语句,这样就会出现语法错误。有时指出有错的行中并未发现错误,应该检查上一行是否缺少分号。

16. 在不该有分号的地方加了分号

【例8.30】 输出x的绝对值。

```
#include "stdio.h"
void main()
{ int x;
  scanf("%d",&x);
  if(x<0); x=-x;
  printf("%d\n",x);
}
```

由于在"if(x<0)"后多加了一个分号,因此if语句到此结束。语句"x=-x;"并不从属于if语句,而是与if语句平行的语句,不论x是否小于0,都会执行语句"x=-x;"。题意是输出x的绝对值,其实输出的是x的相反数。

【例8.31】 使用for语句计算 $\sum\limits_{i=1}^{100}i$ 。

```
#include "stdio.h"
void main()
{ int i,sum=0;
```

```
    for(i=1;i<=100;i++);
        sum+=i;
    printf("sum=%d\n",sum);
}
```

由于在"for(i=1;i<=100;i++)"后多加了一个分号,因此使空语句变成了循环体。语句"sum+=i;"是与 for 语句平行的语句,循环结束后只被执行一次。

【例 8.32】　使用 while 语句计算 $\sum\limits_{i=1}^{100} i$ 。

```
#include "stdio.h"
void main()
{ int i=1,sum=0;
  while(i<=100);
  { sum+=i;i++; }
  printf("sum=%d\n",sum);
}
```

由于在"while(i<=100)"后多加了一个分号,因此使空语句变成了循环体。因为循环变量 i 值始终没有改变,所以该循环是死循环。

【例 8.33】　计算三角形的面积。

```
#include "stdio.h"
float s(float x,float y);
void main()
{ printf("s=%.2f\n",s(3.65,4.37));
}
float s(float x,float y);
{ return x*y/2; }
```

在定义函数时,函数头的后面不能加分号,函数的引用说明要以分号结束。

【例 8.34】　输出变量 b 的值。

```
#include "stdio.h"
void main()
{ int a=0,b;
  switch(a);
  { case 1:b=10;break;
    case 0:b=20;
  }
  printf("b=%d\n",b);
}
```

在 switch～case 语句中,switch(～)的后面不能加分号。

【例 8.35】　计算正方形的面积。

```
#include "stdio.h"
```

```
#define N 3;
void main()
{ int s;
  s=N * N;
  printf("s=%d\n",s);
}
```

宏定义不是 C 语句,在编译前处理,宏定义的末尾一般不加分号。宏展开后,语句"a =N * N;"变为"a=3;* 3;;",编译时会出错,应将宏定义

```
#define N 3;
```

改为

```
#define N 3
```

17. 复合语句缺少花括号

【例 8.36】 将两个整数按升序进行排列。

```
#include "stdio.h"
void main()
{ int a=3,b=4,t;
  if(a>b)
   t=a;a=b;b=t;
  printf("%d,%d\n",a,b);
}
```

本意是如果 a>b 为真,则顺序执行后面的 3 个赋值语句,否则都不执行。由于缺少了花括号,if 语句到"t=a;"结束,语句"a=b;b=t;"是与 if 语句平行的语句,不论 a>b 是否为真,if 语句在执行后都会顺序地执行语句"a=b;b=t;"。可将语句序列

```
t=a;a=b;b=t;
```

改为

```
{ t=a;a=b;b=t; } 或 t=a,a=b,b=t;
```

【例 8.37】 计算 $\sum\limits_{i=1}^{100} i$。

```
#include "stdio.h"
void main()
{ int i=1,sum=0;
  while(i<=100)
    sum+=i;i++;
  printf("sum=%d\n",sum);
}
```

该程序中,while 语句的循环体为"sum+=i;",语句"i++;"是与循环语句平行的语

句。因为循环变量 i 值始终没有改变,所以该循环是死循环,可将语句序列

```
sum+=i;i++;
```

改为

```
{ sum+=i; i++; }   或   sum+=i++;
```

18. switch 语句中漏写 break 语句

【例 8.38】　根据成绩给出评语。

```
#include "stdio.h"
void main()
{ int grade;
  scanf("%d",&grade);
  switch(grade)
  { case 1:printf("Very good\n");
    case 2:printf("Good\n");
    case 3:printf("Pass\n");
    case 4:printf("Fail\n");
    default:printf("grade error!\n");
  }
}
```

case 只起标识的作用,而不起判断的作用。由于该程序中漏写了 break 语句,因此不论 grade 为 1～4 的任何整数,程序都会输出多个相互矛盾的结论,应将 switch～case 语句改为

```
switch(grade)
{ case 1:printf("Very good\n");break;
  case 2:printf("Good\n");break;
  case 3:printf("Pass\n");break;
  case 4:printf("Fail\n");break;
  default:printf("grade error!\n");
}
```

19. 忽略了 switch～case 语句接收值的类型

【例 8.39】　根据选项输出信息。

```
#include "stdio.h"
void main()
{ float choice;
  scanf("%f",&choice);
  switch(choice)
  { case 1.0: printf("Edit\t"); break;
    case 2.0: printf("Exit\n"); break;
    default : printf("Error\n");
  }
}
```

switch 后面的表达式和各 case 后面的表达式的类型必须为整型、字符型或枚举型，且 case 后面的表达式必须为常量表达式，该程序应改为

```
#include "stdio.h"
void main()
{ int choice;
  scanf("%d",&choice);
  switch(choice)
  { case 1: printf("Edit\t"); break;
    case 2: printf("Exit\n"); break;
    default : printf("Error\n");
  }
}
```

20. 编译预处理命令前未加"#"

【例 8.40】 输出 1～101 相邻的两个奇数之和。

```
include "stdio.h"
void main()
{ int i;
  for(i=1;i<100;i++)
    printf("%5d",i+i+2);
  printf("\n");
}
```

C 语言中的编译预处理命令包括宏定义、文件包含和条件编译三类，它们必须以"#"开头，并且独占一行。该程序中的文件包含

```
include "stdio.h"
```

应改为

```
#include "stdio.h"  或  #include<stdio.h>
```

21. 带参数宏定义的参数忘记加圆括号

【例 8.41】 计算半径为 2+3 的圆的面积。

```
#include "stdio.h"
#define PI 3.14
#define S(r) PI*r*r
void main()
{ float area;
  area=S(2+3);
  printf("%.2f",area);
}
```

宏定义在编译前处理，处理方式是简单的字符替换。"S(2＋3)"宏展开后为"PI＊2＋3＊2＋3"，其值不是半径为 2＋3 的圆的面积。在定义带参数的宏时，参数通常需要加上圆括号，否则很容易出错，应将宏定义

```
#define S(r) PI*r*r
```

改为

```
#define S(r)   PI*(r)*(r)
```

22. 括号或引号不匹配

【例 8.42】　把从键盘输入的字符串输出。

```
#include "stdio.h"
void main()
{ char ch;
  while((ch=getchar()!='#')
    putchar(ch);
}
```

该程序的循环条件中缺少了一个")"，造成语法错误。while 语句的条件应改为

```
(ch=getchar())!='#'
```

解决括号(()、[]、{})或引号("、"")不匹配的最佳方法是先写成一对，然后在中间添加内容。

23. 定义数组时误用变量

【例 8.43】　输出数组中全部元素的值。

```
#include "stdio.h"
void main()
{ int i;
  int n=5;
  int a[n]={1,2,3,4,5};
  for(i=0;i<5;i++)
    printf("%d ",a[i]);
}
```

C 语言不允许对数组大小进行动态定义，即在定义数组时，数组名后面的方括号内必须是常量表达式。该程序中，n 是一个值为 5 的变量，编译时会出错，可将语句

```
int n=5;
```

改为

```
#define n 5
```

24. 将数组的长度误认为是数组元素的最大下标

【例 8.44】　输出数组中最后一个元素的值。

```
#include "stdio.h"
void main()
{ int a[5]={1,2,3,4,5};
  printf("%d",a[5]);
}
```

在 C 语言中,数组元素的下标从 0 开始。a 数组中有 5 个元素,数组中的最后一个元素是 a[4],不存在元素 a[5]。但若使用了 a[5],程序也不会报错,因为 C 语言编译程序对数组元素的下标不进行越界检查。

【例 8.45】 计算 4×4 阶矩阵的下三角元素之和(包括主对角线元素)。

```
#include "stdio.h"
void main()
{ int a[3][3]={{1,2,3},{4,5,6},{7,8,9}};
  int i,j,sum=0;
  for(i=1;i<=3;i++)
    for(j=1;j<=i;j++)
      sum+=a[i][j];
  printf("sum=%d\n",sum);
}
```

该程序可以运行,但运行结果不正确,因为数组元素的下标从 0 开始,数组元素的最小下标为 0,最大下标为 2,应将循环语句改为

```
for(i=0;i<3;i++)
  for(j=0;j<=i;j++)
    sum+=a[i][j];
```

25. 误认为数组名代表数组中的全部元素

【例 8.46】 输出数组中全部元素的值。

```
#include "stdio.h"
void main()
{ int a[3]={1,2,3};
  char c[]="abc";
  printf("%d %d %d\n",a);
  printf("%s",c);
}
```

在 C 语言中,数组名代表数组的首地址。存放在字符数组中的字符串可以通过数组名整体输入和输出,这是因为字符串有结束标志'\0'。但数值型数组不能通过数组名输入和输出其全部元素值,只能输入和输出其元素值,应将输出语句

```
printf("%d %d %d\n",a);
```

改为

```
printf("%d %d %d\n",a[0],a[1],a[2]);
```

26. 混淆使用字符数组和使用字符指针变量实现字符串的区别

【例 8.47】 输出字符串。

```
#include "stdio.h"
void main()
{ char str[80];
  str="Computer";
  printf("%s\n",str);
}
```

str 是数组名,代表数组起始地址,它是一个常量,不能被赋值。如果把语句

```
char str[80];
```

改为

```
char * str;
```

则语句

```
str="Computer";
```

是合法的,它将字符串的首地址赋给指针变量 str,然后调用函数 printf()输出字符串。

27. 混淆数组名与指针变量的区别

【例 8.48】 将字符串在屏幕上显示。

```
#include "stdio.h"
void main()
{ char y[81]="ok?\n";
  for(; * y;y++)
    printf("%c", * y);
}
```

该程序试图通过 y 的自加运算使指针后移,每次指向将要输出的数组元素。但数组名代表数组的起始地址,数组名是常量,它的值不能被改变,使用 y++是错误的。可以使用指针变量实现,将程序改为

```
#include "stdio.h"
void main()
{ char y[81]="ok?\n", * p=y;
  for(; * p;p++)
    printf("%c", * p);
}
```

28. 混淆 sizeof 和 strlen()函数的区别

【例 8.49】 输出字符数组所占内存空间的大小。

```
#include "stdio.h"
#include "string.h"
void main()
{ char str[20]="Incredibly";
  printf("Length=%d\n",strlen(str));
}
```

strlen()是求字符串长度函数,以'\0'为字符串结束标记。strlen(str)的值是字符数组 str 中的有效字符的个数。sizeof 是求字节数运算符,sizeof(str)的值是数组 str 所占内存空间的大小,其不受数组存储内容的影响,应将语句

```
printf("Length=%d\n",strlen(str));
```

改为

```
printf("Length=%d\n", sizeof(str));
```

29. 忽略字符串结束标志'\0'的作用

【例 8.50】 输出字符串。

```
#include "stdio.h"
#include "string.h"
void main()
{ char str[20]="Computre";
  int i;
  for(i=0;i<20;i++)
    putchar(str[i]);
}
```

对于一个字符串常量,系统会自动在所有字符的后面加一个'\0'作为结束符。当把一个字符串存入一个数组时,也会把结束符'\0'存入数组,并以此作为该字符串是否结束的标志。在程序中往往依靠检测'\0'的位置判断字符串是否结束,而不是根据数组的长度决定字符串的长度。该程序中,字符数组 str 的长度是 20,但数组中存放的有效字符只有 8 个。利用字符串结束标志'\0'可以只输出字符数组中的有效字符。将 for 语句中的循环条件"i<20"改为"str[i]",或"str[i]!='\0'",或"i<strlen(str)"。

【例 8.51】 实现字符串的复制。

```
#include "stdio.h"
void main()
{ char str1[20]="Computre";
  char str2[20];
  int i;
  for(i=0;str1[i];i++)
    str2[i]=str1[i];
  puts(str2);
}
```

执行 for 语句后只将 str1 中的 8 个有效字符送到字符数组 str2 中,缺少字符串结束标志'\0'。str2 中存放的不是字符串,程序输出结果中会出现乱码,这是因为函数 puts( ) 是将一个以'\0'结束的字符串输出到终端,若没有遇到'\0',输出不会终止。可将语句

```
for(i=0;str1[i];i++)
    str2[i]=str1[i];
```

改为

```
for(i=0;str2[i]=str1[i];i++);
```

【例 8.52】　将一个字符串顺序连接到该串的尾部。

```
#include "stdio.h";
void connect(char * s)
{ char * p, * q;
  p=s;
  for(q=s; * q!='\0';q++);
  while( * p)
    * q++= * p++;
  * q='\0';
}
void main()
{ char str[80];
  gets(str);
  connect(str);
  puts(str);
}
```

该程序在编译时没有语法错误,但在运行时会出现死循环。原因在于执行语句 " * q++= * p++;"时,原串中的字符串结束标志'\0'被覆盖了,导致 p 指针向后扫描时找不到结束符,因此程序无法结束。应该增加一个指向原串中'\0'的指针,作为监控点,使 p 指针扫描到此处时结束。可将函数 connect( )修改为

```
void connect(char * s)
{ char * p, * q, * r;
  p=s;
  for(q=s; * q!='\0';q++);
  r=q;
  while(p<r)
    * q++= * p++;
  * q='\0';
}
```

30. 函数定义缺少返回值类型

【例 8.53】　使用函数计算长方形的面积。

```
# include "stdio.h"
s(float x,float y)
{ return x * y; }
void main()
{ float a,b;
  scanf("%f %f",&a,&b);
  printf("s=%.2f\n",s(a,b));
}
```

C语言规定,若函数定义未加函数返回值类型,则系统一律按整型处理;若函数返回值类型与 return 语句中的表达式值的类型不一致,则以函数返回值类型为准。该程序可以运行,但运行结果不正确,原因是按类型自动转换规则将返回值转换为了整型,函数定义应改为

```
float s(float x,float y)
{ return x * y; }
```

31. 函数的形参前缺少类型标识符

【例 8.54】 使用函数计算两个数的平均值。

```
# include "stdio.h"
float average(x,y)
{ return (x+y)/2; }
void main()
{ float a,b;
  scanf("%f %f",&a,&b);
  printf("average=%f\n",average(a,b));
}
```

函数的形参是变量,当发生函数调用时,为形参分配存储空间。因此,在被定义的函数中必须指定形参的类型,函数定义应改为

```
float average(float x,float y)
{ return (x+y)/2; }
```

32. 把函数的形参混在一起进行说明

【例 8.55】 使用函数计算长方体的体积。

```
# include "stdio.h"
float vol(float x,y,z)
{ return x * y * z; }
void main()
{ float a=3.5,b=4.5,c=5.5,v;
  v=vol(a,b,c);
  printf("ave=%.2f\n",v);
}
```

该程序在编译时会给出错误信息。函数 vol()中有 3 个形式参数 x、y 和 z,它们都是单精度实型,每个形参的类型都必须单独说明,并用逗号隔开,函数定义应改为

```
float vol(float x,float y,float z)
{ return x * y * z; }
```

33. 函数的实参前误加类型标识符

【例 8.56】　使用函数计算两个数中的最小值。

```
#include "stdio.h"
int min(int x,int y);
void main()
{ int a=3,b=4,m;
  m=min(int a,int b);
  printf("min=%d\n",m);
}
int min(int x,int y)
{ return x<y?x:y; }
```

函数的实参可以是常量、变量或表达式,但无论是哪一种形式,实参都已经有确定的类型和值,无须再指定实参的类型。该程序在编译时会给出错误信息,应将语句

```
m=min(int a,int b);
```

改为

```
m=min(a,b);
```

34. 使用函数前未进行说明

【例 8.57】　使用函数计算两个实数中的最大值。

```
#include "stdio.h"
void main()
{ float a,b,m;
  scanf("%f%f",&a,&b);
  m=max(a,b);
  printf("m=%f\n",m);
}
float max(float x,float y)
{ return x>y?x:y; }
```

该程序在编译时会给出警告信息,程序虽然能够运行,但结果不正确,原因是函数 max()的返回值是实型,它的定义在主函数 main()之后,即函数 max()定义在主函数之后,系统默认函数的返回值为整型。修改该程序的方法有以下三种。

(1) 将函数 max()的定义位置放到主函数 main()之前。

```
#include "stdio.h"
float max(float x,float y)
```

```
{ return x>y?x:y;}
void main()
{ float a,b,m;
   scanf("%f%f",&a,&b);
   m=max(a,b);
   printf("m=%f\n",m);
}
```

（2）在主函数 main() 中增加对函数 max() 的引用说明。

```
#include "stdio.h"
void main()
{ float max(float x,float y);
   float a,b,m;
   scanf("%f%f",&a,&b);
   m=max(a,b);
   printf("m=%f\n",m);
}
float max(float x,float y)
{ return x>y?x:y;}
```

（3）在程序开头增加对函数 max() 的引用说明。

```
#include "stdio.h"
float max(float x,float y);
void main()
{ float a,b,m;
   scanf("%f%f",&a,&b);
   m=max(a,b);
   printf("m=%f\n",m);
}
float max(float x,float y)
{ return x>y?x:y;}
```

建议将定义的一切函数都在程序开始的预处理命令后加上函数引用说明，这样做既可以避免出现错误，又可以使整个程序结构清晰。

35. 使用系统函数时缺少文件包含

【例 8.58】 使用函数计算一个数的平方根。

```
#include "stdio.h"
void main()
{ float a,m;
   scanf("%f",&a);
   m=sqrt(a);
   printf("m=%f\n",m);
}
```

sqrt()是求平方根函数,是系统函数,存放在头文件 math.h 中,应在程序开头加上文件包含命令

```
#include "math.h" 或 #include<math.h>
```

36. 函数的实参与形参的类型不一致

【例 8.59】 使用函数计算两个实数的和。

```
#include "stdio.h"
float add(int x,int y);
void main()
{ float a=3.5,b=4.5,m;
  m=add(a,b);
  printf("m=%f\n",m);
}
float add(int x,int y)
{ return x+y; }
```

该程序可以运行,但运行结果不正确。因为实参 a 和 b 为实型,形参 x 和 y 为整型,按不同类型之间的赋值规则,参数传递后 x 的值为 3,y 的值为 4。根据题意,应将形参 x 和 y 的类型修改为 float。

37. 误认为形参值的改变会影响实参

【例 8.60】 使用函数交换两个变量的值。

```
#include "stdio.h"
void swap(float x,float y);
void main()
{ float a=3.5,b=4.5;
  swap(a,b);
  printf("a=%f,b=%f\n",a,b);
}
void swap(float x,float y)
{ float t;
  t=x;x=y;y=t;
}
```

题意是通过调用函数 swap()交换变量 a 和 b 的值,然后在主函数 main()中输出已交换的 a 和 b 的值,但该程序并没有达到这个目的,因为形参 x 和 y 值的变化是不传送回实参 a 和 b 的,主函数中 a 和 b 的值并没有改变。可以使用指针作为函数的参数实现 a 和 b 值的交换,即将程序改为

```
#include "stdio.h"
void swap(float * x,float * y);
void main()
```

```
{ float a=3.5,b=4.5;
  swap(&a,&b);
  printf("a=%f,b=%f\n",a,b);
}
void swap(float * x,float * y)
{ float t;
  t= * x; * x= * y; * y=t;
}
```

38. 递归函数的定义缺少递归结束条件

【例 8.61】 利用递归计算 $1+2+\cdots+10$。

```
# include "stdio.h"
int fun(int x);
void main()
{ int x=10;
  printf("sum=%d\n",fun(10));
}
int fun(int x)
{  int z;
  z=fun(x-1)+x;
  return z;
}
```

函数 fun()中缺少递归结束条件,程序无法终止。函数定义应改为

```
int fun(int x)
{  int z;
    if(x==1) z=1;
    else z=fun(x-1)+x;
    return z;
}
```

39. 混淆了结构体类型和结构体变量的区别

【例 8.62】 输出结构体变量的值。

```
# include "stdio.h"
# include "string.h"
struct stu
{ char name[20];
  int age;
};
void main()
{ strcpy(stu.name, "Zhang");
  stu.age=20;
  printf("%s  %d\n",stu.name,stu.age);
```

```
}
```

变量根据类型分配存储空间,只能对变量进行赋值,而不能对类型进行赋值。该程序中只定义了类型,没有定义变量,程序应改为

```
#include "stdio.h"
#include "string.h"
struct stu
{ char name[20];
  int age;
};
void main()
{ struct stu s;
  strcpy(s.name,"Zhang");
  s.age=20;
  printf("%s  %d\n",s.name,s.age);
}
```

40. 定义结构体类型时忘记了成员名

【例 8.63】　输出结构体变量的值。

```
#include "stdio.h"
struct stu
{ char name[20];
  struct { int year,month,day;};
};
void main()
{ struct stu s={ "Zhang",{1980,10,10}};
  printf("%s %d %d %d\n",s.name,s.year,s.month,s.day);
}
```

结构体类型 struct stu 定义中有两个成员:第一个成员是字符型数组 name;第二个成员只有类型,没有名称。另外,结构体变量成员的引用要一级一级地引用到最低一级的成员。该程序应改为

```
#include "stdio.h"
struct stu
{ char name[20];
  struct { int year,month,day;} birth;
};
void main()
{ struct stu s={ "Zhang",{1980,10,10}};
  printf("%s %d %d %d\n",s.name,s.birth.year,s.birth.month,s.birth.day);
}
```

41. 使用动态开辟存储空间函数时忘记类型转换

【例 8.64】　申请 100 个字节的内存空间并显示其地址,然后释放申请到的内存空间。

```
#include "stdio.h"
#include "stdlib.h"
void main()
{ char * p;
  p=malloc(100);
  printf("%ld",p);
  free(p);
}
```

使用函数 malloc() 开辟存储单元,函数的返回值是指向被分配的存储空间的空类型的指针,p 是指向字符型变量的指针,需要将函数 malloc() 返回的空类型指针转换成指向字符型变量的指针,应将语句

```
p=malloc(100);
```

改为

```
p=(char *)malloc(100);
```

42. 混淆指向数组元素的指针和指向链表结点的指针的区别

【例 8.65】 统计带头结点的链表的结点数。

```
struct node
{ int data; struct node * next; };
int count(struct node * head)
{ int n=0;
  struct node * p=head->next;
  while(p!=NULL)
  { n++;
    p++;
  }
  return n;
}
```

程序试图通过自加运算使链表中的指针 p 向后移,每次指向当前结点的下一个结点,但链表的存储空间不一定连续,自加后不一定能指向下一个结点。因此,要想让链表中的指针向后移,不能通过自增运算完成,而是通过指向结点的指针域值更新实现,应将语句

```
p++;
```

改为

```
p=p->next;
```

43. 将文件路径中的"\\"误写为"\"

【例 8.66】 把从键盘输入的字符串写入文件。

```
#include "stdio.h"
```

```
#include "stdlib.h"
void main()
{ FILE * fp; char ch;
  if((fp=fopen("c:\use\file.txt","w"))==NULL)
  { printf("Can't open this file!\n"); exit(0);}
  while((ch=getchar())!='#')
    fputc(ch,fp);
  fclose(fp);
}
```

函数 fopen()中的文件名包括路径和文件名两个部分。若文件与程序所在的路径不同,则需要给出路径。路径字符串中的"\"需要写成"\\",这是因为"\\"是转义字符,代表一个"\"。

44. 使用文件后忘记关闭文件

【例 8.67】 显示文件 file.txt 的内容。

```
#include "stdio.h"
void main()
{ FILE * fp;
  char  ch;
  fp=fopen("file.txt","r");
  ch=fgetc(fp);
  while(ch!=EOF)
  { putchar(ch);ch=fgetc(fp);}
}
```

该程序可以正常运行,但没有关闭打开的文件。如果不及时关闭文件,则有可能丢失数据。文件操作是先将数据输出到缓冲区,待缓冲区充满后再将数据正式输出给文件。如果数据未充满缓冲区而结束程序运行,则会导致缓冲区中的数据丢失,应在程序尾部加上语句

```
fclose(fp);
```

45. 文件的打开方式与使用情况不匹配

【例 8.68】 统计文件 file.txt 中的字符个数。

```
#include "stdio.h"
void main()
{ FILE * fp;int num;
  if((fp=fopen("c:\\use\\file.txt","w"))==NULL)
  { printf("Can't open this file!\n"); exit(0);}
  fseek(fp,0,2);
  num=ftell(fp);
  fclose(fp);
  printf("num=%d\n",num);
```

```
}
```

文件打开方式错误,程序的输出结果为 0。因为在使用 w 方式打开文件时,如果文件不存在,则在打开文件时新建文件;如果文件已存在,则在打开文件时先删除文件,然后重新建立一个新文件。该程序应使用 r、r+、a 或 a+方式打开文件。

8.3 C 程序调试方法

程序调试是指在将编制的程序投入实际运行前用人工或编译程序等方法进行测试,以修正语法错误和逻辑错误的过程。程序调试一般应包括以下几个步骤。

1. 人工检查

在编写好一个程序后,先进行人工检查,即静态检查。人工检查十分重要,这一步骤能够发现程序设计人员由于疏忽而造成的多数错误。这一步骤往往容易被人忽视,总希望把一切工作都推给计算机完成,但这样做反而会占用更多的机器时间。作为一个程序员,应当养成严谨的作风,每一步都要严格把关,不把问题留到后面的工序中。为了更有效地进行人工检查,编写的程序应力求做到以下几点。

(1) 采用结构化程序方法进行编程,代码要规范,以增加可读性。

(2) 尽可能多加注释,以帮助理解每段程序的作用。

(3) 在编写复杂的程序时,不要将全部语句都写在主函数 main() 中,而是要多利用函数,通过一个函数实现一个单独的功能。各函数之间除了使用参数传递数据外,应尽量少出现耦合关系,以便于分别检查和处理。

2. 上机调试

在人工检查无误后进行上机调试,通过上机发现错误,即动态检查。程序在编译时,系统会给出语法错误信息,可以根据提示信息找出程序中的错误并改正。但有时,提示出错的地方并不是真正出错的位置,如果在错误提示行找不到错误,则需要到上一行查找。由于出错的情况繁多且各种错误互有关联,提示出错的类型并非都绝对准确,因此不要只从字面意义上理解错误提示信息,要善于分析,以找出真正的错误。如果系统提示的出错信息很多,应按从上到下的顺序逐一改正。有时会显示多条出错信息,实际上可能只有一两个错误。例如,如果对使用的变量未进行定义,编译时就会对所有含有该变量的语句给出出错信息,这时只要加上一个变量定义,所有的错误就都消除了。

3. 分析结果

在修正语法错误后运行程序并输入程序所需的数据,就可以得到运行结果。有的初学者一看到运行结果就认为程序没有问题了,便不再认真分析,这是不好的习惯。应对运行结果进行分析,查看结果是否符合要求。有时数据比较复杂,难以立即判断结果是否正确,可以事先准备一批"试验数据",输入实验数据可以很容易地判断结果是否正确。例如,在计算分段函数值时,应当把各种情况下都一一试到,只有各种情况下的结果都正确,程序才是正确的。事实上,当程序比较复杂时,很难把所有可能的情况全部试到,这时选择典型的临界数据进行试验即可。

运行结果不正确,大多属于语义错误,对于这类错误,往往需要仔细检查和分析才能发现,可以采用以下方法。

(1) 将程序与流程图仔细对照,如果流程图是正确的,那么说明程序写错了,顺序对照流程图可以很容易地发现错误。例如,如果复合语句忘记写花括号,只要对照流程图就能很快发现这个错误。

(2) 使用"分段检查"的方法。在程序的不同位置设置 printf() 函数语句,输出有关变量的值,逐段向下检查,直到在某一段中数据不正确为止,这时就可以把错误局限在这一段中了,不断减小"查错区"就能发现错误所在。

(3) 使用"条件编译"命令进行程序调试。在程序调试阶段,若干 printf() 函数语句需要进行编译并执行。当调试完毕后,这些语句就不用再编译和被执行了。这种方法可以不用一一删除 printf() 函数语句,以提高效率。

(4) 使用系统提供的 debug(调试)工具,跟踪程序并给出相应信息,这个方法更为方便,请读者自行查阅相关手册。

(5) 如果在程序中没有发现问题,则需要检查流程图有无错误,即算法有无问题。如有则改正之,并继续调试程序。

总之,程序调试是一项细致深入的工作,需要下功夫、动脑子、积累经验。程序调试往往比编写程序更难,希望学习者给予足够的重视。上机调试程序的目的并不是为了"验证程序的正确",而是"掌握调试的方法和技术",要学会自己找出问题,这样就会逐渐写出错误较少的实用程序了。

【例 8.69】　函数 fun() 的功能是计算正整数 num 的各位数字之积。例如,输入 252,则输出 20。下列程序中有 3 个错误,请找出并改正。

```
1  #include "stdio.h"
2  long fun(long num)
3  void main()
4  { long n,k;
5    printf("Please input anumber:\n");
6    scanf("%ld",&n);
7    k=fun(long n);
8    printf("k=%ld\n",k);
9  }
10 long fun(long num)
11 { long k=1;
12   while(num)
13   { k*=num%10;
14     num=/10;
15   }
16   return k;
17 }
```

第 2 行有语法错误,函数引用说明的末尾应该加上分号,应改为

```
long fun(long num);
```

第 7 行有语法错误,函数调用时的实参不应该加上类型,应改为

k=fun(n);

第 14 行有语法错误,应修改为

num/=10; 或 num=num/10;

【例 8.70】 函数 deldigit() 的功能是删除一个字符串中的所有数字字符。程序中有 3 个错误,请找出并改正。

```
1  #include "stdio.h"
2  void deldigit(char * str)
3  { char * p, * q;
4    p=q=str;
5    while( * q)
6      if( * q>='o'&& * q<='9') q++;
7      else * P++= * q++;
8    * p='\0';
9  }
10 void main()
11 { char c[80];
12   gets(c);
13   deldigit(C);
14   puts(c);
15 }
```

第 6 行有语法错误,将数字 0 误写成了字母 o,应改为

if(* q>='0'&& * q<='9') q++;

第 7 行有语法错误,将小写字母 p 误写成了大写字母 P,应改为

else * p++= * q++;

第 13 行有语法错误,将小写字母 c 误写成了大写字母 C,应改为

deldigit(c);

【例 8.71】 下列程序的功能是统计字符串中各元音字母的个数。程序中有 3 个错误,请找出并改正。

```
1  #include "stdio.h"
2  #include "string.h"
3  void main()
4  { char str[81],vowel[]={'a','e','i','o','u'};
5    int num[5],i;
6    gets(str);
7    for(i=0;str[i];i++)
```

```
8      switch(strlwr(str[i]))
9      { case 'a':num[0]++;break;
10       case 'e':num[1]++;break;
11       case 'I':num[2]++;break;
12       case 'o':num[3]++;break;
13       case 'u':num[4]++;break;
14     }
15     for(i=0;i<5;i++)
16       printf("%c ->%d\n",vowel[i],num[i]);
17  }
```

第 5 行有语法错误,计数数组 num 未初始化为 0,应改为

```
int num[5]={0},i;
```

第 8 行有语法错误,函数 strlwr() 的功能是将一个字符串中的大写字母转换成小写字母,参数是字符串,而不是字符。能将一个大写字母转换为小写字母的函数是 tolower(),应改为

```
switch(tolower(str[i]))
```

同时将第 2 行改为

```
#include "ctype.h" 或 #include<ctype.h>
```

第 11 行有语义错误,元音字母 i 不应该大写,应改为

```
case 'i':num[2]++;break;
```

【例 8.72】　函数 fun() 的功能是将一个长整数 s 中每位为偶数的数依次取出,构成一个新的数并存放在 t 指向的变量中。要求:数字的排列顺序不变。

例如,当 s 的值是 23456 时,t 指向的值为 246。下列程序中有 3 个错误,请找出并改正。

```
1   #include "stdio.h"
2   void fun(long s,long * t)
3   { int d;
4     long sl=1;
5     * t=0;
6     while(s)
7     { d=s%10;
8       if(d%2=0)
9       { * t=sl * d+t;
10        s1 * =10;
11      }
12      s/=10;
13    }
14  }
```

```
15 void main()
16 { long s,t;
17    printf("Please enter s:");
18    scanf("%ld",&s);
19    fun(s,&t);
20    printf("t=%ld\n",t);
21 }
```

第 8 行有语义错误,混淆了等于运算符"=="与赋值运算符"=",应改为

```
if(d%2==0)
```

第 9 行有语法错误,使用指针变量 t 所指变量值应该用 ∗ t,应改为

```
*t=sl*d+*t;
```

第 10 行有语法错误,将 sl 中的字母 l 误写成了数字 1,应改为

```
sl*=10; 或 sl=sl*10;
```

【例 8.73】 下列程序的功能是根据整数 m 计算下列公式的值。程序中有 3 个错误,请找出并改正。

$$y=1+\frac{1}{3}+\frac{1}{5}+\frac{1}{7}+\cdots+\frac{1}{2m-1}$$

```
1  #include "stdio.h"
2  double fun(int m)
3  { double y=0
4    int i;
5    for(i=1;i<m;i++)
6      y+=1.0/(2i-1);
7    return y;
8  }
9  void main()
10 { int m;
11   double y;
12   printf("Please enter m:");
13   scanf("%d",&m);
14   y=fun(m);
15   printf("y=%lf\n",y);
16 }
```

第 3 行有语法错误,语句末尾缺少分号,应改为

```
double y=0;
```

第 5 行有语义错误,少了一次循环,应改为

```
for(i=1;i<=m;i++)
```

第 6 行有语法错误,混淆了 C 语言表达式与数学表达式的区别,应改为

```
y+=1.0/(2*i-1);
```

【例 8.74】 函数 fun() 的功能是将 s 指向的字符串的反序和正序进行连接以形成一个新串并存放到 t 所指向的数组中。例如,当 s 指向的字符串为"ABCD"时,t 指向的数组的内容为"DCBAABCD"。下列程序中有 3 个错误,请找出并改正。

```
1  #include "stdio.h"
2  #include "string.h"
3  void fun(char s,char t)
4  { int i,d;
5    d=len(s);
6    for(i=0;i<d;i++)
7      t[i]=s[d-i-1];
8    for(i=0;i<d;i++)
9      t[i+d]=s[i];
10   t[2*d]="\0";
11 }
12 void main()
13 { char s[81],t[81];
14   gets(s);
15   fun(s,t);
16   printf("t=%s\n",t);
17 }
```

第 3 行有语法错误,形式参数应该接收字符串的首地址,应改为

```
void fun(char s[],char t[]) 或 void fun(char * s,char * t)
```

第 5 行有语法错误,求字符串长度的函数有误,应改为

```
d=strlen(s);
```

第 10 行有语法错误,字符常量应该用单引号,应改为

```
t[2*d]='\0';
```

【例 8.75】 下列程序的功能是将数组中值最小的元素和数组的第一个元素交换。程序中有 3 个错误,请找出并改正。

```
1  #include "stdio.h"
2  void main()
3  { int i,a[10],min,k=0;
4    printf("Please input array 10 elements:\n");
5    for(i=0;i<10;i++)
6      scanf("%d",a[i]);
7    for(i=0;i<10;i++)
```

```
8       printf("%d   ",a[i]);
9    min=a[0];
10   for(i=1;i<10;i++)
11     if(min<a[i])
12     { min=a[i];k=i; }
13     a[k]=a[i];
14     a[0]=min;
15     printf("\nAfter exchange:\n");
16     for(i=0;i<10;i++)
17       printf("%d   ",a[i]);
18     printf("\nk=%d,min=%d\n",k,min);
19 }
```

第 6 行有语法错误,scanf()函数要求"地址表列"中均为地址量,应改为

scanf("%d",&a[i]); 或 scanf("%d",a+i);

第 11 行有语义错误,这样编写就变成了找最大值,与题意不符,应改为

if(min>a[i])

第 13 行有语义错误,最小值应该与 a[0]交换,应改为

a[k]=a[0];

【例 8.76】 下列程序的功能是求一维数组的最大值和最小值。程序中有 3 个错误,请找出并改正。

```
1  #include "stdio.h"
2  #define N 10
3  void maxmin(int a[],int * p1, * p2,n)
4  { int i;
5    p1=p2=a[0];
6    for(i=1;i<n;i++)
7    { if(* p1<a[i]) * p1=a[i];
8      if(* p2>a[i]) * p2=a[i];
9    }
10 }
11 void main()
12 { int a[N]={34,2,5,8,37,45,-8,17,24,39};
13   int max,min;
14   maxmin(a,max,min,N);
15   printf("max=%d,min=%d\n",max,min);
16 }
```

第 3 行有语法错误,形式参数类型要分别说明,即使类型相同,也要分别说明,应改为

```
void maxmin(int a[],int * p1,int * p2,int n)
```

第 5 行有语法错误,用指针变量引用数组元素时,指针变量前应加"＊",应改为

```
* p1= * p2=a[0];
```

第 14 行有语法错误,实参与形参的类型不一致,应改为

```
maxmin(a,&max,&min,N);
```

【例 8.77】　下列程序的功能是把若干学生的信息存入文件并显示其内容。程序中有 3 个错误,请找出并改正。

```
1  #include "stdio.h"
2  #include "stdlib.h"
3  struct student
4  { int num;
5    char name[20];
6    int age;
7  };
8  struct student stu[3]={{001,"Li Lei",20},
9                         {002,"Ma Hua",19},
10                        {003,"Jin Ye",21}};
11 void main()
12 { struct student * p,a;
13   FILE fp;
14   int i;
15   if((fp=fopen("c:\\use\\file.txt","wb"))==NULL)
16   { printf("Can't open file!\n");exit(0);}
17   for(p=stu;p<stu+3;p++)
18     fwrite(p,sizeof(struct student),1,fp);
19   rewind(fp);
20   p=&a;
21   for(i=1;i<=3;i++)
22   { fread(p,sizeof(struct student),1,fp);
23     printf("%4d%-10s%4d\n",p->num,p->name,p->age);
24   }
25   free(fp);
26 }
```

第 13 行有语法错误,标识调入内存中的文件信息一定要使用文件类型指针变量,应改为

```
FILE * fp;
```

第 15 行有语义错误,按照题目要求,应对文件进行"先写后读"操作,应改为

```
if((fp=fopen("c:\\use\\file.txt","wb+"))==NULL)
```

第 25 行有运行错误,在使用完一个文件后要关闭它,关闭文件应使用文件关闭函数,应改为

```
fclose(fp);
```

附录 A　常用字符与 ASCII 码对照表

表 A.1　基本 ASCII 码集

ASCII 码值	字符	名　称	ASCII 码值	字符	ASCII 码值	字符	ASCII 码值	字符
000	（null）	null	032	（space）	064	@	096	`
001	☺	SOH	033	!	065	A	097	a
002	●	STX	034	"	066	B	098	b
003	♥	ETX	035	♯	067	C	099	c
004	♦	EOT	036	$	068	D	100	d
005	♣	END	037	‰	069	E	101	e
006	♠	ACK	038	&.	070	F	102	f
007	（beep）	BEL	039	'	071	G	103	g
008	◘	BS	040	(	072	H	104	h
009	（tab）	HT	041	)	073	I	105	i
010	（line feed）	LF	042	*	074	J	106	j
011	（home）	VT	043	+	075	K	107	k
012	（form feed）	FF	044	,	076	L	108	l
013	（carriage return）	CR	045	—	077	M	109	m
014	♫	SO	046	.	078	N	110	n
015	☼	SI	047	/	079	O	111	o
016	▶	DLE	048	0	080	P	112	p
017	◀	DC1	049	1	081	Q	113	q
018	↕	DC2	050	2	082	R	114	r
019	‼	DC3	051	3	083	S	115	s
020	¶	DC4	052	4	084	T	116	t
021	§	NAK	053	5	085	U	117	u
022	▬	SYN	054	6	086	V	118	v
023	↨	ETB	055	7	087	W	119	w
024	↑	CAN	056	8	088	X	120	x
025	↓	EM	057	9	089	Y	121	y
026	→	SUB	058	:	090	Z	122	z
027	←	ESC	059	;	091	[	123	{
028	∟	FS	060	<	092	\	124	¦
029	↔	GS	061	=	093	]	125	}
030	▲	RS	062	>	094	^	126	～
031	▼	US	063	?	095	—	127	⌂

表 A.2　扩展 ASCII 码集

ASCII 码值	字符	ASCII 码值	字符	ASCII 码值	字符	ASCII 码值	字符
128	ç	160	á	192	└	224	α
129	ü	161	í	193	┴	225	β
130	é	162	ó	194	┬	226	Γ
131	à	163	ú	195	├	227	π
132	ä	164	ñ	196	─	228	Σ
133	à	165	Ñ	197	┼	229	σ
134	å	166	a̲	198	╞	230	μ
135	ç	167	o̲	199	╟	231	τ
136	ê	168	¿	200	╚	232	Φ
137	ë	169	⌐	201	╔	233	Θ
138	è	170	¬	202	╩	234	Ω
139	ï	171	½	203	╦	235	δ
140	î	172	¼	204	╠	236	∞
141	ì	173	¡	205	═	237	∮
142	Ä	174	«	206	╬	238	∈
143	Å	175	»	207	╧	239	∩
144	É	176	░	208	╨	240	≡
145	æ	177	▓	209	╤	241	±
146	Æ	178	▒	210	╥	242	≥
147	ô	179	│	211	╙	243	≤
148	ö	180	┤	212	╘	244	⌠
149	ò	181	╡	213	╒	245	⌡
150	û	182	╢	214	╓	246	÷
151	ù	183	╖	215	╫	247	≈
152	ÿ	184	╕	216	╪	248	°
153	ö	185	╣	217	┘	249	·
154	Ü	186	║	218	┌	250	·
155	¢	187	╗	219	█	251	√
156	£	188	╝	220	▄	252	ⁿ
157	¥	189	╜	221	▌	253	²
158	Pt	190	╛	222	▐	254	■
159	ƒ	191	┐	223	▀	255	(blank 'FF')

附录 B　C 语言库函数

库函数并不是 C 语言的一部分,它是由人们根据需要编制并提供给用户使用的。每种 C 编译系统都提供了一批库函数,不同的编译系统所提供的库函数的数目和函数名以及函数功能是不完全相同的。ANSI C 标准提出了一批建议提供的标准库函数,包括目前多数 C 编译系统所提供的库函数,但其中也有一些库函数是某些 C 编译系统未曾实现的。考虑到通用性,本书将列出 ANSI C 标准建议提供的、常用的部分库函数。对于多数 C 编译系统,可以使用这些函数的绝大部分。由于 C 语言库函数的种类和数目很多(例如还有屏幕和图形函数、时间和日期函数、与系统有关的函数等,每一类函数又包括各种功能函数),本附录不能全部介绍,因此只从教学需要的角度列出最基本的 C 语言库函数。读者在编制 C 程序时可能会用到更多的函数,请自行查阅所用系统的相关手册。

1. 数学函数

在使用数学函数时,应包含头文件 math.h。常用的数学函数如表 B.1 所示。

表 B.1　数学函数

函数名	函数原型	功　　能	返回值	说　　明
abs	int abs(int x)	计算整数 x 的绝对值	计算结果	
acos	double acos(double x)	计算 arccos(x)的值	计算结果	$-1{\leqslant}x{\leqslant}1$
asin	double asin(double x)	计算 arcsin(x)的值	计算结果	$-1{\leqslant}x{\leqslant}1$
atan	double atan(double x)	计算 arctan(x)的值	计算结果	
atan2	double atan2(double x, double y)	计算 arctan(y/x)的值	计算结果	
ceil	double ceil(double x)	计算不小于双精度实数 x 的最小整数	该整数的双精度实数	
cos	double cos(double x)	计算 cos(x)的值	计算结果	x 的单位为弧度
cosh	double cosh(double x)	计算 x 的双曲余弦 cosh(x)的值	计算结果	
exp	double exp(double x)	计算 e^x 的值	计算结果	
fabs	double fabs(double x)	计算双精度实数 x 的绝对值	计算结果	
floor	double floor(double x)	计算不大于双精度实数 x 的最大整数	该整数的双精度实数	
fmod	double fmod(double x, double y)	计算 x/y 的双精度余数	余数的双精度实数	

函数名	函数原型	功　　能	返回值	说　明
frexp	double frexp (double val,int * eptr)	把双精度数 val 分解为数字部分(尾数)x 和以 2 为底的指数 n,即 val＝x×2^n,n 存放在 eptr 指向的变量中	数字部分 x(0.5≤x<1)	
log	double log(double x)	计算自然对数 ln(x)的值	计算结果	x>0
log10	double log10(double x)	计算对数 lg(x)的值	计算结果	x>0
modf	double modf (double val,double * iptr)	把双精度数 val 分解为整数部分和小数部分,把整数存放到 iptr 指向的单元	val 的小数部分	
pow	double pow (double x, double y)	计算 x^y 的值	计算结果	
rand	int rand(void)	产生一个随机整数	一个随机整数	
sin	double sin(double x)	计算 sin(x)的值	计算结果	x 的单位为弧度
sinh	double sinh(double x)	计算 x 的双曲正弦函数 sinh(x)的值	计算结果	
sqrt	double sqrt(double x)	计算 x 的平方根	计算结果	x≥0
tan	double tan(double x)	计算 tan(x)的值	计算结果	x 的单位为弧度
tanh	double tanh(double x)	计算 x 的双曲正切函数 tanh(x)的值	计算结果	

2. 字符函数

ANSI C 标准要求在使用字符函数时需要包含头文件 ctype.h。有的 C 编译系统不遵循 ANSI C 标准的规定,而是使用其他名称的头文件,请读者使用时自行查阅相关手册。常用的字符函数如表 B.2 所示。

表 B.2　字符函数

函数名	函数原型	功　　能	返　回　值	说　明
isalnum	int isalnum(int ch)	检查 ch 是否为字母或数字	是,则返回 1;否则返回 0	
isalpha	int isalpha (int ch)	检查 ch 是否为字母	是,则返回 1;否则返回 0	
iscntrl	int iscntrl (int ch)	检查 ch 是否为控制字符(其 ASCII 码值是 0x7F 或在 0x00 和 0x1F 之间)	是,则返回 1;否则返回 0	
isdigit	int isdigit (int ch)	检查 ch 是否为数字(0~9)	是,则返回 1;否则返回 0	

续表

函数名	函数原型	功　能	返　回　值	说　明
isgraph	int isgraph (int ch)	检查 ch 是否为可打印字符(其 ASCII 码值在 0x21 ～ 0x7E 之间)	是,则返回 1;否则返回 0	不包括空格字符
islower	int islower (int ch)	检查 ch 是否为小写字母(a～z)	是,则返回 1;否则返回 0	
isprint	int isprint (int ch)	检查 ch 是否为可打印字符(其 ASCII 码值在 0x20 ～ 0x7E 之间)	是,则返回 1;否则返回 0	包括空格字符
ispunct	int ispunct (int ch)	检查 ch 是否为标点字符,即除字母、数字和空格以外的所有可打印字符	是,则返回 1;否则返回 0	不包括空格字符
isspace	int isspace (int ch)	检查 ch 是否为空格、跳格符(制表符)或换行符	是,则返回 1;否则返回 0	
isupper	int isupper (int ch)	检查 ch 是否为大写字母(A～Z)	是,则返回 1;否则返回 0	
isxdigit	int isxdigit (int ch)	检查 ch 是否为十六进制数(即 0～9,或 A～F,或 a～f)	是,则返回 1;否则返回 0	
tolower	int tolower (int ch)	若 ch 是大写字母,则将其转换成相应的小写字母	与 ch 对应的小写字母	
toupper	int toupper (int ch)	若 ch 是小写字母,则将其转换成相应的大写字母	与 ch 对应的大写字母	

3. 字符串函数

在使用字符串函数时,应包含头文件 string.h。常用的字符串函数如表 B.3 所示。

表 B.3　字符串函数

函数名	函数原型	功　能	返　回　值
strcat	char * strcat(char * str1,char * str2)	把字符串 str2 接到 str1 后面,str1 最后面的'\0'被取消	str1
strchr	char * strchr (chat * str,int ch)	找出 str 指向的字符串中第一次出现字符 ch 的位置	找到返回字符的地址,找不到则返回 NULL
strcmp	int strcmp(char * str1,char * str2)	对 str1 和 str2 所指向的字符串进行比较	str1 < str2, 返回负数 str1＝str2,返回 0 str1>str2,返回正数
strcpy	char * strcpy(char * str1,char * str2)	把 str2 指向的字符串复制到 str1 中	str1

函数名	函 数 原 型	功 能	返 回 值
strlen	unsigned int strlen (char * str)	统计字符串 str 中'\0'之前的字符个数(不包括字符串结束标志'\0')	字符个数
strstr	char * strstr(char * str1,char * str2)	找出 str2 字符串在 str1 字符串中第一次出现的位置(不包括 str2 的串结束符)	找到的字符串的地址,找不到则返回 NULL

4. 输入/输出函数

使用输入/输出函数时,应把头文件 stdio.h 包含到源程序文件中。常用的输入/输出函数如表 B.4 所示。

表 B.4 输入/输出函数

函数名	函 数 原 型	功 能	返 回 值	说 明
clearerr	void clearerr (FILE * fp)	清除与文件指针 fp 有关的所有出错信息	无	
fclose	int fclose(FILE * fp)	关闭 fp 指向的文件,释放文件缓冲区	成功则返回 0 值,否则返回非 0	有保存功能
feof	int feof (FILE * fp)	检查文件是否结束	遇文件结束符则返回非 0 值,否则返回 0	
fgetc	int fgetc(FILE * fp)	从 fp 指向的文件中取得下一个字符	出错则返回 EOF,否则返回所读字符	
fgets	char * fgets(char * buf, int n,FILE * fp)	从 fp 指向的文件中读取一个长度至多为 n−1 的字符串,存入起始地址为 buf 的空间	返回地址 buf,若遇到文件结束或出错,则返回 NULL	
fopen	FILE * fopen (char * filename,char * mode)	以 mode 指定的方式打开名为 filename 的文件	成功则返回一个文件指针(文件信息区的起始地址),否则返回 NULL	
fprintf	int fprintf (FILE * fp, char * format,args,…)	把 args,…的值以 format 指定的格式输出到 fp 指向的文件中	成功则返回输出的字节数,否则返回 EOF	
fputc	int fputc (char ch,FILE * fp)	将字符 ch 输出到 fp 指向的文件中	成功则返回该字符,否则返回 EOF	
fputs	int fputs (char * str,FILE * fp)	将 str 指向的字符串输出到 fp 指向的文件中	成功则返回 0,否则返回 EOF	

函数名	函 数 原 型	功　　能	返　回　值	说　明
fread	int fread（char * pt, unsigned size, unsigned n, FILE * fp）	从 fp 指向的文件中读取 n 个大小为 size 字节的数据，存到 pt 指向的内存区中	所读的数据项的个数，如果遇到文件结束或出错则返回 0	
fscanf	int fscanf（FILE * fp, char * format, args,…）	从 fp 指向的文件中按 format 给定的格式将输入数据送到 args,… 指向的内存单元中	输入的数据个数，如果遇到文件结束或出错则返回－1	args,… 为指针
fseek	int fseek（FILE * fp, long offset, int base）	将 fp 指向的文件的位置指针移动到以 base 指出的位置为基准、以 offset 为位移量的位置	成功则返回 0，否则返回非 0 值	
ftell	long ftell（FILE * fp）	返回 fp 指向的文件中的读写位置	成功则返回 fp 指向的文件中的读写位置，否则返回 －1L	
fwrite	int fwrite（char * ptr, unsigned size, unsigned n, FILE * fp）	把 ptr 指向的 n 个大小为 size 字节的数据输出到 fp 指向的文件中	写到 fp 指向文件中的数据项的个数	
getc	int getc（FILE * fp）	从 fp 指向的文件读取一个字符	所读的字符，若文件结束或出错，则返回 EOF（－1）	
getchar	int getchar(void)	从标准输入设备读取下一个字符	所读的字符，若文件结束或出错，则返回 EOF（－1）	
gets	char * gets(char * str)	从标准输入设备读取一个字符串并放入 str 指向的存储区中，用'\0'替换读取的换行符	str。若出错，则返回 NULL	
getw	int getw（FILE * fp）	从 fp 指向的文件中读取下一个字（整数）	输入的整数，若文件结束或出错，则返回－1	非 ANSI 标准
printf	int printf（char * format, args,…）	将输出表列 args,… 的值以 format 指定的格式输出到标准输出设备	输出字符的个数，若出错，则返回负数	format 可以是一个字符串或字符数组的起始地址
putc	int putc（int ch, FILE * fp）	把字符 ch 输出到 fp 指向的文件	输出的字符 ch，若出错，则返回 EOF	
putchar	int putchar（char ch）	把字符 ch 输出到标准输出设备	输出的字符 ch，若出错，返回 EOF	

续表

函数名	函 数 原 型	功　　能	返　回　值	说　　明
puts	int puts（char * str）	把 str 指向的字符串输出到标准输出设备，将'\0'转换为回车换行符	换行符。若出错，则返回 EOF	
putw	int putw（int w，FILE * fp）	将一个整数 w（即一个字）写到 fp 指向的文件	输出的整数，若出错，则返回 EOF	非 ANSI 标准
rename	int rename（char * oldname，char * newname；	把 oldname 指向的文件名改为 newname 指向的文件名	成功则返回 0，出错则返回—1	
rewind	void rewind（FILE * fp）	将 fp 指向的文件的位置指针置于文件的开头位置，并清除文件结束标志和错误标志	无	
scanf	int scanf（char * format，args，…）	从标准输入设备按 format 指定的格式把输入数据存入 args 指向的内存中	读入并赋给 args，…的数据个数。若文件结束则返回 EOF，出错则返回 0	args，…为指针

5. 动态存储分配函数

ANSI 标准建议设置 4 个有关的动态存储分配函数，即 calloc()、malloc()、realloc()、free()。实际上，许多 C 编译系统在实现时往往增加了一些其他函数。ANSI 标准建议在 stdlib.h 头文件中包含有关的信息，但许多 C 编译系统要求使用 alloc.h，而不是 stdlib.h。读者在使用时应自行查阅相关手册。

ANSI 标准要求动态分配系统返回 void 指针。void 指针具有一般性，它可以指向任何类型的数据。但目前绝大多数 C 编译系统所提供的这类函数都返回 char 指针。无论以上两种情况中的哪一种，都需要使用强制类型转换的方法把 void 或 char 指针转换成所需类型。动态存储分配函数如表 B.5 所示。

表 B.5　动态存储分配函数

函数名	函 数 原 型	功　　能	返回值
calloc	void * calloc(unsigned n，unsigned size)	分配 n 个大小为 size 字节的连续内存空间	成功则返回分配内存单元的起始地址，否则返回 NULL
free	void free(void * p)	释放 p 指向的内存区	无
malloc	void * malloc（unsigned size）	分配 size 字节的存储空间	成功则返回分配内存单元的起始地址，否则返回 NULL
realloc	void * realloc（void * p，unsigned size）	重新分配 size 字节的内存空间，并将 p 指向的空间的数据复制到新分配的空间中，再释放 p 指向的空间	成功则返回分配内存单元的起始地址，否则返回 NULL

参 考 文 献

［1］　谭浩强. C 语言程序设计［M］. 3 版. 北京：清华大学出版社，2014.

［2］　顾沈明，等. C 语言程序设计［M］. 3 版. 北京：清华大学出版社，2016.

［3］　黄保和，等. C 语言程序设计［M］. 3 版. 北京：清华大学出版社，2014.

［4］　郑晓健，等. C 语言程序设计（基于 CDIO 思想）［M］. 2 版. 北京：清华大学出版社，2017.

［5］　刘兆宏，等. C 语言程序设计案例教程［M］. 3 版. 北京：清华大学出版社，2017.

［6］　何钦铭，等. C 语言程序设计［M］. 3 版. 北京：高等教育出版社，2015.

［7］　廖雷. C 语言程序设计［M］. 4 版. 北京：高等教育出版社，2015.

［8］　教育部考试中心. 全国计算机等级考试二级教程——C 语言程序设计（2020 年版）. 北京：高等教育出版社，2019.

［9］　谭浩强. C++ 程序设计［M］. 3 版. 北京：清华大学出版社，2015.

［10］　明日科技. Visual C++ 从入门到精通［M］. 4 版. 北京：清华大学出版社，2017.

［11］　谭浩强. C 程序设计教程［M］. 3 版. 北京：清华大学出版社，2018.

［12］　张继生，等. C 语言程序设计［M］. 4 版. 北京：清华大学出版社，2019.

图书资源支持

感谢您一直以来对清华版图书的支持和爱护。为了配合本书的使用，本书提供配套的资源，有需求的读者请扫描下方的"书圈"微信公众号二维码，在图书专区下载，也可以拨打电话或发送电子邮件咨询。

如果您在使用本书的过程中遇到了什么问题，或者有相关图书出版计划，也请您发邮件告诉我们，以便我们更好地为您服务。

我们的联系方式：

地　　址：北京市海淀区双清路学研大厦 A 座 701

邮　　编：100084

电　　话：010-83470236　010-83470237

资源下载：http://www.tup.com.cn

客服邮箱：2301891038@qq.com

QQ：2301891038（请写明您的单位和姓名）

资源下载、样书申请

书　圈

扫一扫，获取最新目录

课　程　直　播

用微信扫一扫右边的二维码，即可关注清华大学出版社公众号"书圈"。